L'Atlantique au XVIIIe siècle

Un monde construit par et pour les Européens ?

Anne-Marie Hattingois-Forner

ellipses

Avec l'amicale collaboration de Guillaume Bourel,
professeur de Première Supérieure au lycée Fénelon à Paris

Et en hommage aux khâgneux des années 1992-2012
du lycée Hélène-Boucher à Paris.

ISBN 978-2-7298-7729-3

32, rue Bargue 75740 Paris cedex 15

www.editions-ellipses.fr

Chapitre I
L'Atlantique, un espace, un temps, voire une expérience, pour les Européens

« *L'aventure maritime pousse à la conquête et à l'affrontement, elle déterritorialise les puissances en les engageant dans des rivalités coloniales, mais en même temps elle provoque la transformation en profondeur des économies terriennes et des visions mercantilistes : elle accélère la différenciation de l'Angleterre par rapport aux royaumes continentaux, à la France, à l'Espagne, à la Hollande (Provinces-Unies). Les écarts régionaux et urbains se creusent alors entre les zones et les villes touchées par la mobilité et portées à la croissance par les vertus du commerce que théorisent les philosophes de Montesquieu à Adam Smith.* »[1]

Ce qui signifie que l'espace océanique atlantique — ouvert aux intérêts européens dès le XVIe siècle, mais re-modélisé au XVIIIe siècle par la croissance maritime — ne se limite pas à l'océan, à ses mers bordières et à ses rivages : les arrière-pays — notamment les zones d'estuaires — sont parties intégrantes de cet espace. Ainsi celui de Bordeaux se constitue-t-il de la plus grande partie du Bassin Aquitain ; celui de Hambourg de toute l'Allemagne centrale et orientale. Les Provinces-Unies tout entières, voire l'Angleterre, pouvant même aussi être considérées comme un espace maritime ! L'océan ne serait-il pas alors qu'une métaphore de l'interface entre l'Eurafrique et l'Amérique ? De fait, la mer n'existe réellement qu'à travers les activités qui se déroulent entre ses rives, et les sociétés littorales qui y vivent.

Ainsi convient-il de penser l'Atlantique en termes de systèmes maritimes, mettant en jeu des ports et leurs avant/arrière pays, des itinéraires maritimes, des navires et des hommes, des capitaux, et des institutions d'encadrement (mises en place par l'État ou/et par les autorités coloniales). Systèmes maritimes qui, de part et d'autre de l'Atlantique, s'articulent les uns avec les autres au XVIIIe siècle, alimentant un processus de planétarisation des échanges... de mondialisation ! Ainsi, par ailleurs, qu'une aggravation des rivalités politiques et une multiplication des conflits inter-européens : combien de guerres au XVIIIe siècle en Europe ! Si, au XVIIe siècle, ce sont les Provinces-Unies et l'Angleterre qui s'opposent (trois guerres, entre 1651 et 1674, sont nécessaires pour les départager) ; au XVIIIe, les relations internationales en Europe sont dominées par l'affrontement sur mer de l'Angleterre et de la France principalement. La possession de l'arme maritime est en effet installée au cœur des dispositifs de défense et d'expansion des États...

1. D. Roche, préface à l'ouvrage de Liliane Hilaire-Pérez, *L'expérience de la mer – Les Européens et les espaces maritimes au XVIIIe siècle*, 1997.

L'Atlantique, un espace

Un espace d'abord maritime dont les Européens ont du apprendre la géographie, depuis le XVe siècle. Traverser l'Atlantique supposait en effet de connaître le système de ses vents et courants. L'aller vers l'Amérique devait obéir à la circulation des alizés, ces vents rapides de nord-est dans l'hémisphère nord, qui reçurent ainsi le surnom de *trade-winds*. Et le retour vers l'Europe, favorisé d'abord par le courant du Gulf Stream, à celle des grands vents d'Ouest, ces vents forts qui balaient les latitudes tempérées. Dans l'hémisphère sud, les navigateurs devaient utiliser, en direction du sud de l'Afrique, les « quarantièmes rugissants » — vents turbulents et froids circulant d'ouest en est entre les quarantième et cinquantième degrés — après être partis plein sud-ouest et avoir utilisé le courant du Brésil pour longer vers le sud la côte américaine (les alizés sont en effet contraires dans l'hémisphère sud)...

La configuration très découpée de l'Atlantique a permis aux navigateurs d'y trouver les sites propres à développer une intense vie maritime. Il sépare les deux masses continentales que sont l'Eurafrique et l'Amérique ; et s'étrangle à hauteur de l'Afrique occidentale et du Brésil : l'Atlantique se voit ainsi divisé en deux parties ouvertes sur les pôles de part et d'autre de l'Equateur.

L'Atlantique-Sud constitue le plus vaste espace marin vide de terres, avec comme seule présence en son centre, du nord au sud, les îles d'Ascension, de Sainte-Hélène et de Tristan da Cunha — escales utiles à la navigation vers l'océan Indien.

L'Atlantique-Nord est plus accueillant, du fait du grand nombre d'îles qui facilitent sa traversée, et de mers bordières qui le rattachent aux continents. Les plus utiles se trouvent à l'est de l'Atlantique nord : la richesse halieutique se combine avec les facilités de transport des hommes et des produits vers l'intérieur du continent. Certes, la Manche et la mer du Nord sont des mers dangereuses pour la navigation : brumes fréquentes et fortes tempêtes ; ainsi que forts courants et bancs de sable en mer du Nord ; mais, malgré une faible salinité qui favorise la congélation, la pêche au hareng y est florissante. La Baltique, qui s'ouvre sur la mer du Nord par une série de détroits (dont le Sund), est également peu salée, prise l'hiver par les glaces, et bordée par une banquise au voisinage des côtes : sa richesse halieutique est plus faible, mais elle constitue le principal débouché de l'Europe du Nord. Par ailleurs, dans ces mers bordières se jettent de grands fleuves européens, Elbe, Rhin, Escaut, Seine : leurs ports se sont assuré la maîtrise d'un riche arrière-pays, de Hambourg à Rouen-Le Havre.

L'Atlantique tropical oriental est appelé la « Méditerranée atlantique ». Ces archipels que connaissaient déjà les Anciens[1], se succèdent sur près de 1 000 km au large de l'Europe et de l'Afrique, des Açores aux Canaries, constituant pour la

1. Comme l'atteste la présence de monnaies puniques aux Açores...

navigation transatlantique des étapes essentielles. C'est à Madère ou aux Canaries que les navires rencontraient à l'aller les alizés et les courants qu'ils poussent ; aux Açores, les vents d'ouest du retour — c'est la volta qu'avait inventée Christophe Colomb. Grâce aux alizés, la navigation de Madère et des Canaries jusqu'aux Antilles était relativement plus rapide qu'entre l'Europe et ces archipels. Lesquels offraient par ailleurs aux navigateurs tant les vivres frais que la possibilité de réparer leurs bâtiments...).

L'Atlantique tropical occidental, constitué de la mer des Caraïbes prolongée au nord par le golfe du Mexique, est barré par l'arc antillais, chapelet d'archipels s'étirant sur plus de 2 000 km de l'île de Trinidad à la presqu'île de Floride. Ce fut le premier domaine des découvreurs, avant de constituer l'aire de la flibuste, puis de la plantation sucrière — la flibuste ayant fourni le capital et les esclaves nécessaires à l'économie sucrière...

Un espace atlantique dont les Européens ont forgé l'identité, en le sillonnant de part et d'autre, et en en faisant un nouvel enjeu de puissance à partir de la fin du XVIe siècle. F. Braudel[1] a brillamment montré que l'Europe avait changé de centre de gravité entre le XVe et le XVIIIe siècle : de la Méditerranée — mise peu à peu ainsi « hors la grande histoire » — il est remonté au XVIIe siècle vers l'ouest et le nord, pour se positionner au XVIIIe sur le Nord-Ouest atlantique. La guerre anglo-espagnole qui couvre les années 1580-1590 n'avait-elle pas eu pour enjeu la maîtrise de l'Atlantique ?

Les Ibériques et la mer

Dès le premier XIVe siècle, derrière la (re)découverte des archipels euro-africains par ces marchands de l'Europe méditerranéenne que furent en particulier les Génois, les Basques, les Ibériques des Baléares, de Castille et d'Aragon, et surtout du Espagne, se tournèrent vers l'Atlantique. Les Portugais, mal dotés en ressources naturelles, occupent Madère et les Açores dès les années 1440, puis lancent leurs caravelles, instrument portugais par excellence, à la découverte des côtes africaines puis du Brésil. Les Castillans profitèrent, eux, de l'abandon des Canaries par les Génois : les expéditions du Normand Béthencourt au début du siècle les ayant données au roi de Castille qui en avait avancé les fonds, et le pape ayant ensuite reconnu les droits de celui-ci. Ce sont eux aussi qui tireront profit du projet du Génois Colomb à la fin de ce même siècle, qui leur ouvrit l'Atlantique tropical occidental et ses rivages. La douceur du climat et la richesse des sols des archipels du proche-Atlantique y permettaient la culture des céréales, vite relayée par celle de la canne à sucre, notamment à Madère, moindrement aux Canaries, grâce à l'abondance de main-d'œuvre autochtone... rapidement décimée toutefois. Mais à partir de là, Portugais et Castillans mirent en place des modèles d'expansion coloniale bien différents. L'empire portugais est le résultat d'une politique maritime et

1. F. Braudel, *La Méditerranée et le monde méditerranéen à l'époque de Philippe II*, 1966.

commerciale méthodiquement développée, il se présente comme une succession de comptoirs installés sur des routes commerciales préexistantes (arabes notamment). L'empire espagnol, lui, est plus continental et terrien : les Caraïbes ont été vite désertées, les indigènes ayant été là aussi décimés, et les colons des Antilles s'étant déversés massivement sur le continent. Quoi qu'il en soit, l'expansion outre-Atlantique des Ibériques a alimenté un commerce maritime en rapide expansion. L'agriculture de plantation dans les possessions espagnoles (sucre, puis cacao, puis tabac et café) souffrant de la concurrence du Brésil portugais et des Antilles nord-européennes, c'est l'économie minière qui fut le moteur des échanges. Les mines d'or de Colombie d'abord, puis d'argent de Nouvelle Espagne (Zacatécas) et du Pérou (le Potosi) à partir du milieu du XVIe siècle, déversèrent leurs richesses sur la Castille dont les achats permirent d'en inonder l'Europe du Nord... Au Brésil, de rares Portugais (et leurs concurrents néerlandais, anglais ou français !) se lançèrent dans le trafic du bois *Brasil* dont on avait vite découvert le pouvoir colorant (rouge comme une braise — d'où *Brasil*), et qui ne se trouvait qu'à 35 jours de Lisbonne. Puis, au second XVIe siècle, au cycle du bois succéda le cycle du sucre — si prisé alors des gourmets européens. Les planteurs du Brésil disposèrent alors de plusieurs avantages sur leurs concurrents de Madère, des Canaries, des Açores et du Cap-Vert : le climat, les sols, l'étendue, et enfin la main-d'œuvre, indigène, puis noire. C'est ainsi que quelques 120 000 esclaves d'Afrique s'abattirent sur les plantations du Pernambouc (arrière-pays de Récife) — ils seraient plus de 560 000 au XVIIe, représentant alors plus de 40 % des captifs débarqués aux Amériques. Or, afin de nourrir cette masse de main-d'œuvre, l'agriculture et l'élevage connurent un essor spectaculaire, déterminant la colonisation de vastes territoires intérieurs. Par ailleurs, le moulin à sucre brésilien (l'*ingenio*) détrônait désormais celui qui avait été introduit à Madère au milieu du XVe siècle : il était capable de produire dans les années 1600 plus de 130 tonnes par an, quand celui de Madère ne dépassait pas les 15 tonnes. Au début du XVIIe, le Brésil était devenu le premier producteur mondial de sucre, et le premier exportateur. À la fin du XVIIe, sur fond de développement des économies sucrières des Antilles nord-européennes, la découverte des ressources aurifères du Minas Gerais ouvrirait un nouveau cycle minier, et de nouveaux espaces à la colonisation. Autant de richesses que les Ibériques entendaient se réserver et protéger par un véritable « cordon ombilical » les reliant à leurs colonies d'Amérique : depuis le XVIe siècle, l'Atlantique castillan était ainsi soumis au régime du monopole. Seuls les nationaux pouvaient prétendre aux licences commerciales sur les lignes d'Amérique latine ; en outre, la navigation se faisait par convois encadrés par quelques navires de guerre. Enfin, l'introduction d'esclaves en Amérique ne pouvait officiellement se faire que sous un régime de privilège appelé l'*asiento*[1]...

1. En droit public espagnol (XVIe-XVIIIe siècles), le terme désigne de manière générale un contrat par lequel l'État concède (contre rétribution) un certain nombre de privilèges. Dans le cas de la Traite négrière, l'État, seul habilité à la pratiquer, cède ce droit à des particuliers ou des compagnies commerciales étrangères : rappelons que les Espagnols

Le temps venu des Européens du Nord-Ouest

Hélas pour les Ibériques, dès la fin du XVIe siècle, les Européens du Nord-Ouest s'étaient introduits dans l'espace maritime atlantique, battant en brèche le monopole castillan, et mettant à profit le peu d'intérêt (donc de contrôles) manifesté par les Portugais pour le Brésil, fascinés qu'ils étaient par l'océan Indien. Les traditions de pêche dans l'Atlantique nord (Terre-Neuve), ajoutées à d'âpres rivalités politiques les y conduisant. Le trafic interlope français s'était particulièrement développé au Brésil dès les années 1500 ; puis, vingt ans plus tard, dans la mer des Antilles, où la présence des Français devenait « continue », note P. Butel. Ils chargeaient les Noirs en Guinée, en violant le monopole de Lisbonne, et offraient ces esclaves aux colons de la Terre-Ferme. Activités qui s'inscrivaient dans un état de guerre presque permanent entre la France et l'Espagne jusqu'en 1559. « *Je voudrais voir la clause du testament d'Adam qui m'exclut du partage du monde* », avait lancé François Ier à Charles Quint qui s'abritait derrière le fameux traité de Tordésillas de 1494[1] ! À l'inverse, l'Angleterre d'Henri VIII (allié de Charles Quint) n'entendit pas poursuivre dans la voie conquérante ouverte par Henri VII, soucieuse qu'elle était de l'alliance espagnole (traité de Médina del Campo, 1489) contre la France, qui permettait entre autres à ses marchands d'être présents tant à Lisbonne qu'à Séville, et dans les îles de l'Atlantique, et de goûter quelque peu aux profits ibériques. Mais la rupture d'Henri VIII avec Rome en 1532, puis la montée sur le trône d'Elisabeth Ire, firent se dégrader sérieusement les relations anglo-espagnoles : les raids des corsaires d'Elisabeth (John Hawkins, Francis Drake), pratiquant le « commerce au bout de la pique » dans les années 1560-1570, introduisirent à la « bataille de l'Atlantique » (P. Butel) — marquée par la défaite de l'Invincible Armada en 1588, que les Anglais eurent toutefois beaucoup de mal à exploiter. Les années 1590 — apogée de l'offensive maritime « anti-papiste » — virent les Anglais se rabattre sur les opérations de course, très efficaces toutefois contre le commerce espagnol dans l'Atlantique et la Caraïbe. Ce dont les Néerlandais profitèrent…

Les Néerlandais et la conquête des mers

Si Charles Quint, né à Gand, avait permis aux Flamands de prendre largement place dans l'Atlantique de Séville, fait d'Anvers le centre de redistribution des richesses d'Amérique pour l'Europe du Nord, et augmenté l'importance des marins flamands dans le grand cabotage européen, transformant ainsi Hollandais et

n'ont aucune possession territoriale en Afrique. Le contrat prévoit la délivrance d'un certain nombre de licences permettant d'importer des captifs.

1. Les souverains hispaniques se méfiant des prétentions concurrentes des Portugais en Amérique, en avaient appelé à l'arbitrage du nouveau pape, le Valencien Rodrigo Borgia devenu pape sous le nom d'Alexandre VI, et sollicité de Colomb la rédaction des termes d'une bulle de partage du monde. Un premier texte dicté par Colomb donnait aux Castillans tous les territoires se trouvant 100 lieues à l'ouest et au sud des Açores ; l'année suivante, en 1494, au traité de Tordésillas, le roi Jean du Portugal réussit à repousser la limite à 370 lieues à l'ouest : ce qui a permis à Cabral de revendiquer le Brésil (1500).

Zélandais en rouliers des mers européennes, tout changea avec Philippe II. À partir de 1567, les « Gueux de la Mer » de dix-sept provinces flamandes se révoltèrent avec succès contre leur nouveau souverain pour des raisons politiques, puis religieuses. Ils prirent le contrôle des embouchures des fleuves et des côtes, bloquèrent Anvers repris par les Espagnols qui frappèrent d'embargo les biens néerlandais en France et au France (1585), imposèrent Amsterdam ; et, à partir de 1580, ils entrèrent en force dans les Caraïbes, déployant une activité de course et d'interlope sur les côtes brésiliennes. Philippe s'étant vu contraint de lever son embargo (1590) devant la chute du trafic entre Ibérie et Baltique assuré jusque-là par les Néerlandais, ceux-ci reprirent leurs voyages vers la péninsule : c'est alors que la Hollande et la Zélande devînrent le grand entrepôt européen des produits de l'Amérique ibérique (comme ceux des Indes orientales), car le blocage par les rebelles des côtes des Pays-Bas espagnols empêcha Anvers de retrouver son rôle de plaque tournante du commerce ibérique. Nouvel embargo espagnol en 1598, nouvelle chute du trafic Ibérie-Baltique : nullement matés, les Néerlandais — dont le commerce reposait jusque-là sur l'exploitation des pêcheries en mer du Nord (harengs) et le commerce de la Baltique (grains, bois, chanvre) associé aux trafics des produits de l'Amérique ibérique — décidèrent de rechercher des routes d'accès direct aux richesses coloniales, et se lancèrent ainsi à la conquête des océans, atlantiques et asiatiques. L'embargo de 1598 eut ainsi des effets décisifs sur les trafics néerlandais dans la Caraïbe. La trêve de 1609 entre l'France et les Provinces-Unies (véritable acte de naissance d'icelles) ne fit qu'interrompre provisoirement le processus en cours : elle est en effet rompue en 1621[1], et les Néerlandais purent alors reprendre l'invasion des Amériques ibériques, mais à la contrebande ils substituèrent la création en 1621 d'une grande compagnie, la WIC (Compagnie des Indes occidentales). Se mettait ainsi en place, à la faveur des troubles politiques et religieux qui paralysaient la France et l'Angleterre, ce que G. Le Bouédec appelle le « modèle hollandais », lequel reposerait sur l'imbrication du commerce européen et du commerce lointain. Au milieu du XVIIe siècle, les Néerlandais étaient présents sur toutes les mers et détenaient en Europe l'hégémonie commerciale : aux échanges méditerranéens et baltiques, s'ajoutait le commerce de produits de forte valeur, épices de l'océan Indien, et denrées tropicales en provenance du Brésil (occupé entre 1630 et 1661[2]) et de la Caraïbe, qu'ils redistribuaient dans toute l'Europe. Ils lui vendaient également leurs services tant navals[3] que financiers. Ainsi

1. La « guerre de quatre-vingts ans » entre les Provinces-Unies et l'Espagne ne se termine qu'en 1648 avec le traité de Munster .

2. Au terme d'une longue guerre larvée contre les Portugais, la WIC dut vendre à ceux-ci ses dernières possessions. Échec américain des Néerlandais qui dénotait leur incapacité à être présents partout sans véritablement coloniser, ainsi que la volonté des Portugais de résister aux ambitions de l'Europe du Nord.

3. Le succès des découvertes avait reposé sur la caravelle ; celui des Néerlandais est lié à la « flûte ». La ***flûte***, « navire rond » (aux formes trapues, capable d'affronter les mers les plus dures), est un navire de transport à trois mâts, très économe en équipage, et à forte capacité, adapté au trafic des céréales dans la Baltique — transport pondéreux qui exigeait

s'était créé « un Atlantique nouveau, celui des marchands de Middelburg et d'Amsterdam » (P. Butel). Une « révolution commerciale » se dessinait, marquée par la création de compagnies de commerce à monopole aux moyens financiers et navals puissants, par l'augmentation de la capacité des navires et l'abaissement des coûts de transport, par la mise en place de réseaux denses de commissionnaires dans tous les ports, enfin par l'adoption par leurs marchands des techniques comptables italiennes (grâce à la diffusion qu'en avait assurée Anvers à la fin du XVIe siècle. Révolution qui pourrait, au second XVIIe siècle, avec la percée du commerce anglais sous la Restauration des Stuarts, à partir de 1660, aboutir à faire de l'Atlantique une des bases essentielles de la richesse des puissances maritimes de l'Europe du Nord-Ouest...[1]

L'avènement d'un proto-nationalisme économique ?

En effet, au second XVIIe siècle, l'hégémonie commerciale néerlandaise avait d'ores et déjà déclenché des résistances en forme de « nationalisme économique » (G. Le Bouédec) en Angleterre et en France[2], dont les empires commerciaux et coloniaux étaient en train d'émerger de ce nouvel âge atlantique... D'où une première série de conflits entre les années 1650 et 1713, dont l'enjeu était le contrôle du commerce mondial et la maîtrise des mers : les trois guerres anglo-hollandaises, entre 1651 et 1674, furent relayées par ce que les Français ont appelé la « guerre de Hollande » (1672-1678) ; puis, ce fut la première phase de ce que J. Meyer[3] a appelé la « seconde guerre de Cent Ans », à partir de la *Glorious Revolution* de 1688 — dont une des raisons d'être était pour les Anglais la nécessité de contrebalancer la puissance navale française par l'association des marines anglaise et hollandaise[4] . La lutte contre la puissance française serait le creuset de

---

la réduction des coûts — vers l'Ibérie. Sa robustesse lui permet d'embarquer une vingtaine de canons...

1. Ce n'est qu'à la fin du XVIIe siècle cependant, que le monopole de Madrid ne serait officiellement et définitivement ébranlé : avec le traité anglo-espagnol de 1670 qui reconnaissait l'occupation de la Jamaïque (prise en 1655) par l'Angleterre ; et avec le traité de Ryswick en 1697 par lequel l'Espagne acceptait le rattachement à la France de la partie occidentale de Saint-Domingue. Par ailleurs, ce n'est qu'en 1701 que l'*asiento* échappe aux Espagnols... pour échoir aux Français (pour prix de l'aide française apportée à la protection du domaine colonial espagnol dans le contexte de la guerre de succession d'Espagne), avant que ce ne soit aux Britanniques en 1713.
2. Ce sont les Anglais, pourtant tard venus, qui se sont montrés d'abord les plus dynamiques dans les échanges atlantiques, à partir de leurs colonies de la Nouvelle-Angleterre, de la Chesapeake, sur la côte de Virginie et du Maryland (tabac), et des Antilles (sucre, indigo)... À la mort de Champlain en 1635, on pouvait en effet constater le profond décalage existant entre les établissements de la Nouvelle-France sur le Saint-Laurent, et ceux de la Nouvelle-Angleterre et de la Chesapeake.
3. Jean Meyer, *L'Europe et la conquête du monde*, 1975.
4. La *Glorious Revolution* a placé sur le trône d'Angleterre le stadhouder des Provinces Unies, Guillaume III d'Orange-Nassau (petit-fils de Charles Ier par sa mère et époux de Marie, la fille de Jacques II... et artisan de la coalition européenne anti-française de 1673), qui avait débarqué en Angleterre le 5 novembre 1688 (la puissante « Royale » étant absente de

l'identité nationale... De fait, après 1688, l'Angleterre développe une stratégie mondiale. Elle se fait présente partout : en Amérique du Nord, aux Antilles, au Brésil... et aux Indes — l'outil majeur de sa stratégie étant sa flotte de guerre. Mais, si le traité d'Utrecht de 1713 consacra la prééminence anglaise, il ne mit (justement) pas un terme aux prétentions françaises : c'est au XVIIIe siècle que la France (que Colbert et son fils et successeur, Seignelay, ont également dotée d'une force de frappe navale pour la mettre au service d'une stratégie planétaire) devient un pays maritime, que les Français se mettent à s'intéresser à la mer. Leurs ports atlantiques obtenant la maîtrise des réexportations coloniales en Europe[1] et leur compagnie des Indes Orientales faisant un temps jeu égal avec sa rivale anglaise. On comprend que la « seconde guerre de Cent Ans » reprenne en 1740... pour ne s'achever qu'en 1815[2], avec la victoire définitive de la Grande-Bretagne — militaire, mais aussi commerciale. D'abord commerciale en fait, du fait des défaites navales successives subies par la France sous Louis XV (cf. la calamiteuse guerre de Sept Ans : en 1759, la Royale est mise hors de combat en deux batailles ![3]). P. Butel note qu'un bilan en 1785 des flottes marchandes montre clairement la suprématie britannique : la Grande-Bretagne arme plus de 9 000 navires d'un tonnage de 1,2 million de tonneaux, la France 5 300 pour 730 000 tonneaux, et les Provinces Unies 1 871 pour 400 000 tonneaux...

Un espace menacé ?

Mais le XVIIIe siècle est aussi le temps où les systèmes maritimes atlantiques en place à la fin du siècle précédent, se fragilisent — à savoir le système ibéro-américain, les systèmes nord-américains, les systèmes antillais, le cabotage intra-européen. S'articulant les uns avec les autres, ils ont donné naissance à une planétarisation des échanges, progressivement contestés ou affaiblis qu'ils sont. Ainsi les guerres navales avaient-elles eu pour effet le développement autonome d'un commerce intra-américain, ainsi que la suspension de l'« Exclusif »[4] — lequel était,

---

la Manche !), appelé par des lords et des évêques anglicans. Outre l'appoint de leur marine, les Hollandais apporteraient à l'Angleterre leur puissance financière... Guillaume décédant en 1702, c'est la sœur de Marie son épouse, qui lui succéda : la reine Anne, dernière souveraine Stuart, jusqu'en 1714 . Son seul fils vivant étant mort en 1700 , le roi Guillaume avait fait rédiger en 1702 de nouvelles règles de succession au trône. L'*Act of Settlement* établit qu'au décès d'Anne, les descendants de Sophie, petite-fille de Jacques Ier et épouse de l'électeur de Hanovre, succèderaient au trône de Grande-Bretagne. C'est ainsi que l'année 1714 marque l'avènement de la dynastie de Hanovre, avec George Ier...

1. J.-P. Poussou a parlé d'« âge atlantique de l'économie française » ; et P. Butel de « défi français »...
2. Entre 1689 et 1815, la France et l'Angleterre se seront opposées au cours de 7 guerres...
3. La France perd le Canada, la vallée de l'Ohio et celle du Mississippi... et cède la Louisiane à l'Espagne.
4. L'« Exclusif » était un système qui fut improvisé par les Portugais dès le XVe siècle : c'est un ensemble de prescriptions visant à règlementer strictement les échanges commerciaux entre la métropole et les colonies ne relevant pas des compagnies à monopole. Les colonies ont obligation de consommer les produits vendus par la seule métropole, et livrés par ses seules flottes ; elles ne peuvent produire des denrées qui concurrenceraient celles de la

avec les compagnies commerciales à monopole, la marque d'un ordre colonial européen, c'est-à-dire d'un système fonctionnant dans le seul sens des intérêts des métropoles... Le XVIIIe siècle est donc le temps d'une distanciation croissante entre l'Europe et l'Amérique (à la fin du siècle, les Treize colonies britanniques commercent plus avec les Antilles, et même avec l'Europe du Sud, qu'avec l'Angleterre !)... jusqu'à la rupture — qu'impliqueront les révoltes anti-coloniales en Amérique du Nord britannique et aux Antilles françaises... Par ailleurs, la fin du siècle verra la disparition des compagnies à monopole au profit du « commerce libre », ainsi que l'aménagement de l'Exclusif... Ainsi le XVIIIe siècle voit-il l'ordre atlantique (européen) craquer de partout...

Un espace atlantique où les Européens ont engendré (ou détruit), directement et indirectement, des types de sociétés, d'économies, et de cultures, des deux côtés de l'océan. Qui vont entraîner un certain nombre de chocs culturels en retour, en formes de mythes (le « Bon Sauvage »), de remises en question (la légitimité de la colonisation, de la Traite et de l'esclavage), voire d'idées nouvelles (le libéralisme, voire la démocratie), qui mèneront à sa désintégration...

L'Atlantique aux XVIIe-XVIIIe siècles, un temps

Celui, au regard des historiens anglo-saxons, de la progressive intégration d'un « monde atlantique » de part et d'autre des deux rives de l'océan, rapprochées par les échanges de produits, d'hommes, d'idées, voire par les affrontements... mais pas pour autant homogénéisées... et finalement séparées par les révolutions et autres abolitions...

Quand commence et se termine le XVIIIe siècle atlantique ?

Du point de vue de l'histoire maritime et coloniale, les années 1660 et 1800-1810 pourraient sembler devoir enfermer un (très) long XVIIIe siècle. Les années 1660 sont marquées par le premier grand essor naval et marchand britannique avec la Restauration des Stuarts ; et par la mise en place, du côté français, du programme de Colbert, lui aussi naval et marchand[1]. Avec en corollaire des deux côtés, l'expansion coloniale — plus commerciale que proprement politique, au demeurant — les conquêtes coloniales, pour la France comme pour l'Angleterre

métropole, elles sont donc vouées à fournir des produits bruts ou semi-bruts, et à les vendre aux marchands de la métropole dans les ports habilités; elles ne peuvent commercer entre elles. Les métropoles doivent subvenir à tous les besoins des colonies, écouler leurs produits sur le marché européen, et assurer leur sécurité militaire : les marchands de la métropole, seuls acheteurs et intermédiaires, sont ainsi maîtres des prix qu'ils imposent aux colonies !

1. Pour Colbert, ce qu'on appelle aujourd'hui la croissance économique mondiale ne peut être extensible, elle est naturellement finie. Dans ce cas, tout développement d'un État quel qu'il soit ne peut qu'être générateur de tensions et de conflits avec les autres. Il faut donc que la France, nourrissant des ambitions marchandes, se dote d'une flotte de guerre à la hauteur de celles-ci...

(Jamaïque exceptée), datant du premier XVIIe siècle. En outre, les années 1660 sont encore celles de l'hégémonie commerciale néerlandaise, qui ne le cède qu'avec la « guerre de Hollande » de Louis XIV... S'agissant des années 1800-1810, on pense à Trafalgar et à l'écrasement militaire de la France en 1815 qui sanctionne définitivement la prédominance navale et marchande d'une Grande-Bretagne qui en profite pour imposer au monde l'abolition de la Traite négrière. On peut penser aussi à la vente par les Français de la Louisiane (rétrocédée par l'Espagne en 1800) aux États-Unis en 1803, à l'indépendance de Haïti à l'extrême fin de cette même année, à la marche à l'émancipation de l'Amérique ibérique à partir de 1808, à la « seconde guerre d'indépendance américaine » en 1812.

Pour autant, il semble judicieux de préférer un temps court, inscrit entre les années 1690 et les années 1790 — à la question près de la « révolution noire » à Saint-Domingue, toutefois... Partir des années 1690, c'est en effet permettre de faire un bilan de la situation économique et politique de l'Europe — s'agissant de ses relations avec l'Atlantique — avant que ne se développent les effets de la « seconde guerre de Cent Ans » entre l'Angleterre de l'après-*Glorious revolution* et la France. En outre, la période 1700-1713 est factuellement très décisive : qui voit d'abord se profiler (sur fond de testament espagnol) un extraordinaire renversement de l'équilibre européen au profit de la France ; puis, au terme d'une guerre de plus de douze années menée par les principales puissances européennes contre la France (guerre de Succession d'Espagne), le recul territorial, mais aussi colonial et commercial, d'icelle, au profit de l'Angleterre qui a désormais accès au Canada français et s'est fait concéder par l'Espagne l'*asiento* et le « vaisseau de permission »[1]... Les années 1790 sont également riches de bouleversements. Vingt ans exactement après la signature du traité de Paris en 1763, la Grande-Bretagne voit sa position ébranlée par le succès (sanctionné par le traité de Versailles de 1783) de la rébellion des Treize colonies d'Amérique du Nord — alliées à une France à l'acmé de sa puissance coloniale centrée sur l'Atlantique, avec la spectaculaire croissance de Saint-Domingue. Pour autant, celle-ci est moins présente sur les marchés européens que vers 1750 ; elle voit par ailleurs ses positions dans la Caraïbe minées par les « États-Uniens », dont le commerce avec l'ex-métropole fait un bond en avant ; l'écart commence également à se creuser avec « une Grande-Bretagne forte des débuts de sa révolution industrielle » (P. Butel) ; et surtout, l'heure de la révolte sonne à Saint-Domingue en 1791 qui mènera, dix ans plus tard, à la première constitution « noire » (1801). Enfin, la Révolution française amène, sous la poussée de la Contre-Révolution, la reprise de la guerre en Europe en 1792 — contre les Autrichiens et les Prussiens, avant que ce ne soit contre les Anglais en 1793, qui se font l'âme de la première coalition : la France entrait par là dans la dernière phase de la seconde guerre de Cent Ans, la plus dure, et celle qui serait décisive. Mais ceci est une autre histoire...

1. C'est-à-dire le droit d'envoyer une fois l'an ledit vaisseau en Amérique espagnole (dans l'isthme de Panama) pour y trafiquer librement.

Du côté de l'Europe dans les années 1690

L'Europe du second XVIIe siècle continue à obéir à des intérêts plus continentaux que maritimes

La menace ottomane, qui se fait encore sentir au début des années 1660 en plein cœur de l'Europe, mobilise beaucoup plus les esprits que les conflits qui pouvaient opposer les Européens outre-Atlantique sur les marges d'un continent aussi lointain que marginal. À l'est de l'Europe, la Russie n'a pas de frontière baltique. Au centre, le Saint Empire romain germanique aux mains des Habsbourg de Vienne est un empire continental qui couvre l'Europe centrale — résistant aux Turcs — ainsi que l'Italie du Nord. En Europe du Sud, le roi de Castille et d'Aragon contrôle la moitié sud de l'Italie, les Pays-Bas dits espagnols (= ce qui lui reste des Flandres), et un très vaste empire, continental, outre-mer... que l'Espagne n'a plus guère les moyens de protéger contre les prétentions des Européens du Nord-Ouest : la Jamaïque et Saint-Domingue (pour moitié) étaient d'ores et déjà perdues. N'échappent en Italie à la souveraineté continentale de Vienne et de Madrid que les deux républiques maritimes encore puissantes que sont Gênes et Venise. Quant à la France, les préoccupations commerciales et maritimes de Richelieu, reprises par Colbert, ne suffisent pas à en faire un « royaume marchand »[1].

Mais l'Angleterre des Stuarts connait un remarquable essor

Essor naval et marchand qui renforce son insularité ; et sa neutralité dans les dernières années de la « guerre de Hollande » (1674-1679) lui a permis de remplacer les Provinces-Unies, et même les villes hanséatiques, comme fournisseur de l'Europe. Certes, la « crise de l'Exclusion »[2] affaiblit l'Angleterre dans les années 1680, alors que la France apparaît au sommet de sa puissance. Les acquis français au traité de Nimègue renforçaient les capacités de défense de la frontière est : à des forteresses (Valenciennes au nord ; Bouillon et Longwy au nord-est), s'ajoutaient l'annexion de la Franche-Comté espagnole... Louis XIV profita par ailleurs de la dislocation de la coalition pour imposer à ses voisins la fameuse « *politique des réunions* »[3] , qui marqua les années 1679 à 1684 ! L'année suivante vit par ailleurs la révocation de l'Edit de Nantes... Guillaume d'Orange — bientôt roi

1. D. Roche, *La France des Lumières*, *op. cit.*
2. Sorte de répétition générale de la *Glorious Revolution*. Le Parlement, en 1679, avait exigé l'abandon des droits du frère catholique de Charles II, le duc d'York, à la succession. Malgré les manœuvres successives du roi contre les Communes, celles-ci tinrent bon — sauf à ne plus être convoquées ! Mais l'opposition à la succession d'un roi catholique devait renaître en 1687 — le duc d'York règnant sous le nom de Jacques II depuis mars 1685... lequel avait engendré un héritier (catholique) en juin 1688...

3 Il s'agissait de parfaire la frontière et la « ceinture de fer » des villes fortifiées mises en place par Vauban. Le roi mit ainsi en place des « Chambres de réunion », pour les Pays-Bas, pour la Lorraine, pour l'Alsace, à Besançon, à Dôle : elles étaient chargées de légitimer des prises de territoires et de villes dans la zone frontière !

d'Angleterre — se fit alors la cheville ouvrière d'une nouvelle coalition contre la France : la guerre de la Ligue d'Augsbourg (1688-1697) pèserait lourd sur les ambitions maritimes du royaume que Colbert avait voulu développer. D'ailleurs, le négoce londonien restait lié aux Provinces-Unies, tant apparaissaient redoutables les effets douaniers du mercantilisme français officialisé par Colbert[1] ; et auquel les Anglais s'étaient empressés de répondre de la même façon dès 1678 : le commerce entre les deux pays s'en trouva brutalement réduit... La francophobie croissante de la « nouvelle » Angleterre la mènerait ainsi jusqu'à 1815 à ourdir des coalitions continentales successives, de façon à écarteler la défense française entre terre et mer, et partant, à l'obliger à combattre sur deux fronts, et donc à supporter le poids de la guerre maritime et de la guerre terrestre simultanément ! En témoignent les défaites françaises...

Les Provinces-Unies étaient donc devenues l'allié objectif indispensable de l'Angleterre contre les ambitions françaises

En effet, tirant la leçon de leur défaite lors de la première guerre anglo-hollandaise (1652-1654), elles s'étaient dotées d'une nouvelle marine de guerre qui allait l'emporter en 1674 contre les marines anglaise et française alliées dans la première phase de la guerre dite de Hollande[2]. Commandée par d'excellents chefs comme Ruyter et Tromp, elle alignait des navires et des équipages de valeur. Sous la direction du Grand Pensionnaire[3] Jean de Witt, pas moins de 60 vaisseaux de ligne[4] furent construits entre 1664 et 1667, plus grands et mieux armés que les

1. Le mercantilisme est moins un système qu'un ensemble de pratiques économiques. Qui doivent contribuer à l'enrichissement du royaume, et par là à la puissance du roi et à la grandeur de l'État, en organisant la défense contre les interventions économiques de l'étranger. Pratiques qui visent un double but : l'élimination des intérêts étrangers (d'où les monopoles accordés aux seuls régnicoles), et la protection de la production nationale (d'où les tarifs douaniers). Ainsi protégée, l'économie nationale devient florissante, en témoigne l'abondance de l'or et de l'argent — lesquels ne peuvent provenir que de l'excédent commercial : il faut vendre le plus possible, et acheter le moins ! Le mercantilisme est donc un nationalisme économique, qui suppose l'intervention constante de l'État...
2. Qui fait figure de troisième guerre anglo-hollandaise (1672-1674).
3. Les sept Provinces-Unies (auxquelles s'ajoutèrent des territoires annexés au cours de la « guerre de quatre-vingts ans ») constituaient des Républiques fédérées, ayant chacune leurs États provinciaux, leur conseiller pensionnaire (avocat-conseil de la province, il était pensionné par l'État), et leur stadhouder — tous deux nommés par les États provinciaux. L'organe fédéral était constitué par les États Généraux (députés élus par les États provinciaux) ; puis apparurent deux fonctions essentielles : celle de Grand Pensionnaire (fonction très vite occupée par le conseiller-pensionnaire de la Hollande — la province la plus importante par sa richesse et ses relations avec l'extérieur), sorte de ministre des Affaires étrangères de la République ; et le Stadhouder.
4. Le vaisseau est au XVIIIe un navire de guerre à trois mâts . Supérieur à la frégate, il comprend 2 ou 3 batteries de canons. Il est destiné à combattre avec ses semblables en escadre et en ligne de file — ceci étant une « invention » de la première guerre anglo-hollandaise. Classés au XVIIe en cinq rangs, ils le sont au XIIIIe en fonction de leur nombre de canons : on parle alors de vaisseau de 64 ou de 118 canons. À noter que

précédents, grâce aux succès de la guerre de course. Ainsi, après de nombreux échecs, la flotte hollandaise put-elle, dès la seconde guerre anglo-hollandaise (1665-1667), reconquérir toutes les positions d'Afrique occidentale sur les Anglais. Ruyter — qui réussit même à entrer dans la Tamise (juin 1667) — infligea des pertes sévères aux Anglais dans les Antilles ainsi que dans les zones de pêche de Terre-Neuve. Les convois avaient été bien protégés ; et les pertes furent beaucoup moins lourdes que dans la première guerre anglo-hollandaise. Enfin, après les désastres terrestres de 1672, Ruyter réussit à paralyser les flottes anglaise et française qui tentaient de débarquer sur les côtes néerlandaises. La République réussissait à faire face à un ennemi un tiers au moins plus fort, mais divisé et loin de ses bases. Bref, la force navale néerlandaise était donc intacte à la fin de toute cette série de guerres : elle démontrerait sa puissance (48 vaisseaux et frégates) en 1688, lors du débarquement de Guillaume III sur la côte anglaise.

Il est clair que ces conflits qui opposèrent Anglais, Néerlandais et Français au second XVIIe siècle avaient d'ores et déjà mis en jeu des intérêts maritimes et commerciaux majeurs — ceux des nouvelles puissances maritimes de l'Europe du Nord-Ouest rivales dans leurs ambitions hégémoniques aux dépens des Ibériques. À la fin du siècle, les Provinces-Unies sont encore la première puissance commerciale. Elles avaient jeté les bases d'une « révolution commerciale ». Mais leurs succès avaient aussi des causes politiques. Au milieu du XVIIe siècle, la paix avec l'Espagne (1648) entraîna une chute rapide des tarifs de fret et d'assurances sur les mers fréquentées par les Néerlandais : leurs bâtiments revînrent alors en grand nombre dans les eaux espagnoles, en Flandre, en Méditerranée — leurs navettes Europe du Nord-Méditerranée reprirent. C'est ainsi que le système mondial du commerce néerlandais prit un nouvel élan, et que leurs rivaux s'en trouvèrent affaiblis. La fin du conflit entre les Provinces-Unies et l'Espagne chassa les Anglais du Sund, mais surtout multiplia les navires néerlandais dans la Caraïbe (ainsi qu'en Asie). Les Néerlandais entendaient en effet ainsi compenser l'affaiblissement de leur commerce baltique qui avait été à la base de leur expansion. De ce fait, l'entrepôt[1] hollandais — symbolisé par Amsterdam — approvisionné par les navires suédois ou hanséates en vue de l'échange produits du Nord/produits coloniaux gardait toute son importance. Par ailleurs, les Néerlandais, qui avaient fourni des esclaves au Brésil sucrier au premier XVIIe siècle, approvisionnaient désormais les nouvelles

jusqu'à la seconde guerre anglo-hollandaise, les bâtiments étaient mixtes : guerre et commerce.

1. Dans les grands ports, l'entrepôt est associé au commerce de gros : dans ce cas, ce n'est donc pas uniquement une zone de transit (passive staple, pour le dire avec Jonathan Israel), mais un site de regroupement des marchandises afin de constituer des cargaisons d'exportation. La fonction d'entrepôt fait partie intégrante des grandes places portuaires comme Amsterdam, mais aussi Bordeaux, Cadix, Londres, Nantes, Lisbonne. S'agissant des Provinces-Unies, le concept d'entrepôt s'applique à l'ensemble du pays; mais celui-ci (selon J. Israel) connaitrait une mutation fondamentale au tournant des années 1740 : de pôle de décision et de contrôle qu'elle était , Amsterdam n'exerce plus qu'une fonction de passive staple, de dépôt...

plantations des Antilles — qu'ils soutenaient aussi de leurs capitaux pour les équipements en moulins, voire de leurs ressortissants : des juifs hollandais arrivèrent du Pernambouc après la chute du Brésil[1] pour créer des plantations aux Antilles. Certes, à la faveur de l'effort naval de la Restauration, les marchands de Londres éliminèrent les Néerlandais des Antilles anglaises pour la fourniture des denrées d'Europe et l'achat des produits coloniaux ; et la RAC *(Royal African Company)* put leur fournir des esclaves. En revanche, le marchand néerlandais restait en position de force à la Martinique comme dans les colonies espagnoles : l'entrepôt de Curaçao (à l'extrême sud-ouest de l'arc petit-Antillais) devenait la plus grande base de redistribution des captifs africains et d'interlope avec l'Amérique espagnole. Mais le Brésil était perdu. Et Français et Anglais leur damnaient le pion à Cadix, s'agissant du commerce avec l'Espagne et surtout avec l'Amérique espagnole. Vers 1685, la France y réalise 39 % des marchandises importées d'Europe ; l'Angleterre 18,5 % ; et les Provinces-Unies moins de 10 %. Ainsi, si, vers 1690, les Néerlandais exercent sur les principales aires maritimes mondiales une nette prédominance[2], et se montrent, par leurs hommes comme par leurs méthodes, encore les meilleurs, il n'en reste pas moins qu'ils ont perdu l'hégémonie commerciale dans l'Atlantique..

Du côté de l'Europe dans les années 1780

« Le poids de la mer paraît supérieur à ce qu'il était un siècle plus tôt », note P. Butel. De plus en plus en effet, la mer apparait comme une source de richesses multiples, grâce à la pêche, au commerce et à l'exploitation coloniale ; et elle s'en trouve d'autant plus disputée . En effet, c'est en partie du fait de la mise en valeur de leurs façades maritimes que des puissances continentales comme la Prusse et la Russie s'affirment (aux dépens de la Pologne. Depuis 1721, l'empire russe est ouvert sur la Baltique ; et en 1778, il s'étend jusqu'à la mer Noire. Ainsi la nouvelle capitale qu'est le port de Saint-Petersbourg joue-telle un rôle essentiel pour l'exportation vers l'Europe de l'Ouest des *naval stores* (munitions navales) : en effet, la guerre d'Amérique en a privé l'Angleterre. Les lendemains de ce conflit démontrant au demeurant que, l'ordre colonial détruit, les Américains n'entendaient pas rompre les liens commerciaux qui les rattachaient traditionnellement à leur ancienne métropole : question d'intérêts économiques bien compris ! Ainsi leurs

1. Rappelons que la WIC affichait d'emblée son intention de conquérir le commerce négrier des Portugais et du Brésil. En 1624, Bahia était prise ; en 1630, 150 ingenios fonctionnaient à Pernambouc sous le contrôle de la Compagnie ; en 1635, le Brésil occupé envoyait 33 000 caisses de sucre à Amsterdam. En 1637, les Hollandais s'étaient emparés de la Guyane... Curaçao, Aruba, Tobago, Saint-Martin... étaient également prises aux Espagnols... Enfin, la WIC avait mis la main sur les positions portugaises de la côte africaine... Les Portugais reprennent pourtant l'avantage, d'abord en Afrique, puis au Brésil...
2. À l'époque de Colbert, la Hollande domine en Europe avec peut-être 500 000 tonneaux ; l'Angleterre la suit avec quelque 200 000 ; puis viennent la France (150 000), et l'Espagne (100 000).

ventes de coton brut à l'Angleterre vont-elles aller alimenter l'appareil de production textile britannique !

Les Français se sont ainsi fait « doubler », qui, vers 1750, en étaient venus à penser que la puissance anglaise provenant des bénéfices tirés du commerce maritime et colonial, il suffisait de ruiner ces activités et de priver l'Angleterre de ses colonies. Ils gardent cependant la maîtrise des marchés européens demandeurs du sucre et du café des Antilles. L'« effet » Saint-Domingue a joué pleinement jusqu'à la guerre de Sept Ans, et même au-delà (nouvel essor des plantations de café dans les années 1770). Reste que la France voit son économie maritime déséquilibrée du fait même du poids pris par Saint-Domingue, alors que sur les autres fronts coloniaux, elle est en position de repli[1]. En outre, le commerce français doit trop lourdement au commerce de redistribution sur les marchés européens : or les Anglais, après 1783, y effectuent une spectaculaire remontée pour la ré-exportation des marchandises coloniales ; de plus, l'Amérique du Nord, à forte croissance démographique, est un immense marché captif (cf. règles mercantilistes mises en place entre 1651 et 1673) qui leur offre un débouché bien supérieur à celui des Antilles. À l'opposé, le marché « national » français est trop étroit pour absorber des productions coloniales en grande quantité. Restent les marchés européens... mais seulement jusqu'en 1793. Certes, la fragilité des positions françaises est masquée par l'exceptionnelle prospérité des grands ports métropolitains que sont Bordeaux, Nantes, Marseille, Rouen-Le Havre — véritables « centres d'impulsion de l'économie mondiale » (G. Le Bouédec). Le voyageur britannique averti que fut Arthur Young ne se risquait-il pas à comparer Bordeaux... à Liverpool, le vainqueur de Bristol, le rival désormais de Londres, son challenger même au XVIIIe siècle[2] !

La croissance des échanges ayant par ailleurs permis l'essor des sociétés urbaines portuaires : entre 1740 et 1780, la population de Glasgow a plus que doublé... celle de Bordeaux aussi entre 1715 et 1790. D'autres ports européens ont profité aussi de la croissance : ainsi Hambourg, qui n'est ni au cœur d'une grande zone de consommation, ni le moteur d'une région industrielle, mais qui est le débouché d'un hinterland aux dimensions de toute l'Europe centrale prolongée de l'Italie ! Il domine ainsi tout un immense espace continental entre mer du Nord/Baltique et Méditerranée : il devient le premier port de l'Empire au milieu du XVIIIe siècle. C'est le port d'accès à l'espace germanique et au-delà, par le biais du réseau

1. Cf. perte du Canada en 1763 ; et abandon de tout espoir de colonisation à partir de ses seuls comptoirs indiens.

2. Liverpool, ou le meilleur exemple de ces ports de l'Angleterre du Nord-Ouest qui ont bénéficié du déplacement de l'activité maritime britannique vers les trafics de l'Atlantique. Alors que Londres, à l'extrémité de la Manche, certes fort bien reliée au reste du pays, subissait le handicap d'une position plus exposée aux raids des corsaires. Reste que Londres, à la réexportation des produits du commerce lointain qu'elle domine, retrouvait tous ses avantages face à la Hollande et à l'Allemagne du Nord-Ouest, grâce à la protection de la *Navy*...

navigable qu'il commande et de sa liaison avec les grandes foires de l'Allemagne. C'est le port d'exportation de l'espace agricole et industriel allemand vers l'Angleterre, mais aussi l'Espagne et le Portugal. C'est l'entrepôt des produits coloniaux réexportés depuis Bordeaux vers l'Europe du Nord… qui tend à supplanter Amsterdam.

Mais l'essor du grand commerce maritime, s'il a induit la prospérité des régions littorales européennes, n'a-t-il pas contribué à creuser de graves déséquilibres ? Dans la France de Louis XV, et plus encore celle de Louis XVI, le dynamisme maritime fit basculer les centres de gravité des espaces économiques ; entre les régions et les villes s'établirent de nouvelles hiérarchies : celles qui touchaient aux rivages de l'Atlantique s'adaptaient aux rivages maritimes, les autres se trouvaient marginalisées ou enclavées. On retrouve là l'opposition établie par D. Roche entre « deux Frances : le royaume paysan et le royaume marchand », la France « profonde » et le « royaume de l'échange »… « *Prenez garde,* écrivait déjà en 1770 l'abbé Fernando Galiani, cet Italien parisianisé, dans son *Dialogue sur le commerce des blés, que la France étant à présent un royaume commerçant, navigateur, industrieux, toute sa richesse s'est portée sur ses frontières, toutes ses grandes villes opulentes sont sur ses bords, l'intérieur est d'une maigreur affreuse* ». Ce à quoi s'efforce d'échapper, au contraire, l'Angleterre : en trouvant de nouveaux débouchés hors d'Europe pour les produits de ses manufactures, et surtout en développant des fabrications de produits de grande consommation à faible prix, comme les cotonnades, à partir d'une matière première apportée par le grand commerce maritime. À se placer en 1790, le commerce britannique, en valeur, occupe, selon Ph. Haudrère, la première place dans le monde avec 35 millions de livres. Son originalité est d'être tourné vers l'outre-mer, tant aux entrées qu'aux sorties. Le commerce extérieur de la France — qui a quintuplé depuis la fin du règne de Louis XIV — a une valeur un peu inférieure à celui de l'Angleterre, avec 1 062 millions de livres tournois[1](en prix courants, c'est-à-dire sans tenir compte de l'inflation) ; et ses principaux marchés sont situés en Europe. Les Provinces-Unies ont une structure commerciale voisine de celle de la France : 350 millions environ de livres tournois, dont 140 avec l'outre-mer ; les 3/4 des entrées venant des contrées lointaines sont expédiées vers d'autres pays européens.

Mais c'est sur une note plus politique qu'il convient de terminer. En effet, les espaces maritimes et coloniaux, aussi bien dans l'Amérique antillaise française que dans l'Amérique espagnole, allaient être fortement influencés par la révolte des Treize colonies britanniques (cf. la thèse-Godechot de la « révolution atlantique ») : la colonisation, défendue naguère dans son principe par John Law, le Régent, ou encore Maurepas — pour en rester aux Français — s'étant trouvée de plus en plus attaquée dans son principe même à partir de 1750[2]. Voilà qui porterait le coup de

1. 25 livres tournois = 1 livre sterling.
2. Avant cette date, la colonie est estimée utile car elle permet à sa métropole de rivaliser en prestige et en grandeur avec les autres puissances ; elle permet de posséder des comptoirs,

grâce aux systèmes atlantiques que les Européens avaient achevé de mettre en place à la fin du XVIIe siècle, et par là, à l'intégration du monde atlantique. Ainsi doit-on constater que les années 1780 correspondent à une phase de mutations qui donneront tous leurs effets à la fin du siècle et au début du suivant. Le fait le plus saillant étant la suprématie britannique, ce *Sea power* appelé à durer sur plus d'un siècle de *Pax britannica*. Suprématie britannique gagnée « *au bout de la pique* », au terme d'une guerre maritime totale : il ne s'agissait plus, en effet, au XVIIIe siècle, de simplement détruire la flotte adverse, mais d'affaiblir le potentiel adverse dans toutes ses composantes : militaires, industrielles, commerciales, agricoles, humaines… Et Voltaire, qui séjourne en Angleterre entre 1726 et 1728 (après être allé en Hollande quatre ans plus tôt), de reconnaître dans la dixième *Lettre philosophique* que « *le commerce, qui a enrichi les citoyens en Angleterre, a contribué à les rendre libres, et cette liberté s'est étendue au commerce à son tour ; de là s'est formée la grandeur de l'État. C'est le commerce qui a établi peu à peu les forces navales par qui les Anglais sont maîtres des mers…* ». Et Voltaire de poursuivre en opposant les postures anglaise et française : en Angleterre, « *le cadet d'un pair du royaume ne dédaigne pas le négoce… en France,(un marquis peut) mépriser souverainement un négociant ; et le négociant entend parler si souvent avec mépris de sa profession, qu'il est assez sot pour en rougir. Je ne sais pourtant pas lequel est le plus utile à l'État* » ! On pense évidemment à la *Parabole* de Saint-Simon, près d'un siècle plus tard…

L'Atlantique au XVIIIe siècle, une nouvelle expérience ? Ou de l'évolution des regards sur la mer…

L'expérience de la mer au XVIIIe siècle passe, à suivre L. Hilaire-Pérez, par un processus de « désorientation » des esprits, de dé-territorialisation, de basculement dans ce qu'A. Corbin a appelé « le territoire du vide », de précipitation dans un monde infini, grosse finalement d'attrait pour le mouvement, pour le dehors, loin du monde du-dedans, de l'ordre traditionnel, et des perceptions anthropocentrées du monde[1]. Bref, l'expérience de la mer ouvre les esprits des Lumières à la nature, et partant, modifie leurs regards et leur sensibilité sur la mer elle-même. Au cours du XVIIIe siècle, la croyance en une nature investie d'une finalité d'essence divine, généralement à fonction punitive, tendrait ainsi à s'estompe.

Dans cette vision ancienne, en vertu du récit de la Genèse, des Psaumes et du Livre de Job, les flots marins, issus du Déluge (retour provisoire au chaos), sont la manifestation de la punition divine. Ainsi l'histoire (savante) des mers passe-t-elle immanquablement par l'évocation des catastrophes marines, forgeant une image

---

voire des ports ; elle garantit en partie l'essor économique de la métropole en ce qu'elle est censée y fournir du travail à une foule de gens : armateurs, négociants, charpentiers, voiliers, capitaines et matelots, tonneliers, fabricants de salaisons, pêcheurs…

1. La Création se serait en effet opérée en fonction de l'Homme qui en constitue le but et le centre.

angoissante et répulsive de la mer, sur laquelle se greffent d'autres représentations, comme la tératologie des poissons, héritée de l'Antiquité[1] et de la tradition biblique. L'idée du « monstre marin », jamais entré dans l'Arche de Noé, et donc inconnu et inexpliqué, hante longtemps tant la peinture que la littérature : sa férocité décuplée par rapport aux bêtes terrestres s'acharne sur les créatures humaines totalement impuissantes. C'est ainsi qu'au-delà des rivages familiers, récits et représentations nourrissent l'angoisse eschatologique tant chez les matelots que chez les gens de lettres. « En mer, s'accomplit le destin de l'humanité », note L. Hilaire-Pérez, marqué par la Chute et l'expulsion du Jardin d'Eden. À l'aube du XVIIIe siècle, Daniel Defoe reprend encore ces images néfastes du rivage : c'est là que les anthropophages se livrent à leurs orgies, c'est de là que sourd la menace contre le refuge que le héros s'est construit à l'intérieur des terres[2]. En outre, les angoisses ancestrales du difforme et du monstrueux se chargent désormais des peurs nouvelles marquées au sceau de la raison : l'effroyable destin des navigateurs suscite toute une littérature scientifique, médicale ou topographique, qui conforte les images négatives de l'océan. En liaison avec les premières craintes de dépopulation et les premières topographies médicales modernes, les réflexions se multiplient sur l'action des différents milieux : sols, air, eaux, climats, végétation, conditionnent la santé, ou la morbidité, des populations. Quand l'auteur du *Tableau de Paris,* Louis-Sébastien Mercier, dénonce la pollution des grandes villes, Jean-Baptiste Moheau, depuis le Contrôle général des Finances où il est en charge de dénombrements, voit avant tout dans les rivages, des réceptacles des déchets de la mer, des cloaques nauséabonds, des lieux des plus corrupteurs de la force des populations. Pour autant, les eaux de mer, eaux mises en mouvement en permanence, peuvent avoir vocation à évacuer les déchets de la civilisation urbaine, à condition toutefois que l'homme y contribue.

On s'éloigne ainsi du discours sur les monstres marins, pour en venir à une réflexion sur la possible maîtrise par l'homme des espaces maritimes : et il y aurait là comme un mouvement de « sécularisation des dangers de la mer » (L. Hilaire-

---

1. On sait que les Grecs d'Homère craignent la mer « *vineuse* » et « *inféconde* », toujours en mouvement, qui fit errer pendant dix périlleuses années un Ulysse poursuivi par la vengeance brute du dieu de la mer, des séismes et des raz-de-marée, Poséidon. Tandis que le rivage focalise l'espoir tant de fois déçu du retour. Pour autant, c'est sur le littoral que sont tapis les monstres venus de la mer : ainsi le cyclope Polyphème, fils de Poséidon. En effet, le rivage antique est le réceptacle des excréments de la mer, c'est le long de la plage que celle-ci se purge : le géographe Strabon évoquerait le « mouvement purgatif » de la mer… Le littoral est zone de confins entre hommes, bêtes et dieux — et donc de mortelle proximité. L'époque moderne, à travers la peinture et la littérature, a encore noirci le tableau, en multipliant les poncifs — confortée par le souvenir des nombreux fléaux venus de la mer au Moyen Âge : on pense aux invasions normandes, à l'itinéraire maritime de la Peste noire au XIVe siècle, aux méfaits des pirates et autres naufrageurs…
2. J. Meyer fait du *Robinson Crusoé* (1719) le symbole de l'optimisme humaniste des Lumières : le héros, porteur de toutes les valeurs de l'homme blanc moderne, combine les valeurs de l'héritage chrétien et l'espoir libérateur des sciences appliquées… Magnification de l'homme qui trouve vite son détracteur avec l'Irlandais J. Swift : les Voyages de Gulliver sont un terrible réquisitoire contre l'homme…

Pérez), de rupture avec le merveilleux des cosmogonies traditionnelles. En France, l'abbé Pluche (*Le Spectacle de la Nature,* 1732), loin de considérer que le monde dégénère depuis la Création, voit les montagnes, les déserts, les océans, comme des spectacles édifiants de la grandeur du Créateur qui a su contenir les flots derrière les lignes du rivage, assurer à l'homme sa subsistance grâce à des mers fécondes : on a là une vision providentialiste qui favorise des représentations apaisées de la mer. Vision encore sacrée du monde certes, mais qui ouvre, selon A. Corbin, la voie à une « démarche scientifique ». En effet, les Lumières vont entreprendre de restituer la complexité chronologique de la formation du monde, et contribuer ainsi à émanciper l'ordre naturel de l'ordre humain. Ainsi la remise en cause du Déluge biblique conduit les savants du XVIIIe siècle, comme le Français Buffon, à modifier la place de la mer dans la naissance de la terre... dont l'âge[1] recule : les espaces maritimes révèlent ainsi aux savants le temps de la terre, disjoint du temps de l'homme (bien plus court)... Par ailleurs, les voyages d'exploration maritime alimenteront la connaissance des plantes et des animaux. Au milieu du siècle, le naturaliste Charles Linné entreprend un premier travail de dénomination/ classification. Tandis que l'abbé Prévost publie une *Histoire générale des voyages* (1746-1759), dans laquelle il entend « soumettre le monde au crible de la raison pour le mettre en système » (S. Albertan-Coppola)[2]. L'image de l'Atlantique donnée par l'auteur est composite : cet espace rendu complexe par son système des vents et courants, est avant tout un lieu de passage obligé vers le Nouveau Monde, qui peut être effrayant par sa nouveauté, mais abondant en richesses en tout genre... Quelques vingt ans plus tard, le « Voyage » serait définitivement mis à la mode par celui entrepris entre 1766 et 1769 par le comte de Bougainville (le réalisateur français du quatorzième tour du monde), mêlant aux préoccupations scientifiques des savants qui l'accompagnent (maigres résultats géographiques au demeurant), un intérêt « ethnologique » : l'expédition fit découvrir (et aimer) à l'opinion éclairée le « Bon Sauvage ». Ainsi, l'océan qui semblait vouloir cacher le Paradis, se mettait-il à révéler l'existence du paradis terrestre, derrière le « paradis sexuel » (J. Meyer) de Tahiti que notre voyageur avait atteint en avril 1768[3]! C'était cependant aller trop loin pour un Diderot qui dénonça un « *paradis cannibale* » — où (selon les dires mêmes du voyageur) se pratiquaient la guerre, les sacrifices humains, l'esclavage — dans son *Supplément* au voyage de Bougainville en 1773.

1. Estimé à 6 000 ans par les textes bibliques...
2. « Un Atlantique des Lumières », *Dix-huitième siècle*, n° 33, 2001 : L'Atlantique.
3. Tahiti : nouvelle Cythère ? « Je me croyais transporté dans le jardin d'Eden », écrivit Bougainville dès son retour. Le siècle avait en effet commencé (1717) avec *L'Embarquement pour l'île de Cythère* (encore intitulé *Le Pèlerinage à Cythère*) présenté par Watteau à l'Académie royale). Rejeux répétés du fameux mythe des îles, fondé sur l'enchantement (on pense à Ulysse et Circé), par-delà Defoe... J. Starobinski, à propos de Cythère, note que les couples quittent la statue de Vénus, après lui avoir apporté leurs offrandes : l'hommage rendu, la statue reste seule. Coexistence du recueillement et de l'éloignement. On se trouve, dans le temps comme dans l'espace, en bordure de la fête. Mais s'est-elle achevée, ou va-t-elle commencer ? Est-on dans l'attente, ou dans le souvenir du plaisir ? Les critiques aujourd'hui s'interrogent...

Quoi qu'il en soit, le regard sur la nature — même la plus répulsive — va se modifier : l'angoisse eschatologique le cède à la fascination de la découverte, voire au goût pour l'effroi devant l'inconnu, qui vont transformer la perception des paysages marins au XVIIIe siècle. Retournement majeur des sensibilités, fruit d'une approche sensualiste de la connaissance et de l'émotion — ainsi du goût pour la nature sauvage ou les rivages désolés. En témoignent tant le voyage en Hollande (Diderot, Voltaire… et de nombreux Anglais), que les représentations de la mer et des rivages aux XVIIe et XVIIIe siècles si nombreuses dans la peinture hollandaise. Représentations qui s'attachent à dramatiser le rapport de l'homme et de la mer dans une démarche historico-symbolique : l'embarcation est livrée aux caprices des flots que l'homme ne peut dompter que par son audace, sauf à sombrer. Discours sur la destinée humaine, et au moins autant métaphore de l'élection divine de la nation néerlandaise menacée en permanence par les assauts de la mer. Les marines du Français Claude Gellée, dit Le Lorrain, conçues comme les pendants de ses paysages de l'intérieur, visent elles, par le couplage, à recréer l'unité du spectacle du monde. L'artiste intègre l'horizon marin, sa lumière, les rayons du soleil à l'ordre et l'harmonie de la terre, tout en déclinant aussi les symboles chrétiens de l'embarquement, des périls du large, de l'entrée au port… autant d'épisodes qui scandent la destinée humaine. Ses vues de la baie de Naples (où s'impose le souvenir de Virgile composant l'Énéide) donnent au spectateur l'illusion d'arpenter le plus beau des rivages, miroir de l'harmonie du monde, et de rendre culte au Créateur… Intentions divines et références antiques composent ainsi une pédagogie efficace à l'usage des élites du temps. Laquelle repose aussi sur l'écrit : on pense aux *Aventures de Télémaque* de l'abbé Fénelon (1699), sorties tout droit des récits de l'Antiquité, et qui constituent les premières marines de la littérature française. « L'évocation des flots qui se déchaînent au pied de la tour égyptienne où Télémaque est retenu prisonnier, mieux que la froide copie des tempêtes virgiliennes, augure de l'appréciation sublime des tempêtes de la mer ». Ainsi, dans l'Europe du XVIIe et du XVIIIe siècle, c'est à travers toutes ces références que les élites regardent et apprécient les rivages et les horizons marins, et acquièrent le goût des paysages maritimes. Ce qu'a su si bien exploiter et entretenir le peintre français Claude-Joseph Vernet, qui en 1753 reçut commande des Bâtiments du roi de 24 tableaux de ports français, aux fins de figurer la vie et les activités maritimes. Représentations « économiques » déjà, que viennent compléter les enquêtes effectuées par l'inspecteur général des pêches Le Masson du Parc — lesquelles ont inspiré tant le *Traité des Pêches* de Henri-Louis Duhamel du Monceau[1](1769-1782), que la trentaine de planches sur les pêches de *L'Encyclopédie* (1771)… et qui achèvent le processus de désacralisation des espaces maritimes.

1. Encyclopédiste (1700-1782) conseiller du comte de Maurepas, ministre de la Marine sous Louis XV. Passionné de maquettes et de modèles réduits, il constitua une collection maritime dans son « cabinet de curiosités », qui est à l'origine du Musée national de la Marine à Paris (place du Trocadéro)…

Mais les nouveaux discours sur la mer suscitent également le goût pour le spectacle du tragique, du terrifiant, de l'étrange, du sublime. Diderot se délectant devant les tempêtes mises en scène par Vernet ! A. Corbin consacre un chapitre à « La fraîcheur de l'émerveillement », en commençant par évoquer l'intérêt de voyageurs pour « les falaises sublimes du noir gothique de la mer » : on voit des « touristes » progresser le long du littoral, saisis par « l'horreur exquise », la « joie terrible », l'exaltation du danger... que procure une telle promenade aventureuse ! Ainsi se dégage de ces discours une sorte de « sensibilité pré-romantique où la nature de la mer et de ses rivages, désacralisée et déliée du temps de l'homme, suscite à la fois le plaisir et l'horreur... » (L. Hilaire-Pérez). En ce sens, la mer constitue une frontière, incertaine et indéfinie, mais qui marque la fin des certitudes : c'est un monde où se diluent les repères. Parce qu'aussi c'est une limite naturelle floue (cas des Provinces-Unies), souvent mal connue (malgré mise en cartes et progrès de l'océanographie), voire indéterminée (où se rencontrent et se combattent droits et privilèges : cf. à Bordeaux, le conflit entre la Ville et l'amirauté). En outre, elle ne fait pas clairement frontière, au sens politique du terme : d'où le conflit juridique entre le Néerlandais Grotius (Hugo de Groot) et son *mare liberum* — ou doctrine de la liberté des mers[1] — (1604), et l'Anglais John Selden qui lui oppose le *mare clausum* (1617)[2]. Pendant quelques années, les Anglais firent triompher leur vieille prétention à la souveraineté de la mer, forçant les Néerlandais à acquérir des licences pour pêcher sur les côtes d'Angleterre ; et exigeant d'eux le salut du pavillon. L'arrivée de Guillaume III sur le trône d'Angleterre modifia évidemment la donne. De toutes les façons, vers 1700, la doctrine du *mare clausum* n'avait plus guère de raison d'être pour des Anglais dont le commerce s'étendait outre-mer autant que l'avait fait le commerce néerlandais au siècle précédent, et que les bâtiments britanniques s'aventuraient dans les eaux étrangères aussi loin que les hollandais. Le principe de la liberté des mers étant tout-à-fait approprié à une économie en expansion, les Anglais ne pouvaient que faire leur la doctrine du *mare liberum* ! C'est ainsi qu'en 1702, le juriste Bynkershoek fit accepter par les États de limiter la territorialité à la portée du canon... La mer est-elle ainsi à tout le monde ? Elle serait alors autre par rapport aux terres bordières, par rapport aux mondes de la terre. La mer, qui sépare les terres, unit en effet les gens de mer, et brouille les appartenances dans le « cosmopolitisme des sociétés maritimes » (L. Hilaire-Pérez), notamment dans les grands ports, hauts lieux de brassage des nationalités. De ce fait, la mer produit un milieu de vie original, déterritorialisé, distinct du « royaume paysan » (D. Roche). Processus que F. Braudel[3] a perçu comme corollaire du développement

1. Entendons par là notamment la liberté de pêche.

2. L'argumentation de Selden était double. D'une part, « *la mer, conformément au droit naturel ou droit des gens, n'est pas commune à tous les hommes, elle peut être, comme la terre, objet de propriété ou d'emprise privée* ». D'autre part, « *le roi de Grande-Bretagne est le maître de la mer qui l'entoure, prolongement inséparable de l'empire britannique* »...

3. Fernand Braudel, *Civilisation matérielle, économie et capitalisme, XVe-XVIIe siècle*, 1979.

d'« économies-monde », dont le cœur bat dans les grands ports européens du temps. Ainsi l'océan bornerait-il moins les terres, leur serait-il moins périphérique, qu'il aurait vocation à être au centre, à être l'espace fondamental où se joue leur puissance. C'est là le modèle anglais.

Se hissant tout entière[1] au rang de cœur de la nouvelle économie-monde, l'Angleterre va en modifier quelque peu le concept : c'est autour d'elle que le système économique international tout entier va graviter, sous les yeux d'Adam Smith, le chantre de l'expansion commerciale comme source de croissance d'une « nation ». « L'objet du commerce des colonies, dans son état libre et naturel, c'est d'ouvrir un marché vaste, quoique lointain, pour ces parties du produit de l'industrie anglaise qui peuvent excéder la demande des marchés plus prochains, du marché national » (*Essai sur la nature et les causes de la richesse des nations*, 1776). Smith, et après lui, David Ricardo, plaide pour le libéralisme économique, qui seul permet d'harmonier production et consommation ; et croit en l'expansion commerciale comme source de croissance. Dans cette logique « commercialiste », le politique se met au service de l'économique : c'est bien ce que démontre la guerre navale au XVIIIe siècle. siècle de forte croissance économique en Europe, portée par une exceptionnelle montée en puissance du commerce extérieur, alimenté par le développement des économies coloniales. siècle de transition entre deux systèmes atlantiques : le système ibérique, marqué par la territorialité, et le système néerlandais initié par l'intrusion des Provinces-Unies dans l'espace colonial ibérique au XVIIe siècle, et développé au XVIIIe par les Français et les Anglais. siècle de transition également, entre « des économies de la puissance fondées sur l'accumulation de stocks de métaux précieux (à logique mercantiliste), et des économies de la croissance, attirées par les profits infinis promis par le commerce colonial » (L. Hilaire-Pérez). Voici donc venue l'heure du « *doux commerce* », aux vertus civilisatrices, sur fond d'« utopie d'une redistribution fluide des richesses et des emplois » (L. Hilaire-Pérez) : celui des peintres comme Claude-Joseph Vernet, qui fait de la grève, représentée au premier plan du *Port de Bordeaux*, un monde pluriellement actif mais serein, qui semble, sous le regard de Diderot, « occupé du bonheur de la société »…

---

1. Le centre de l'économie-monde européenne n'est en effet plus un État-ville (Amsterdam) : il s'est dilaté à l'échelle de l'Angleterre tout entière, sinon le « territoire » tout entier, au moins des régions, des villes, notamment des ports — qui talonnent la suprématie londonienne…

Chapitre II
L'Atlantique britannique, un vaste espace commercial et colonial

La mise en valeur de l'Amérique coloniale britannique au XVIIe siècle

La construction antillaise

Ou le produit d'un « système hollando-franco-anglais », marqué par « l'internationalisation des colonies antillaises grâce aux violations successives de l'Exclusif » (P. Butel)... pour cause de demande croissante de produits coloniaux en Europe, en particulier sucriers. En 1700, la production sucrière des Antilles anglaises (*West Indies)* est déjà la première avec 25 000 tonnes, devant la production des Antilles françaises (15 000 tonnes) : en 1713, les Anglais recevant l'*asiento* négrier, les îles anglaises recevraient ainsi plus d'esclaves. En 1730, les *West Indies* livrent autour de 50 000 tonnes de sucre. En 1783, plus de 100 000 tonnes...

La Caraïbe vit se succéder les établissements anglais entre 1595, qui vit Walter Raleigh[1] s'emparer de la Trinidad, et 1684, date à laquelle la Couronne annexe les Bermudes : des aventuriers anglais s'y risquèrent dès le début du XVIIe siècle, à côté des Néerlandais et des Français. À la fin de celui-ci, ils disposaient de trois ensembles distincts. Au sud-est, la Barbade qui, au milieu du XVIIe siècle, rassemblait près de la moitié de la population de toutes les Antilles ; au nord, les Leeward (Saint-Kitts — partagée avec les Français, Antigua, Nevis et Montserrat) : ce sont les petites Antilles « du vent », qui furent occupées entre 1617 (la Barbade) et 1650. À l'ouest, la Jamaïque, la plus grande des Antilles anglaises, ne fut acquise qu'en 1655. Ces territoires furent d'abord des terres à tabac[2] et à gingembre. Puis, du fait de la concurrence du tabac du Brésil et de la Chesapeake, les colons de la Barbade et des Leeward, entrèrent, dans les années 1640, dans l'économie sucrière — sur le modèle développé par les Hollandais au Pernambouc brésilien, et apporté aux Antilles par les marranes chassés du Brésil en 1654. Le sucre engage alors une véritable révolution à la Barbade, tant en raison des investissements exigés que des profits amassés : la « reine des Antilles » en voit sa structure sociale bouleversée. La

1. Qui soulignait que « *Qui tient la mer, tient le commerce du monde ; qui tient le commerce du monde, tient la richesse du monde, tient le monde lui-même* » (cité par Roland Marx, *Histoire du Royaume-Uni*, 1967).
2. Ces îles avaient profité de la relative rareté du tabac en Europe vers 1630, mais pâtirent ensuite de la concurrence des productions du Vénézuéla et de la Chesapeake. Le tabac, ou l'un de ces « dopants » (J. Meyer) qui, contrairement au café, au thé, au chocolat... voit sa consommation devenir vite quasi universelle et socialement « égalitaire » : les États y virent tout aussi vite le bénéfice fiscal à en tirer.

croissance de l'économie de plantation, grosse de concentration des terres, entraîna le départ de nombreux « Petits Blancs », ex-engagés, qui perdaient tout espoir d'accéder à la propriété : la dépopulation blanche de l'île fit qu'en 1673 celle-ci comptait 44 000 esclaves noirs pour 22 000 Blancs ; et en 1713, 45 000 Noirs pour 12 000 Blancs. Ce déséquilibre Blancs-Noirs se retrouva évidemment dans les autres Antilles, en particulier à la Jamaïque, qui, pourtant colonisée en 1655, misa, jusque dans les années 1670, sur son rôle d'entrepôt de course et d'interlope en relation avec l'Amérique espagnole (plus particulièrement le golfe du Mexique et la Terre-Ferme — proches[1]).

C'est en 1670 (traité de paix anglo-espagnol signé à Madrid) que l'Espagne se fut trouvée amenée à reconnaître la colonisation anglaise en Amérique, avec la cession officielle de la Jamaïque : les marchands de la City avaient poussé à la négociation pour mettre fin à des opérations de course contraires à leurs intérêts... qui perdurèrent néanmoins ! Ainsi l'expédition lancée sur Panama par un émule de Hawkins et de Drake, Henry Morgan, à la fin des années 1670 ! Lequel Morgan, nommé lieutenant-gouverneur de la colonie en 1675, s'achète une plantation avec ses gains de flibustier ! Certes, tous ne se « rangent » pas, soutenus qu'ils pouvaient être, comme sur la côte du Honduras, par les Indiens Mosquitos très hostiles aux colons espagnols : leurs aventures racontées par William Dampier, firent du *Nouveau voyage autour du monde* publié à la fin des années 1690 un « best-seller » — comme également l'*Histoire des aventuriers d'Amérique* racontée par Oexmelin... Les années 1690 marquèrent néanmoins un repli de la flibuste anglaise sur les Bahamas, à Saint-Thomas (anglais depuis 1667), qui devînt un grand entrepôt de contrebande. La Côte de Saint-Domingue devînt aussi le refuge d'anciens flibustiers de la Jamaïque... sur laquelle désormais les Britanniques fondaient les plus grands espoirs s'agissant du développement de l'économie sucrière. Espoirs qui ne furent pas déçus : la Jamaïque, au lendemain de la guerre de Sept Ans, livrait 60 % du sucre anglais — la production de la Barbade stagnant pour cause d'épuisement des sols — alors qu'elle était devenue le plus grand marché d'esclaves de toute la Caraïbe : en 1673, on y comptait « seulement » 9 504 Noirs pour moins de 8 000 Blancs ; en 1713, on y comptera 55 000 esclaves noirs pour 7 000 Blancs...

L'établissement en Amérique septentrionale

Les premières initiatives remontent ici aussi à Raleigh, qui proclama la mainmise de la Couronne sur la Virginie[2] dès 1584. En 1607, des colons anglais s'installaient en Virginie et fondaient Jamestown : trente ans plus tard, la colonisation anglo saxonne s'étendait de la Nouvelle-Angleterre à la Caroline. Cette façade atlantique britannique, avec ses baies accueillantes et ses climats divers, attira un puissant courant d'immigration, et fut vite le lieu d'initiatives économiques

1. Kingston, principale base du commerce de la colonie vers 1700, est à 300 km de Cuba, à 800 km de la Terre-Ferme (Colombie).
2. Ainsi nommée en mémoire d'Elizabeth Ire, la reine Vierge.

variées qui donnèrent naissance à des sociétés aussi originales que différentes les unes des autres dans ce qui devînt les Treize colonies. Deux types de colonies peuvent être distinguées : les colonies de plantation (ou d'exploitation) dans la baie de la Chesapeake, en Virginie, au Maryland ; et les colonies de peuplement (et de refuge) en Nouvelle-Angleterre.

Un peuplement européen important

L'immigration est d'abord blanche et britannique. Pour autant, le recensement de 1790 ne fait apparaître que 70 % d'Anglais, à côté de 14,3 % d'Écossais et Nord-Irlandais, et de 8,9 % d'Allemands, Français et Suédois. Et cette immigration est d'emblée forte, organisée qu'elle est par des compagnies commerciales londoniennes : comme la *Virginia Company* qui, en 1618, proposait à tout colon 50 acres de terre, autant pour les membres de sa famille et les hommes qu'ils ont amenés avec eux. Elle organisait aussi le départ d'engagés blancs, les *indentured servants,* qui, comme aux Antilles, fournissaient une main-d'œuvre abondante et bon marché[1]. En 1695, la Virginie comptait 45 000 Blancs libres, 6 000 engagés et 2 000 esclaves noirs. Libres ou pas, la majorité des Blancs sont de sexe masculin, jeunes et célibataires ; ils viennent surtout de Londres ou du Sud-Est. Leur jeunesse à tous combinée avec le nombre de célibataires explique le taux de natalité élevé des colonies (entre 40 et 50 ‰) ; ainsi que le fait qu'au XVIIIe siècle la croissance démographique des Treize résulte avant tout de l'accroissement naturel. Dans les premiers temps de l'immigration libre, une forte proportion de fils de gentlemen tentèrent l'aventure, quelques-uns restèrent et s'unirent aux familles marchandes qui avaient prospéré dans le tabac ou le négoce transatlantique, mais beaucoup rentrèrent, déçus. Quant aux engagés et autres domestiques, ils étaient issus des couches les plus pauvres de la société, volontaires ou non. Des rafles étaient conduites dans les rues des villes portuaires, qui remplissaient les navires de pauvres, de femmes (1 femme pour 6 hommes), et d'enfants abandonnés. Les motifs de l'immigration masculine diffèrent selon les catégories sociales. Au XVIIe siècle, la gentry put être tentée tant par l'aventure que par le profit facile, mais elle se désintéressa vite de la colonisation et de ses mécomptes. À côté d'elle, des marchands ruinés cherchant à échapper à leurs créanciers, des cadets de familles trop nombreuses, ou encore l'armée de domestiques contraints à l'émigration pour survivre, et même des bagnards embarqués de force à cause de leurs convictions religieuses (Irlandais, Écossais, puritains anglais). En effet, après les raisons d'ordre économique, la seconde grande cause du peuplement européen des Treize est liée à la religion : l'Amérique anglaise est à l'origine un refuge accueillant pour les groupes religieux persécutés. Entre 1630 et 1660, à la suite des pèlerins (*Pilgrims*) du *Mayflower* venus des Provinces-Unies en 1620 (victimes d'une erreur de

1. Pour prix de leur voyage, ils s'engageaient dans une servitude pour cinq à sept ans, au terme de laquelle il leur serait cédé une terre (50 acres, à savoir 20 ha, au milieu du XVIIe en Virginie). Ils sont remplacés toutefois dans le dernier tiers du siècle par la main-d'œuvre noire esclave.

navigation qui les porta ainsi 800 km au nord de la Virginie, qui était leur destination), arrivèrent 20 000 puritains avec leurs familles dans la baie du Massachusetts, où ils fondèrent Boston. Le Maryland accueillit les catholiques ; la Virginie et la Pennsylvanie les quakers. Les troubles politiques qui secouent l'Angleterre au XVIIe siècle, tout autant que les crises économiques dans toute l'Europe ainsi que les poussées d'intolérance, ont ainsi alimenté un courant migratoire européen régulier vers les Treize colonies anglaises. Colonies installées le long de l'Atlantique autour de trois pôles géographiques distincts.

La Nouvelle-Angleterre

Elle s'étend du Connecticut au sud à la côte du Maine au nord, et appartient à la catégorie des colonies de peuplement, celui-ci étant au demeurant fort original. Les pèlerins du *Mayflower,* débarqués à Plymouth en 1620, subirent de lourdes pertes, confrontés qu'ils furent à la dureté du milieu : ils durent de survivre grâce à l'aide des Indiens. La véritable installation des puritains commença en 1630. L'essor démographique fut rapide : en 1634, Boston comptait déjà 4 000 habitants. Les colons entendaient créer une véritable société puritaine qui, par son exemple, forcerait la régénération de la métropole britannique : dans un monde marqué par la Chute, seuls les « Saints » — dans une hiérarchie stricte à critères spirituels — eurent vocation à gérer la communauté, définir ses normes et les faire appliquer, et à l'encadrer très strictement dans la plus rigide intolérance[1]. On comprend que des dissidents s'en soient échappés… ou en aient été bannis, comme Roger Williams, le fondateur de la colonie du Rhode Island en 1644, de Providence, et de la première communauté baptiste américaine. Déjà en 1633, d'autres dissidents du Massachusetts avaient fondé le Connecticut ; d'autres encore, en 1637, celle de New Haven. Enfin, au milieu du siècle, la *Massachusetts Bay Company* (dont les puritains étaient les actionnaires majoritaires) installa des colons dans le New Hampshire, le Maine et le Massachusetts. S'amorça aussi assez vite une poussée vers l'intérieur, laquelle généra la rencontre — d'emblée violente — avec les Indiens : auxquels on achetait moins souvent leur territoire (cas de Rhode Island) qu'on ne les en expulsait…

S'agissant du paysage économique de la Nouvelle-Angleterre, il apparait plus proche des réalités métropolitaines. Climat et sols font que, à l'exception des peaux

1. Les puritains de Nouvelle-Angleterre partagent avec Calvin la conviction que la loi divine et le pouvoir religieux doivent dominer le pouvoir civil, même si les pouvoirs sont séparés : l'Église pure doit dominer la société impure. Seuls les membres masculins des congrégations ont le droit de vote (8 % de la population) et peuvent élire les magistrats, obligatoirement puritains ; ceux-ci rédigent les lois de la colonie, inspirées par le texte biblique. Les élus participent à la vie civique par le biais des assemblées de villages et gèrent démocratiquement leurs congrégations. C'est ainsi que se met en place un système qui combine dictature religieuse et embryon de démocratie… C'est le pouvoir de Londres qui finit, en 1689, par imposer une certaine tolérance : l'*Act of Toleration,* qui impose le respect des autres cultes (protestants seulement), est une première tentative de concilier sphère publique homogène et société civile pluraliste…

et des fourrures (Traite avec les Indiens), les productions sont les mêmes qu'en métropole — céréales, bois, produits de la mer — et ne peuvent donc guère exportées vers l'Angleterre. Le déficit commercial ainsi créé pourrait cependant être compensé par les exportations de ces produits vers les colonies continentales du Sud, ainsi qu'aux Antilles. De toutes les façons, la Nouvelle-Angleterre regardait, et regarderait de plus en plus au cours du XVIIIe siècle, vers la mer. La pêche joua ici un rôle essentiel, comparable à celui du sucre et du tabac pour les Antilles et la Virginie. Elle forma également toute une population de marins. Le négoce de Londres joua sa partie, mais les marchands de Boston surent s'associer à eux ; contrôler l'expédition des morues, vers les Antilles (pour nourrir les esclaves), mais surtout vers Madère, Lisbonne, les ports andalous ou du Levant — y chargeant les vins, les huiles, les fruits, à ramener en Angleterre ; et ainsi pratiquer un fructueux trafic triangulaire. Ce qui s'accompagna d'un viol du pacte colonial du fait de la multiplication des relations avec les Antilles, anglaises et étrangères ! Au point que la métropole s'en émut, et frappa en 1673 les Treize de droits à lever sur ce qui fut dénommé les « produits énumérés » par les lois de 1660-1663 qui étaient transportés d'une colonie à l'autre. Alors les marchands de Nouvelle-Angleterre ne se privèrent pas de commercer directement avec l'Europe sans respecter l'étape anglaise ! Ce dynamisme des activités de la mer explique la forte croissance de la population : celle-ci passe de 87 000 habitants en 1690 à 712 000 en 1780...

Les « middle colonies »

Au sud de la Nouvelle-Angleterre, se sont également constituées au XVIIe siècle d'autres petites colonies : les « *middle colonies* ». Depuis 1620, les Hollandais de la WIC remontent l'Hudson, échangeant des fourrures avec les Indiens : ils fondent ainsi, près d'une Nouvelle Suède installée à l'embouchure de la Delaware à l'est de l'Hudson, une Nouvelle Hollande autour de Nieuw Amsterdam, et de New Jersey, qu'ils ouvrent notamment aux juifs sépharades... et aux esclaves noirs. En 1664, lorsque les Anglais s'emparèrent de ces territoires, on comptait quelque 10 000 colons principalement dans l'île de Manhattan, qui devint New York... où en 1700, on recensait déjà 18 langues parlées. Par ailleurs, à partir de 1675, l'immigration des quakers[1] s'amplifia : en 1682, William Penn vint visiter les territoires qu'il s'était fait octroyer par le roi Charles II à l'ouest de la Delaware. La Pennsylvanie était née : Philadelphie serait « une cité modèle pour une communauté modèle » où règnerait la tolérance... En Pennsylvanie, qui accueille luthériens allemands du Rhin et baptistes irlandais et gallois, les croyants peuvent choisir eux-mêmes l'Église qu'ils souhaitent financer : c'est aussi là qu'on trouve, avec les quakers, les seuls chrétiens qui cherchent alors à réformer l'ordre social, en combattant l'esclavage, ou en prônant des relations harmonieuses avec les Indiens.

1. La religion *quaker*, fondée par George Fox, est la forme la plus radicale du *dissent* anglais. Elle rejette toute idée d'institution, de clergé, de liturgie, de sacrement ; elle se veut profondément égalitaire, pacifiste, tolérante.

À la fin du XVIIe siècle, Philadelphie avec sa bibliothèque publique, ses écoles, ses édifices prestigieux, est devenue la seconde ville anglaise après Londres...

Les colonies de plantation

Autour de la Chesapeake Bay, s'étendent les colonies de Virginie (anglicane) et du Maryland (catholique) : c'est là un autre Atlantique ; celui qui tire sa richesse des plantations et du travail d'une main-d'œuvre non libre ; qui obéit aux termes du « pacte colonial » liant la colonie à la métropole pour fournir à celle-ci des produits exotiques et en recevoir les denrées d'Europe ; et dont la société applique une stricte hiérarchie sociale. Le climat y permettait en effet la culture du tabac — un produit à la mode croissante, mais dont la culture fut interdite en Angleterre suite à la campagne menée par Jacques Ier — depuis les plaines du *Tidewater*[1], jusqu'à la *Fall Line* au pied des Appalaches, à 200 km à l'intérieur des terres. Le tabac exporté en Angleterre (Londres, talonné par Glasgow à partir de 1707) était largement réexporté, notamment vers la France et la Hollande : vers 1700, ce sont déjà 15 000 tonnes de tabac qu'exportait la Chesapeake, contre 3 000 pour le Brésil.

Cette culture de plantation avait induit un puissant mouvement de concentration de terres, comme à la Barbade dans les années 1660[2]. Faut-il alors voir la Virginie comme une terre de grandes exploitations, dominée par une société aristocratique ? Selon Jean Meyer, jusque vers 1675, la Virginie comptait 65 % de petits propriétaires exploitants en faire-valoir direct, ne possédant ni esclaves, ni engagés. En revanche, vingt ans plus tard, en 1695, on dénombrait 45 000 Blancs libres, 6 000 engagés, 2 000 esclaves noirs. Les petits exploitants étaient menacés par la baisse des prix du tabac. Et les engagés avaient de plus en plus de mal, à la fin de leur servitude, à vivre sur le lot exigu (20 ha) qui leur était attribué : ce qui allait précipiter la fin de l'immigration blanche sous cette forme[3]. Au début du XVIIIe siècle, sur chaque rivière du *Tidewater*, la colonie comptait de 10 à 30 domaines, jusqu'auxquels, grâce à la marée, les navires venant de Londres pouvaient remonter : ainsi, sur place, les grands planteurs traitaient-ils avec de grandes maisons londoniennes sur la base d'un échange entre produits d'Europe et tabac. Mais aussi, au-delà de la *Fall Line*, on trouvait nombre de petits et moyens planteurs, qui, eux, avaient affaire à des commissionnaires de Glasgow (depuis l'intégration des Écossais dans le marché britannique, en 1707). Ainsi dans la

1. Ce sont les baies profondes du Sud de la Chesapeake jusqu'à la rivière Roanoke, facilement accessibles à la navigation maritime.

2. À la fin du XVIIe siècle, les colons de la Chesapeake ont définitivement ruiné les planteurs de tabac des Antilles.

3. De 1635 à 1705, on avait pu compter entre 1 500 et 2 000 arrivées d'engagés par an, soit de 105 000 à 140 000 immigrants. Après 1700, très peu d'immigrants purent trouver une terre ; et les engagés de Virginie gagnèrent le Maryland, et surtout la Caroline du Nord et la Pennsylvanie. En conséquence, on importa davantage d'esclaves : quelques 5 000 entre 1680 et 1700.

Virginie du début du XVIIIe siècle, le modèle anglais de société aristocratique de grands ou de moyens propriétaires, d'implication des notables dans le gouvernement local, et d'établissement de l'Église anglicane avec tolérance des *dissenters* protestants, domine.

Fondées après la Virginie et le Maryland, les colonies du Bas-Sud que sont les Carolines se développèrent sous la Restauration. Le pays des Carolines avait été concédé en 1584 par Elisabeth à Raleigh, qui tenta, sans succès d'y fonder un établissement. Il fallut attendre 1663 pour voir arriver des investisseurs à qui Charles II avait donné ces terres pour prix de leur soutien militaire. Les premiers colons furent des puritains du Massachusetts, vînrent ensuite des gens de la Barbade qui choisirent l'option du commerce avec celle-ci (*naval stores*), enfin des esclaves noirs initièrent les Carolines à la culture du riz. Ce fut le début de la prospérité et de la spécialisation dans le cadre d'une économie de (grande) plantation. Que l'on retrouve au XVIIIe siècle dans le territoire voisin de la Georgie offerte en 1730 à James Oglethorpe par le roi George II pour y accueillir les persécutés religieux et les délinquants qui surpeuplaient Londres…

L'affirmation atlantique du commerce britannique au XVIIIe siècle

Le grand commerce, pilier de l'économie anglaise ?

Dans un pays où le prestige du marché extérieur, dans une logique mercantiliste, est immense dès le début du XVIIe siècle ; et où le commerce extérieur connut une expansion remarquable malgré les troubles politiques des années 1640-1660 ; s'élève la voie isolée d'un « commercialiste » qui défend le principe de la liberté du commerce international, en ce que celle-ci permettrait de combiner extension du marché extérieur comme du marché intérieur, croissance de l'emploi, progrès technique et stabilité sociale. Il s'agit de Henry Martin, juriste *whig*, nommé inspecteur général de l'import-export à Southwark, et auteur en 1701 de *Considérations upon the East India Trade*. Contestant la légitimité du monopole de l'EIC, raillant les peurs des marchands-drapiers devant un afflux d'indiennes qui, selon eux, menacerait l'emploi dans l'industrie textile, et partant, la paix sociale, il montre que les importations indiennes, à bas prix, auraient deux conséquences positives sur le marché intérieur. D'une part, elles ne pourraient qu'inciter les producteurs anglais de textiles à abaisser leurs coûts de fabrication en mécanisant la production : les prix à la consommation s'en trouveront réduits. D'autre part, les machines économisant l'emploi, il y aurait réduction des coûts salariaux du fait de la diminution du nombre d'emplois, et non de la baisse des salaires. Au bout du compte, le prix des objets manufacturés serait réduit, et le marché intérieur stimulé. D'autant que les ouvriers en « surnombre » — ceux dont les emplois sont les moins rentables, car exigeant un savoir-faire coûteux — ne seraient pas pour autant mis au chômage, mais dirigés vers des travaux plus simples dans le cadre d'une division croissante du travail. Ainsi la fluidité de l'économie à l'échelle internationale est-elle analysée comme la condition de toute une dynamique en matière d'innovation technique. Peu entendue au début du siècle, cette argumentation n'en inspirera pas moins fortement Adam Smith… mais divisera les historiens à venir ! Lesquels se partagent en effet sur l'importance de l'impact du grand commerce sur l'économie anglaise à la veille de sa révolution industrielle. Deux points semblent cependant acquis : le rôle essentiel du coton dans la première industrialisation, et l'apport structurel du grand commerce à l'économie. Ce qui avait exigé de stimuler les manufactures, et de protéger la construction navale et la marine marchande.

Dès le début du Protectorat, en 1650, fut institué un Conseil du commerce qui conseilla à Cromwell de « *se tourner vers les affaires de la mer* », et de se donner les moyens de faire face à la concurrence hollandaise très forte en Baltique et aux Amériques depuis le traité de Westphalie (1648), ainsi qu'à la course des royalistes fidèles aux Stuarts (les Jacobites) et alliés aux Français. C'est ainsi que Cromwell prit l'initiative du premier *Acte de navigation* et le soumit au Parlement en octobre 1651. La loi exigeait que toutes les importations soient transportées directement en Angleterre sur des bâtiments anglais ou ceux du pays producteur (on de la première expédition) : tous les produits venant de l'outre-mer seraient transportés sur des navires anglais. Plusieurs incidents navals déclenchèrent la première guerre anglo-hollandaise (mai 1652), perdue par les Néerlandais qui durent accepter l'*Act,* et donc la présence de navires anglais dans la mer du Nord et la Baltique.

En 1660, les Stuarts restaurés adoptèrent un second *Act*, qui améliora celui de 1651 ! Les matières premières et produits alimentaires en provenance des colonies étaient réservés aux transporteurs anglais, gallois, irlandais, ou à des navires construits ou appartenant aux habitants des colonies — lesquels devaient avoir un commandement anglais et des équipages aux trois-quarts anglais. Aucun produit colonial ne devait s'exporter ailleurs qu'en Angleterre, en Irlande, ou une colonie. Le commerce inter-colonial était règlementé par la création des « produits énumérés ». En outre, une grande variété de produits venant de Méditerranée, de Baltique, de Russie, de Turquie… devaient être importés en Angleterre, Irlande, Galles, seulement sur navire anglais, avec capitaine anglais, équipage aux trois-quarts anglais ; ou sur navire du pays producteur. Ainsi les navires étrangers n'étaient-ils pas exclus, mais leur activité était limitée à l'importation de leurs propres produits en Angleterre, et à l'exportation des produits anglais ou irlandais partout sauf dans les colonies d'outre-mer. Cependant les Néerlandais — qui étaient les plus visés par cette législation — ne pouvaient plus apporter des produits de Norvège par exemple, alors que les Norvégiens le pouvaient ; ils ne pouvaient évidemment plus non plus participer au commerce colonial anglais… De nombreuses mesures suivirent ce second *Act*. À partir de 1662, tout navire non bâti en Angleterre, Irlande ou colonies, ne serait plus considéré comme anglais, sauf en cas d'une prise de guerre ; aucune importation de ports hollandais ne serait plus possible à moins qu'il s'agît de produits hollandais. Le *Staple Act* de 1663 stipula que les produits d'Europe pour les colonies anglaises ne pouvaient plus être chargés qu'en Angleterre ou au pays de Galles — excepté le sel pour les pêcheries de Terre-Neuve, le vin de Madère, les vivres d'Écosse ou d'Irlande. À la suite de la législation de 1660-1663, et malgré les pertes de navires pendant les guerres, la marine marchande connut un vigoureux essor. En 1673-1674, des taxes furent créées sur les produits circulant d'une colonie à l'autre, les fameux « produits énumérés » : on visait là les marchands de la Nouvelle-Angleterre. À nouveau en 1696, quand il fut interdit que les produits transportés entre les colonies, vers ou depuis l'Angleterre, le soient sur des navires autres qu'anglais, avec capitaine, équipage. Ainsi le législateur du second XVIIe siècle a-t-il mis en place tout un arsenal juridique efficace à protéger l'armement britannique... mais on en conclura que la réitération des dispositions, toujours plus contraignantes, dénote probablement une large transgression des règles. Ce qui fut en effet le cas aux colonies et même en Irlande. À ce système protecteur s'ajoutèrent des mesures douanières, en forme de droits frappant le transport, sur bâtiments étrangers, de produits essentiels comme le charbon ou les grains (1673, 1690, 1700). Ainsi que les taxes prohibitives frappant le commerce avec la France, en réplique aux tarifs de Colbert (1678-1685). Elles furent augmentées, en 1693 et 1696, de taxes spéciales sur certains produits, qui restèrent appliquées jusqu'au traité franco-anglais de 1786. Mais l'Angleterre adopta aussi des mesures incitatives, dès le milieu du XVIIe siècle : ce furent les fameuses *bounties,* ou primes à l'exportation (grains, toiles de lin d'Écosse ou d'Irlande), ou à l'importation (*naval stores* de l'Amérique anglaise, toiles d'Irlande). Enfin, en 1707, l'Acte d'Union avec l'Écosse[1] reconnut les mêmes droits aux Écossais et aux Anglais. Il contribua à assurer l'emprise des marchands écossais sur le commerce de l'Amérique du Nord. Mais, s'il imposait des restrictions aux coloniaux comme aux Irlandais, il permit aux exportateurs anglais de bénéficier de la plus large zone de libre-échange du monde...

La première puissance commerciale européenne dans l'Atlantique ?

Sur l'élan donné au XVIIe siècle, l'importation de produits coloniaux alimentaires ainsi que le « commerce de la mer » de Nouvelle-Angleterre, progressent fortement. Ce qui alimente un fort courant de réexportation en Europe, et permet ainsi à l'Angleterre de gonfler ses importations de *naval stores* en provenance des pays de la Baltique notamment... L'expansion du commerce colonial a donc été un élément moteur de la croissance décisive des échanges britanniques.

1. Qui supprime toutes les barrières douanières entre Angleterre et Écosse.

Le tableau suivant présente une vue statistique de l'essor commercial global :

	1699-1701	1722-1724	1752-1754	1772-1774
Importations	5 849	6 758	8 203	12 735
Exportations				
avec réexportations	6 419	7 756	11 909	15 671
sans réexportations	4 433	5 042	8 417	9 853
Total	12 268	14 514	20 112	28 406

BUTEL Paul, *Européens et espaces maritimes, vers 1690-vers 1790*, PU Bordeaux, 1997

D'un bout de la période à l'autre, l'ensemble importations et exportations aurait ainsi, selon P. Butel, progressé de 132 %, les importations de 188 %, les réexportations de 193 %. Les courbes dressées par les historiens anglais P. Dean et W.A. Cole[1] montrent que si celle des exportations est plus « basse » que celle des importations, la courbe des réexportations épouse assez fidèlement, mais évidemment à un niveau inférieur, celle des importations — pour la période qui nous intéresse. Ce que chiffre également le tableau ci-dessus. Il existait, tant en Angleterre qu'en France un système d'entrepôt qui se caractérisait par d'importants avantages douaniers accordés aux marchands ré-exportateurs, alors que des tarifs douaniers élevés protégeaient le marché national de la concurrence étrangère...

À examiner la structure des importations, on constate qu'au début du siècle celles-ci sont relativement équilibrées, entre produits manufacturés, denrées alimentaires et matières premières : situation qui s'est dégradée soixante-dix ans plus tard — ce qui traduit tant le goût croissant pour les « dopants » tropicaux et le sacrifice de la céréaliculture nationale, que l'industrialisation d'un pays (par le secteur textile) qui dispose en outre des matières premières nécessaires... Quant aux exportations, elles ne sont dans aucun autre pays aussi largement dominées par les produits manufacturés : exportations qui permettaient d'acheter massivement des produits coloniaux... lesquels autorisaient des réexportations massives...

Les premiers produits réexportés sur toute la période sont, devant les textiles, les « *foodstuffs* » (produits alimentaires) en forte croissance par ailleurs : le tabac (pour près de la moitié des réexportations au premier XVIIIe siècle), le sucre, et le poivre, au début du siècle ; les années 1670 voyant « exploser » le café, et croître le riz, mais stagner le thé, et diminuer le sucre, ainsi que le tabac après une forte poussée. Vif essor des produits nouveaux, progression plus lente, voire diminution pour les autres. En revanche, la part des textiles (calicots ou cotonnades, soieries, lin) à la réexportation s'est affaiblie, comme celle des matières premières. Ces réexportations — qui se font essentiellement à destination de l'Europe au début du siècle — permettent à l'Angleterre de gonfler ses importations de *naval stores* (bois, chanvre,

1. Dean P. et Cole W. A., *British Economic Growth, 1688-1959*, Cambridge, 1959.

goudron, fer) en provenance principalement des pays de la Baltique. On constate aussi que ce sont l'Amérique et l'Asie qui fournissent l'essentiel des réexportations : les 2/3 au début de la période, les 3/4 à la fin — l'Amérique surtout. L'historien Ralph Davis[1] a pu parler d'« américanisation » du commerce extérieur britannique[2].

Cette progression britannique est restée néanmoins plus faible que celle de la France. De la Régence à la fin de l'Ancien Régime, selon les chiffres d'Arnould (directeur à partir de 1750 de la Balance du Commerce, créée en 1713), la valeur du commerce extérieur total de la France passa de 215 millions de livres tournois en 1716-1720 à 1 062 millions en 1784-1788, ce qui représente un quintuplement — en moins de vingt ans, de 1736-1740 à 1749-1755, le commerce avait déjà doublé, passant de 278,4 millions à 486,1. S'agissant de l'Angleterre, la valeur de son commerce n'a été multipliée que par 2,4 dans la même période (de l'équivalent de 325 millions de livres tournois à 775). Et ce, malgré des atouts supérieurs au début du siècle, côté anglais : la France sortait en effet affaiblie des guerres de Louis XIV, et la flotte marchande anglaise était supérieure. En outre, l'Angleterre bénéficiait de l'avantage essentiel d'être à la tête d'une immense zone de libre-échange continuellement en expansion démographique. De 1670 à 1770, la population passa de 96 000 habitants à 480 000 aux Antilles anglaises, de 112 000 à 2 148 000 dans les Treize, de 2 à 3,6 millions en Irlande, et de 5,3 à 6, 9 millions en Angleterre...[3]

C'est ainsi que, si la croissance commerciale globale fut plus faible en Angleterre qu'en France, le commerce colonial s'est avéré plus dynamique côté anglais : celui-ci pouvait en effet profiter d'un marché plus vaste, outre-mer comme en métropole. Il représente déjà en 1699-1701, 15,4 % du commerce extérieur britannique. Les Treize colonies continentales vont absorber une part de plus en plus importante de produits manufacturés britanniques : au début du siècle, les 80,77 % des réexportations vers l'Amérique sont constituées de produits manufacturés, qui sont en partie redistribués sur les colonies de la Caraïbe. Situation d'autant plus profitable aux Anglais que, pendant la plus grande partie du siècle, le marché européen (qui absorbait plus de 90 % des exportations textiles en 1699-1701) a stagné, pour cause de mesures protectrices généralisées (seuls l'Espagne et le Portugal restant des clients importants). Il est clair que l'essor des exportations anglaises vers les colonies est largement lié au fait que les Actes de Navigation et les mesures ultérieures — sans oublier les stipulations du traité d'Utrecht-[4] ont fabriqué des marchés captifs dans cette zone de libre-échange que constituaient

1. Ralph Davis, *The Rise of the English Shipping Industry*, Londres, 1962.
2. Bien que l'Amérique du Nord, sauf quelques secteurs particuliers, ne soit pas une grande zone d'importation pour l'Angleterre avant l'essor cotonnier du XIXe siècle, malgré le rôle croissant joué par les *naval stores* dès le XVIIIe siècle...
3. En France, le royaume passe de 22 millions d'âmes en 1700 à 29 en 1800, mais c'est aux Antilles que la progression est la plus rapide. Et celle-ci reste artificielle, tant elle est due à l'énorme apport de la Traite négrière.
4. Lequel a contribué à transformer l'Amérique espagnole en zone d'influence...

l'Amérique du Nord, mais aussi l'Irlande, les Antilles anglaises et étrangères, ainsi que les comptoirs d'Afrique, des Indes, de l'Asie du Sud-Est, et de l'Amérique. Les exportations dans cette immense zone s'y présentaient ainsi (en milliers de livres sterling):

	1699-1701	1722-1724	1752-1754	1772-1774
Irlande et îles anglaises de la Manche	174	300	741	980
Amérique et comptoirs d'Afrique	539	758	1 707	4 176
Asie	122	93	667	717
Total des exportations	4 433	5 042	8417	9 853

BUTEL Paul, Européens et espaces maritimes, vers 1690-vers 1790, PU Bordeaux, 1997

On notera donc l'importance croissante de l'Amérique — particulièrement gourmande, là encore, et de plus en plus, de produits manufacturés — dans les exportations britanniques : l'Amérique recevait au début du siècle 10 % des exportations britanniques, 60 % à la fin du siècle. « Le marché américain joue ainsi un rôle important dans le développement d'une production de masse en Angleterre », note L. Hilaire-Pérez, qui poursuit en soulignant le lien entre commerce maritime et démarrage d'une industrie cotonnière. Faut-il voir là simple effet de la « captivité » du marché américain ? Au départ seulement. On sait en effet que le commerce avec l'Angleterre ne disparaîtra pas avec le lien colonial : ce seront 25 à 30 % des exportations anglaises qui aboutiront en Amérique[1] après la guerre d'Indépendance. En effet, ce sont aussi des facteurs d'ordre financier qui ont commandé le développement du commerce colonial anglais. Ainsi le caractère bon marché de la construction navale... réalisée pour 1/3 dans les années 1770 en Amérique pour cause de bas prix des matières premières. Ainsi également le faible coût des frets — compensé par les quantités transportées ; et aux facilités de crédit. Le système de crédit britannique reposait sur la constitution de réseaux marchands particulièrement efficaces : des *wholesalers* (exportateurs) se faisaient dans les ports les intermédiaires entre les industriels et les marchands — ils achetaient des produits sur des crédits à court terme, et les revendaient pour l'exportation en crédits à long terme (sur 2 ans). La solidité financière du *wholesaler* et celle du marchand exportateur s'ajoutaient aux liens de confiance qui les unissaient aux entrepreneurs des colonies. C'est en partie l'excellence de ce système qui fit revenir le négoce américain vers l'Angleterre après la guerre d'Indépendance... Autre secteur géographique important, protégé et captif lui aussi : l'Espagne. C'était traditionnellement le lieu d'un commerce avec l'Europe pour certains produits,

1. Qui bénéficiera en même temps de transferts technologiques importants, au principe du démarrage de l'industrie cotonnière aux États-Unis.

comme les salaisons, le beurre et divers vivres liés à l'armement maritime. Mais les Actes de navigation ayant eu pour résultat d'affaiblir son commerce colonial, elle ne pouvait exporter en Angleterre ses draps de laine, et se trouvait contrainte d'en importer ses produits manufacturés. La révolte de 1689-1692 l'avait en outre plongée dans la crise. Mais les choses s'améliorèrent peu à peu : l'Espagne, au milieu du XVIIIe siècle était devenue exportatrice de toiles de lin, et de produits alimentaires nécessaires à l'avitaillement des navires en partance pour l'Amérique : ce qui lui permit de développer ses achats de produits anglais... C'est ainsi que la croissance du marché irlandais se fit plus rapide que celle du marché américain pour les draps...

Les tableaux présentés montrent clairement que l'expansion du commerce extérieur britannique au XVIIIe siècle recouvre des phases d'inégal dynamisme. On peut en distinguer quatre, d'ampleur inégale, depuis le milieu du XVIIe siècle. La première, qui s'étend de la fin des guerres anglo-hollandaises à la *Glorious Révolution,* marque une première croissance : elle repose sur tant sur l'exportation ancienne des draps, que sur la réexportation en Europe de tissus indiens et de denrées coloniales (tabac et sucre). Une seconde phase, entre 1689 et 1713, correspond à un tassement qui est du aux guerres de la ligue d'Augsbourg et surtout de la Succession d'Espagne. La croissance revient dans un troisième temps, mais de façon modérée : les guerres (anglo-espagnole, et de la Succession d'Espagne) freinent les réexportations ; les prohibitions gênent le commerce des *indiennes.* Seule la demande des marchés ibériques cacha le déclin sur les autres marchés européens. Il faut attendre 1748 et le traité d'Aix-la-Chapelle pour entrer dans une phase d'essor décisif, sans doute préparé par la prospérité du marché colonial, alors que le dynamisme du commerce atlantique français faisait reculer les réexportations anglaises de sucre en Europe ; et clairement favorisé par la paix revenue avec l'Espagne, dont la demande fait un bond en avant. En outre, de nouveaux produits de réexportation se font jour : riz des Carolines, thé des Indes, café des Antilles ; alors que celle du tabac se maintient fort (Glasgow). Enfin, la demande des troupes envoyées sur le front américain pendant la guerre de Sept ans provoque l'essor des exportations outre-Atlantique... mises à mal cependant par le début de la guerre d'Indépendance américaine.

Un port anglais en déclin : Bristol ?

On doit au romancier à succès Daniel Defoe (1660-1731) — d'abord entrepreneur, puis pamphlétaire au service du parti *whig*, grand voyageur à travers l'Angleterre et l'Écosse enfin — une série de courts récits de voyage qui constituent un témoignage fort intéressant sur le monde marchand de son temps. Publié en 1724-1727, le *Tour thro'the Whole Island of Great Britain* dévoile sa passion pour les ports, le commerce, le profit ; et s'inscrit dans une vision optimiste du commerce et de l'esprit d'entreprise, que l'on retrouve d'ailleurs tant dans son œuvre romanesque (surtout *Robinson Crusoé)* que dans ses « essais » comme *Le Parfait Commerçant anglais (The Complete English Tradesman),* ou le *Projet pour le commerce anglais (A Plan of the English Commerce).* Ses descriptions très précises des paysages portuaires analysent ainsi le glissement qui se dessine sous ses yeux : à savoir le déclin d'Amsterdam et de Bristol, et l'essor de Londres et de Liverpool. « *C'est plus qu'un autre Liverpool qui a été bâti... il a été construit un grand bassin à flot... Liverpool dépassera Bristol avant peu* ». Et Londres dispose de « *vingt-deux cales sèches, trente-trois chantiers de construction...* », et offre « *un spectacle journalier qu'Amsterdam même n'offre pas* ». La victoire de Londres et de Liverpool est celle du négoce. Le port de Londres devient une gigantesque ruche que peuvent atteindre les vaisseaux en remontant la Tamise, qui fait vivre le ¼ de la population londonienne vers 1700, et irrigue l'ensemble du marché anglais. Londres centralise les denrées, les exporte, les redistribue dans le pays... draine les capitaux (emprunts hollandais, lettres de change des colonies...), et alimente les caisses d'assurances (Lloyd's). L'explication de cette promotion tiendrait dans les liens que le port a tissés avec la City, et dans sa proximité avec les centres du pouvoir politique (Cour, Parlement, départements d'État). Selon L. Hilaire-Pérez, la *Glorious revolution,* favorable aux financiers et aux investisseurs protestants, et qui impose le recours croissant au Parlement en matière d'impôt, aurait créé les conditions idéales pour que les intérêts de la City (le *moneyed interest)* fissent cause commune avec ceux des grands propriétaires terriens (le *landed interest*) : un « milieu rentier et négociant original » se mettrait en place aux fins d'orienter la politique financière du gouvernement — soutenant l'ouverture du commerce aux colonies plutôt qu'à l'Europe, et poussant à la guerre... Londres et Bristol avaient tous deux incarné l'essor du commerce anglais basé sur le système de l'Exclusif depuis la fin du XVIIe siècle. Bristol avait joué un rôle important de porte de l'Angleterre sur l'Atlantique, comme en témoigne son rôle dans les voyages d'exploration — notamment celui de John Cabot à la fin du XVIe siècle, le « découvreur » de Terre-Neuve. Pour autant, le grand négoce remanie la hiérarchie des ports anglais de province : la course aux aménagements, sous la pression du monde négociant, fait désormais la différence entre Bristol et Liverpool — dont la rivalité domine le siècle, aux dépens finalement de Bristol, qui perd son rang de second port. C'est ce déclin qu'entreprend d'expliquer, avec sévérité, D. Defoe, romancier en même temps que bon connaisseur du négoce (bien que malheureux en affaires et couvert de dettes !), dont l'analyse manque cependant de quelques éléments...

Document

Bristol sous le regard de Daniel Defoe

« Suivant le cours de la rivière Avon, qui traverse Bath, nous arrivons en une dizaine de miles dans la cité de Bristol, qui est le plus grand, le plus riche et le meilleur port de commerce de Grande-Bretagne, Londres excepté.

Non seulement les négociants *(merchants)* de cette ville font les transactions les plus considérables, mais ils commercent avec plus d'indépendance envers Londres qu'aucune autre ville en Grande-Bretagne. Et c'est évident à ce signe que quelles que soient leurs exportations dans n'importe quelle partie du monde, ils sont en mesure de ramener et d'importer de pleines cargaisons et de les écouler eux-mêmes.

Mais les négociants de Bristol font des affaires considérables avec les pays d'outre-mer, parce qu'ils ont des acheteurs pour les produits importés, des acheteurs tels que pour eux aucun cargo n'est jamais trop grand. À cet effet, les boutiquiers de Bristol, qui sont autant de grossistes, approvisionnent les comtés de l'Ouest si abondamment qu'il leur faut armer des bateaux côtiers, et par cabotage desservir les villes principales et les arrière-pays de Southampton au sud jusqu'aux rives du Trent dans le nord ; sans que l'absence de cours d'eau navigables à l'intérieur des terres les entrave en rien.

Ajoutez à ceci qu'en plus de la mer dans une autre direction, ils disposent de deux fleuves, le Wye et le Severn, qui leur ouvrent sans concurrence l'accès à tout le Pays de Galles du Sud, et à la plus grande partie du Pays de Galles du Nord ; quant au commerce avec l'Irlande il n'est pas seulement considérable ; il s'est prodigieusement accru depuis la révolution, au cours des trente dernières années ; et cela malgré les grands progrès et les empiétements des marchands-négociants de Liverpool sur le marché irlandais ; car le royaume d'Irlande lui-même a magnifiquement prospéré depuis cette époque.

Les plus grands inconvénients de Bristol tiennent à sa situation et à la folie tenace de ses habitants ; qui dans leur orgueil et leurs prétentions à des privilèges et franchises, et par la tyrannie de leur corporation, qui fait obstacle au développement et à l'expansion la ville comme dans bien d'autres bonnes villes anglaises, continuent obstinément à interdire à tous ceux qui ne sont pas reconnus sujets de leur cité souveraine (c'est-à-dire les *freemen)* le droit de commerce dans leur enceinte ; si ce n'était cette entrave, la cité de Bristol aurait connu une croissance certaine en maisons et en habitants, elle serait peut-être le double de ce qu'elle est aujourd'hui. »

D. Defoe, *A Tour thro'the whole Island of Great Britain divided into Circuits or Journies, II*, Frank Cass and Co LTD, Londres, 1968, pp.435-436.

Commentaire

Le second port de commerce de Grande-Bretagne

« *Bristol, qui est le plus grand, le plus riche et le meilleur port de commerce de Grande-Bretagne, Londres excepté* » observe d'emblée l'auteur. La comparaison avec Londres va de soi, Londres étant le centre névralgique du commerce britannique. Par ailleurs, Defoe est originaire de Londres où il a fait des affaires. Mais l'auteur se risque à faire de Bristol un second Londres. Qu'en est-il ?

La richesse commerçante de Bristol

« *Les négociants (merchants) de cette ville font les transactions les plus considérables* » (après Londres encore une fois). Ils sont réunis dans la Société des Merchants Venturers (la « *corporation* » qu'il évoque plus loin), dont on a conservé les livres de compte qui permettent d'avoir une vue d'ensemble du trafic du port de Bristol (cf. travaux de Kenneth Morgan). On observe que les entrées y ont globalement doublé au fil du XVIIIe siècle. La plus forte croissance marquant le premier quart du siècle : ainsi les importations d'Amérique du Nord ont-elles augmenté de 52 à 57 % entre 1700 et 1729. Bristol est alors bien en seconde position derrière Londres.

Concernant la structure du commerce de Bristol, Defoe reste vague : « *quelles que soient leurs exportations dans n'importe quelle partie du monde, ils sont en mesure de ramener et d'importer de pleines cargaisons et de les écouler eux-mêmes* ». De fait, d'une part, il s'intéresse surtout aux entrées, puisqu'il s'agit de décrire les ports dans une sorte de géographie succincte de l'Angleterre : « *les négociants de Bristol font des affaires considérables avec les pays d'outre-mer, parce qu'ils ont des acheteurs pour les produits importés, des acheteurs tels que pour eux aucun cargo n'est jamais trop grand.* » D'autre part, Defoe présente Bristol comme un port où les navires viennent de toutes les parties du monde, en particulier des « pays d'outre-mer »

— c'est-à-dire à l'évidence, des colonies anglaises d'Amérique « protégées ». Pour autant, les chiffres nous permettent de nuancer cette présentation : la moitié des importations vient d'Europe, et surtout d'Europe du Sud (vins notamment) ; l'autre moitié des entrées vient des Amériques : 59 % en provenance des Caraïbes, et 41 % d'Amérique continentale. Autrement dit, la moitié du commerce de Bristol se fait avec la Jamaïque et la baie de la Chesapeake. Très clairement, les négociants de Bristol ont misé sur le commerce en droiture le plus rentable — le sucre de Jamaïque et le tabac de Chesapeake — et ils s'y tiennent.

On observe que Defoe passe sous silence la Traite négrière, non que ce négoce soit tabou (Defoe a lui-même investi 800 livres dans le commerce des esclaves en 1695), mais ce commerce n'est par définition guère visible à Bristol, même s'il a largement contribué à la fortune du port et à son rang juste derrière Londres, très loin devant Liverpool jusque dans les années 1730...

Dès le XVIIe siècle, la Royal Africa Company avait une succursale à Bristol : les négociants de Bristol s'approvisionnaient sur la côte du Biafra (Bonny et Calabar) et livraient leur cargaison à la Jamaïque, mais aussi, à partir de la Jamaïque, à l'Amérique espagnole (28 % sont ainsi réexportés). Vers 1730, Bristol finit même par dépasser Londres. C'est ainsi qu'il faut d'abord comprendre la phrase de Defoe : « *ils commercent avec plus d'indépendance envers Londres qu'aucune autre ville en Grande-Bretagne* ». Effectivement, le rival qu'est Liverpool vient loin derrière les deux leaders..

L'hinterland de Bristol

Defoe explique la force de Bristol par sa position géographique qui lui permet d'écouler ses importations.

Par voie de cabotage : ainsi ses négociants « *approvisionnent les comtés de l'Ouest si abondamment qu'il leur faut armer des bateaux côtiers, et par cabotage desservir les villes principales et les arrière-pays de Southampton au sud jusqu'aux rives du Trent dans le nord* ». C'est-à-dire vers le sud en contournant toute la Cornouailles au détriment de Plymouth ; et au nord jusqu'à l'embouchure de la Trent — ce qui est sans doute excessif : on voit mal pourquoi Londres n'approvisionnerait pas la côte nord-est.

Ou en empruntant la Severn : « *en plus de la mer dans une autre direction, ils disposent de deux fleuves, le Wye et le Severn, qui leur ouvrent sans concurrence l'accès à tout le Pays de Galles du Sud, et à la plus grande partie du Pays de Galles du Nord* ». Le problème étant que ces deux rivières sont presque impraticables du fait des bancs de sables, en dehors des moments de très fortes marées dans le canal de Bristol..

Au total, c'est tout le quart sud-est de l'Angleterre que desservirait Bristol, ainsi que l'Irlande. En effet, l'Irlande est un marché captif du fait des Actes de navigation : elle est obligée de s'approvisionner depuis des ports anglais ; et de toute façon les navires français ou néerlandais ne s'aventurent guère dans la mer d'Irlande, très dangereuse. « *Le royaume d'Irlande lui-même a magnifiquement prospéré depuis cette époque* », c'est-à-dire depuis les années 1690 : en effet, la croissance est repartie en Irlande après la terrible répression de 1688-92. Ce commerce est à double sens : les navires de Bristol qui partent pour les Amériques font le détour par l'Irlande (à Cork ou Kinsale) pour y charger boeuf, porc, fromage et beurre.

Ainsi, si Bristol bénéficie d'un large hinterland, le port profite également tant des Actes de navigation que de l'Acte d'Union avec l'Écosse (1707) dont un Defoe a été un fervent défenseur...

Les rouages du commerce de Bristol

Le milieu des affaires

Defoe décrit un milieu de « boutiquiers » qui sont en fait, dit-il, des « *grossistes* » pour qui « *aucun cargo n'est jamais trop grand* ». En effet l'essentiel de l'activité de Bristol est aux mains de quelques négociants qui sont regroupés sur le quai ouest, où se succèdent bureaux de négociants et magasins qui côtoient des raffineries de sucre et des entrepôts qui leur appartiennent. On y trouve également des tavernes et des coffee houses. C'est là que se règlent les affaires dans un milieu où tout le monde se connaît. Il en émerge une caste de très riches négociants qui investissent dans l'armement, mais également dans la banque, les plantations en Amérique, et surtout dans l'urbanisme pompeux !

Ils se regroupent dans la Société (la « corporation ») des Merchants Venturers (créée en 1552), qui se réunit au Tolzey, sorte de chambre de commerce remplacée en 1745 par l'Exchange (comme à Londres). Un marchand y passe au moins une heure par jour. C'est à la fois un milieu fermé comme l'indique Defoe, mais aussi un puissant lobby (comme à Londres d'ailleurs) au point que la corporation se réunit dans l'Hôtel de ville pour ses réunions importantes.

Les modalités du commerce

Le terme de « *grossistes* » informe très bien le fonctionnement de ce commerce atlantique de Bristol. Ce sont des acheteurs et des revendeurs.

Ils revendent dans l'hinterland, comme le décrit Defoe. Ils entretiennent à cet effet avec les acheteurs de l'intérieur une relation particulière : souvent ce sont les manufactures ou les boutiquiers qui leur avancent l'argent et les financent ainsi en partie.

Dans les colonies, ils entretiennent des agents qui sont en contact avec les planteurs et un capitaine embauché pour négocier sur place le fret. C'est le système du négoce en commission. Le planteur a tout à y gagner, en ce que le négociant de Bristol paie l'assurance, les frais d'équipement, les taxes et les droits d'entrepôt, contre une commission de 2,5 % en général.

Cela suppose tout un système de crédit, d'abord fourni par les élites des autres villes, puis par leurs propres banques : en moyenne des crédits à 9 mois c'est-à-dire le temps d'un aller-retour en droiture et de la revente en Angleterre.

Modalités qui expliquent que les marchands de Bristol se sont spécialisés sur deux ou trois destinations, et ne font que de la droiture : les routes de navigation dépendent des réseaux. Ainsi, ces grands négociants de Bristol que sont John Curtis (sucre), ou John Noble (la morue de Terre-Neuve) apparaissent-ils comme ce que L. Hilaire-Pérez appelle des « rentiers-négociants ». C'est la préservation de cette rente qui explique la remarque de Defoe : les négociants de Bristol « *continuent obstinément à interdire à tous ceux qui ne sont pas reconnus sujets de leur cité souveraine (c'est-à-dire les freemen) le droit de commerce dans leur enceinte* ».

L'armement

Quand Defoe dit des marchands de Bristol qu'« *ils commercent avec plus d'indépendance envers Londres qu'aucune autre ville en Grande-Bretagne* », il fait également allusion à une réelle indépendance commerciale et de navigation. En effet, il constate plus loin que « *aucun autre port d'Angleterre n'est dans cette situation. Au contraire, les vaisseaux des autres ports sont souvent obligés quand ils font escale, d'embarquer une partie de leur cargaison à bord des vaisseaux à destination de Londres ; ou de faire escale à Londres eux-mêmes pour y charger du fret, en même temps qu'ils déchargent les produits à bord.* » Comment comprendre ce qui apparaît comme une contrainte (cf. : « *obligés* ») à laquelle n'est pas soumise Bristol ?

Il en va de la relation armement/négoce propre à l'Angleterre : les marchands anglais font appel à des sociétés d'armement spécialisées.. Et Defoe de préciser d'ailleurs que : «pour eux aucun cargo n'est jamais trop grand » ; surtout quand il s'agit de cabotage : « *il leur faut armer des bateaux côtiers, et par cabotage desservir les villes principales* ». Ainsi, en quoi les vaisseaux des autres négociants sont-ils « *obligés* » de passer par Londres ? Peut-êtreceux-ci n'ont-ils simplement affrété qu'une partie du navire. Le négociant obéit à sa propre logique qui est d'avoir des agents dans les colonies ou les ports européens pour négocier au mieux ; tandis que l'armateur a une autre priorité : celle de remplir son vaisseau pour le rentabiliser. Cette division du travail est liée à une recherche du profit maximal.

Or cette division n'existe pas vraiment à Bristol. K. Morgan explique qu'il n'y a pas de sociétés d'armement à Bristol : les 3/5 des navires qui entrent à Bristol appartiennent en fait à des négociants associés ; quant au reste, ils sont le plus souvent américains, peu fréquemment londoniens. C'est peut-être en ce sens qu'il faut comprendre l'indépendance de Bristol par rapport à Londres dont parle l'auteur.

Il en va donc du souci des négociants de Bristol de contrôler leur commerce… où Defoe semble voir une faiblesse à terme…

Un déclin relatif ?

Defoe achève son tableau sur une note pessimiste. Non seulement il observe que « si ce n'était cette entrave, la cité de Bristol aurait connu une croissance certaine en maisons et en habitants, elle serait peut-être le double de ce qu'elle est aujourd'hui. » Mais il a évoqué plus haut, à propos du marché irlandais, la concurrence que commence à lui faire Liverpool. Et la description qu'il en fait est très emphatique: « *Le commerce de Liverpool avec la Virginie comme avec les colonies insulaires est opulent, florissant, et en pleine croissance. Ses marchands arment des navires vers la Norvège, Hambourg, la Baltique, ainsi que vers la Hollande et les Flandres : ainsi leur activité est-elle universelle, presque comme celle des marchands de Londres. Il n'est pas de ville en Angleterre, Londres exceptée, qui puisse égaler Liverpool pour la beauté de ses rues et de ses bâtiments.* »

L'explication de Defoe : une « bonne ville » jalouse de ses privilèges

C'est ce qu'on retient du quatrième paragraphe du texte qui fustige sans ambages « *la folie, l'orgueil* », et les « *prétentions* » des marchands de Bristol « *à des privilèges et franchises* ». Lesquels remontent au début du XIIIe siècle, quand le roi Henri III leur concéda une charte qui valait reconnaissance de droits immémoriaux remontant aux Romains ! Les freemen affirmaient en effet descendre des « *Ingenui, Liberti et Libertini* ». Lesdits privilèges avaient été élargis avec le temps : Bristol a reçu des privilèges juridiques lui permettant d'échapper au duc de Gloucester, et d'être dirigée par un maire assisté d'un conseil d'Aldermen. Aucun « *étranger* » ne peut y résider sans autorisation du conseil ; elle a reçu le droit de se fortifier, et ses navires échappent à l'autorité de l'amirauté. Surtout, Bristol a reçu au XVe siècle une exemption de taxes pour le commerce en Angleterre et au Pays de Galles ! Charles II a bien tenté en 1683 de retirer à Bristol sa charte, mais Jacques II a du cèder. On comprend dès lors que les marchands de Bristol aient des « *prétentions* » pour reprendre le terme de Defoe : ils ont préservé de haute lutte leur charte, qui a vocation à leurs yeux d'assurer leur domination commerciale dans le sud de l'Angleterre.

Une oligarchie « tyrannique » ?

On pourrait voir dans l'« orgueil » des marchands de Bristol un cliché qui relaierait ici l'image que les négociants de Bristol ont dans toute l'Angleterre, depuis les portraits qu'en ont fait Samuel Gale en 1705, ou plus tard Samuel Curwen en 1777. Le marchand-type y est vu comme dur en affaires, il aime à se donner un air débordé, et il se montre généralement extrêmement suffisant.

Il est vrai que le commerce de Bristol est sous contrôle de cette caste de négociants : ce sont toujours les mêmes navires qui monopolisent la route Bristol-Jamaïque. Ce qui assure peut-être l'indépendance de Bristol, mais pas forcément la croissance de son commerce. Et il est vrai que cette situation peut en partie expliquer un certain immobilisme : ainsi, les investissements, par les Merchants Venturers, dans les installations portuaires sont faibles : les négociants sont frileux, et ont un comportement plutôt « *aristocratique* », en investissant dans la terre, notamment dans des plantations en Jamaïque. Pendant ce temps, la municipalité de Liverpool, qui comme à Bristol est soumise au lobby des négociants, investit dans la construction de nouveaux bassins beaucoup plus grands. Mais à Londres, les marchands n'ont-ils pas une forte influence sur le Parlement ?

En fait, le *whig* « *atlantiste* » Defoe défend ici un système politique et économique favorable à l'accomplissement de l'individu entreprenant. C'est la figure même de Robinson Crusoe qui est le roman anglais (1707) du bourgeois moyen, dont les aspirations sont celles d'un bon commerçant, organisateur avisé, naïf et pieux, ayant foi en l'homme et en la capacité de la grâce à conduire les actes de sa vie. Defoe y exalte les valeurs de son temps, qui précède et anticipe la révolution industrielle. Un temps où le progrès matériel, les nécessités de la productivité, les perfectionnements techniques s'accompagnent d'un mode nouveau d'organisation de la société. Le travail et ses fruits, la récompense à en attendre prennent le pas sur la vision chrétienne qui montrait l'homme, au sortir du Paradis, livré à lui-même et jeté dans le monde.

D'autres éléments d'explication

La comparaison que Defoe fait de Bristol et de Liverpool est en elle-même éclairante, en ce qu'elle montre bien le lien étroit entre la prospérité d'un port et son hinterland. Or c'est là que le bât blesse pour Bristol et sur deux plans.

L'*hinterland* de Liverpool devient vite beaucoup plus porteur. Les négociants s'y associent avec des manufacturiers du textile (les négociants de Liverpool obtiennent ainsi des crédits de deux ans, là où ceux de Bristol n'en obtiennent que de 9 mois) : il y a synergie entre commerce et proto-industrie. Par ailleurs, l'hinterland de Liverpool est bientôt beaucoup plus étendu et la navigation intérieure moins aléatoire que sur la Severn après le percement du canal des Midlands en 1770.

Par ailleurs, le lien de Bristol avec son hinterland le rend dépendant de celui-ci. À l'inverse de Glasgow par exemple, que Defoe connaît très bien pour y avoir fait de nombreux séjours, Bristol ne réexporte que 50 % de son tabac, quand Glasgow en réexporte 90 % (vers la Hollande, la Baltique...) : ce qui lui assure un marché plus large et des profits plus importants que le marché régional de Bristol. C'est en ce sens qu'on peut peut-être interpréter aussi la critique de Defoe sur les marchands de Bristol attachés à leurs privilèges : finalement ceux-ci, qui font de Bristol la grande ville franche du Sud de l'Angleterre et du pays de Galles, empêchent Bristol de s'adapter aux évolutions du marché.

Enfin, le port de Bristol risque de se trouver en position géographique critique par temps de guerre : ses routes de navigation sont proches des ports corsaires français (cf. les pertes importantes durant la guerre de Succession d'Autriche), alors que les bâtiments écossais et ceux de Liverpool passent au nord de l'Irlande dans des mers où ne s'aventurent guère les corsaires. Par ailleurs, dès la guerre de Succession d'Espagne, les négriers de Bristol ayant fait le choix de louer leurs navires à des corsaires, ce fut alors une belle occasion, pour des concurrents comme Liverpool, d'occuper la place laissée libre !

En 1800, Bristol n'est plus que le 9e port de Grande-Bretagne ; et est passé de sa position de 3e ville anglaise en 1700 à la 5e place...

Les commerces européens de l'Angleterre

Comme le note G. Le Bouédec (*Activités maritimes...*) : « *Dans un XVIIIe siècle dominé par l'expansion du grand commerce, on a trop souvent oublié que le cabotage était l'une des clés de la réussite des aventures océaniques, et le poumon économique des sociétés littorales. Le développement des échanges sur la façade atlantique... traduit d'abord la répartition des ressources naturelles...* ».

Les trafics avec la péninsule Ibérique

C'est là un négoce de tradition ancienne : dès le XVe siècle, Lisbonne comme San Lucar de Barrameda (en aval de Séville) voyaient s'agiter des communautés marchandes britanniques très dynamiques.

Au XVIIIe siècle, le commerce espagnol de l'Angleterre est de type colonial (de même que le commerce français). L'Espagne en effet lui achète des produits manufacturés (surtout des draps — lesquels représentent 34 % des exportations anglaises de drap en 1772-1774), outre du poisson de l'Atlantique nord (morue de Terre-Neuve) ; et lui vend des produits primaires (vins, fruits, huiles). Londres est toujours à la fin du siècle le premier port de commerce avec l'Espagne, devant Bristol, puis Liverpool et Hull. Le négoce anglais fait aussi beaucoup dans l'interlope avec l'Amérique espagnole, depuis la Jamaïque par exemple : ce qui fut à l'origine de la guerre anglo-espagnole de 1739-1741... Quant au commerce avec le Portugal et le Brésil[1], il connaît un remarquable essor jusque vers 1745, jouant un rôle important dans la croissance des exportations britanniques. L'Angleterre vend des grains, de la morue, des produits manufacturés (lainages), contre l'or brésilien : les importations d'or brésilien en Angleterre représentent 30 % de la production du Brésil de 1700 à 1760. Une partie de cet or restait en Angleterre, abondant la circulation monétaire, et contribuant à la solidité du système bancaire et de crédit anglais. Réexpédié, il servait à solder (via la Hollande) le lourd déficit commercial avec les pays de la Baltique. Enfin, il permettait de satisfaire la demande brésilienne, via le Portugal, en produits textiles anglais : dans les années 1730-1750, la demande brésilienne peut avoir absorbé 68 % des exportations anglaises vers le Portugal. Dans les années 1760-1770, les navires anglais représentaient plus de 50 % des bâtiments entrés et sortis de Lisbonne... Or, entre les années 1750 et les années 1770, la production d'or brésilien vînt à diminuer presque de moitié, malgré le travail de quelques 100 000 esclaves dans le seul Minas Gerais : les échanges avec Lisbonne s'en trouvèrent logiquement fortement contractés. Mais la question reste de savoir ce qui avait, au début du siècle, favorisé la prédominance anglaise dans le commerce luso-brésilien. D'un côté, le Brésil faisait figure d'immense marché potentiel et regorgeait d'or. De l'autre, le Portugal se trouva obligé de s'allier à l'Angleterre et les Provinces-Unies dans la guerre de Succession d'Espagne, sauf à voir coupées ses routes maritimes vers ses colonies ! Et les marchands anglais prirent la route de Lisbonne ! Et les marchands anglais furent ainsi les premiers à pouvoir profiter du premier essor de la production d'or du Brésil ! Quant aux Français, très implantés à Cadix (ils représentent 51 % du nombre des étrangers en 1773), leur intérêt se portait en priorité sur les colonies espagnoles ; en outre, le trafic avec le Brésil exigeait des crédits à long terme que seuls les Anglais pouvaient fournir...

1. Voir les travaux de François Crouzet.

Les marchés de l'Europe du Nord

On entend au XVIIIe siècle par Europe du Nord, les pays scandinaves, la Russie, la Pologne, et la plus grande partie du littoral baltique — à l'exclusion de l'Allemagne à l'ouest de Stettin et de l'Oder. Ces régions septentrionales sont productrices de produits primaires : or, la croissance économique de l'Europe occidentale exige la mobilisation de plus en plus accrue de ceux-ci.

Pour l'Angleterre, l'Europe du Nord constitue un marché beaucoup plus important aux importations qu'aux exportations. L'Angleterre souffre en effet d'une forte dépendance en *naval stores* : lin/chanvre (pour voiles, cordages et câbles), fer (pour ancres et armes), bois (pour mâts et coques), ou encore goudrons dont la *Navy* a un fort besoin lors des conflits. Certes, celle-ci pouvait compter sur l'Amérique du Nord (poix, goudron, et même bois), mais la source d'approvisionnement essentielle reste la Suède (fer) et la Norvège, ainsi que la Baltique orientale (Livonie, Lituanie, Pologne, et surtout Russie promue grand fournisseur de bois, de chanvre, de suif). C'est la flotte anglaise (constituée de flûtes hollandaises) qui domine le trafic, centré sur Londres, jusque dans les années 1770 ; mais ensuite, les 2/3 des entrées en Angleterre de Norvège et de Danemark, et le 1/3 de celles de Suède, se font sur navire étranger. À la fin du XVIIIe siècle, le contrôle du trafic en Baltique est passé des Néerlandais aux Anglais, qui, cependant, n'y dominent pas les réexportations de denrées coloniales : ils le cèdent aux Hanséates, devant les Français. Cette situation entraînait évidemment pour l'Angleterre un fort déficit commercial avec les pays de l'Europe du Nord[1], notamment la Suède avec laquelle les ventes sont faibles (et largement limitées aux lainages) et diminuent tout au long de la période... Le déficit fut financé soit par des versements de numéraire (argent espagnol, puis or brésilien), soit par l'émission de traites tirées par les correspondants anglais à Stockholm ou Riga sur des firmes d'Amsterdam ou de Hambourg où les comptes anglais étaient créditeurs, et qui recevaient des exportations de *bullion* anglais. Le caractère multilatéral des échanges anglais en Europe du Nord se retrouvait donc logiquement au niveau des règlements, comme l'ont montré les travaux de Jacob Price[2]. Ce qui supposait l'existence de réseaux actifs de marchands. Tel marchand anglais a une vingtaine de correspondants le long de la Baltique (dont 8 à Riga, principal centre fournisseur de mâts et port du chanvre), quatre à Amsterdam, deux à Hambourg, un au Portugal et à Livourne. Il envoie ses

1. Gros excédents, en revanche avec l'Allemagne occidentale et la Hollande (Valeur du commerce anglais sur les marchés mondiaux en milliers de livres sterling):

	1699	1701	1771	1773
	Importations	Exportations	Importations	Exportations
Europe du Nord	583	335	1 502	462
Europe proche	1 750	3 312	2 477	6 272

Source : DAVIS Ralph, reproduit in P. Butel, *Européens et espaces maritimes...*

2. Jacob Price, *Capital and Credit in British overseas Trade, the view from the Chesapeake*, Harvard, 1980.

navires chercher du sel en Méditerranée, il le vend avec les draps — voire du charbon — anglais et des harengs écossais, pour acheter des *naval stores* en Suède, il tire des traites depuis Stockholm ou Riga, sur Londres, et plus encore Amsterdam ou Hambourg…

Les commerces américains de l'Angleterre

Aux deux types de colonies (plantation et peuplement), correspondent deux types d'échanges.

Les échanges avec les colonies de plantation

Les échanges avec les Antilles, la Chesapeake et les Carolines-Géorgie sont de type colonial : ces colonies vendaient à la métropole leurs produits primaires, et lui achetaient ses produits manufacturés — voire des vivres également, s'agissant des Antilles[1]. Les navires, qui avaient amené, soit des immigrants (*engagés* ou libres) et des esclaves noirs, soit des produits manufacturés (draps, soieries, toiles de lin[2], chapeaux, cuirs, métaux… 95,3 % des exportations à destination de l'Amérique anglaise en 1772-74), repartaient chargés de tabac, puis de sucre, d'indigo, et enfin de café. Outre par les facilités de crédit accordées par le négoce britannique, la demande coloniale était favorisée par les hauts prix atteints par le tabac sur les marchés européens, comme par la croissance de la production céréalière de la Virginie-Maryland. Et celle-ci se tournait volontiers — indépendamment de la « préférence coloniale » dont ceux-ci bénéficiaient — vers les produits anglais en raison de leur réputation de qualité (poteries, arts de la table, objets de valeur, articles de mode). Les vivres à destination des Antilles (bœuf, porc, beurre, fromages) provenaient, eux, d'Irlande en quantités croissantes jusqu'en 1720 — ce qui, pour les Irlandais, compensait l'interdiction de toute importation de produits alimentaires en Angleterre. Mais, au cours du XVIIIe siècle, la concurrence de la production des Treize réduisit la place du marché irlandais…

Le sucre, « produit moteur de l'économie atlantique » (G. Le Bouédec)

Boire sucré ! L'avènement du sucre est en effet lié au développement de ces « dopants » (J. Meyer) que sont le thé, le café, le chocolat, qu'il convient d'adoucir. Ainsi dans les années 1770[3], le sucre était devenu l'indispensable support de ces

---

1. En revanche, la Virginie et le Maryland avaient développé leur céréaliculture, comme les Carolines avec la production de riz.
2. Les toiles de lin, qui enregistrent la plus forte progression, étaient utilisées pour vêtir les esclaves.
3. Entre la fin du XVIe siècle, et 1770, la consommation de sucre passe de 20 000 à 200 000 t. En 1800, les Anglais en consomment près de 10 kilos par habitant et par an ! Il est vrai qu'ils avaient développé depuis longtemps une familiarité avec le sucre par la pratique des vins additionnés de sucre… À noter que le sucre est un terme générique qui recouvre quatre types de produits différents : le sucre brut ou moscouade, le sucre semi-raffiné (raffiné une seule fois) roux ou cassonade, le sucre blanc raffiné, et les mélasses

boissons aristocratiques, puis bourgeoises, et même populaires. Les femmes de matelots à Calais buvaient du thé quatre fois par jour, note G. Le Bouédec ! Pour autant, le thé (d'origine chinoise) était surtout de consommation britannique (avec l'instauration du *breakfast*) ; le chocolat était bu surtout dans le sud de l'Europe (Espagne, Italie) ; et le café en Hollande (2 kilos par an et par habitant dans les années 1770), en France, en Europe germanique et scandinave... J. Meyer, qui cherche les traces de ces consommations dans la peinture (Hogarth, Chardin, Boucher), la littérature, voire la musique (le *Don Giovanni* de Mozart), estime cependant qu'elles ne se « démocratisent » que lentement et inégalement : le thé et le chocolat « distinguent » plus que le café...

Le trafic du sucre est dominé par le port de Londres : vers 1750, il assure les 3/4 des importations des Antilles. Dans les années 1770, Londres conserve son rang, loin devant Bristol, et plus encore Liverpool et Glasgow. Mais sa prééminence va s'amenuisant. Sur l'autre rive, tout repose sur la Jamaïque. Mais, à la faveur de la guerre de Sept Ans, les îles françaises de la Guadeloupe et la Martinique sont intégrées dans le système britannique jusqu'en 1763 : ce qui sert plus les intérêts des planteurs français que de leurs concurrents anglais de la Jamaïque dont les prix sont plus élevés... Kenneth Morgan[1] est l'historien anglais du commerce sucrier de Bristol. Ses travaux donnent à comprendre le fonctionnement du système de négoce en commission largement pratiqué par les négociants anglais en général depuis la fin du XVIIe siècle. Les grands planteurs envoyaient leur sucre à leur compte aux négociants anglais qui prenaient une commission de 2,5 % sur les ventes et les services divers, achats de vivres et d'équipements. Lesdits négociants agissaient en banquiers, accordant des crédits, acceptant des lettres de change, payaient les taxes et les frets, les droits d'entrepôt, communiquaient aux planteurs ou à leurs agents des informations sur le marché, assuraient les cargaisons et les navires, etc. Le trafic pouvait être direct ou indirect : les *stationed ships* transportent des produits d'Angleterre et ramènent les sucres ; les *seekers* emportent des grains au Portugal ou en Afrique et repartent ensuite aux Antilles chercher les sucres. Il devait évidemment tenir compte du rythme saisonnier des opérations de traitement de la canne à sucre coupée en été dans les îles : les expéditions ne commençaient qu'en janvier pour durer jusqu'en juillet — avant la saison des pluies. Le retour avait donc lieu en été et en automne pour un nouvel appareillage en décembre/janvier pour les Antilles. Ce n'est qu'après 1750 que les tonnages augmentèrent (exceptionnellement 300 tonneaux ; plus généralement de 150 à 200) — de construction de plus en plus nord-américaine — sans que disparaissent pour autant les... 30/40 tonneaux. Pour autant, les importations anglaises frôlent les

(résidu non cristallisable de la fabrication du sucre). Ces liquides sirupeux qui contiennent 40 à 50 % de sucre servent à fabriquer le tafia (mot créole servant à désigner l'eau de vie fabriquée avec les mélasses, les gros sirops et des débris de sucre de canne).

1. Kenneth Morgan, *Bristol and the Atlantic Trade in the Eighteenth Century*, Cambridge, 1993.

100 000 tonnes en 1775, c'est-à-dire avant que la guerre d'Indépendance américaine ne leur porte un coup très dur…

La « fureur du tabac » (P. Butel)

C'est au rang des plus grands succès du négoce britannique dans l'Atlantique, qu'il faut ranger celui-ci, ainsi que le développement de la plantation coloniale qu'il a entraîné. Pour cause de consommation de masse du tabac, dans l'Angleterre d'après 1660 d'abord, sur le continent ensuite vers 1750 : tabac à fumer d'abord, puis à chiquer et à priser. On le fume dans tous les milieux, aristocratiques (cf. les toiles de David Téniers au XVIIe siècle, ou celles d'Arnoult au XVIIIe, montrant des élégantes fumant la pipe dans une salle d'auberge) ; ou populaires : ainsi les marins dans les tavernes des ports[1]. Mais au XVIIIe siècle, en France particulièrement, dans les salons des riches négociants, ou ceux de la noblesse urbaine, s'affirme la mode du tabac à priser : Marie-Antoinette amène dans sa corbeille de noces plus de 50 tabatières à priser en or… C'est ainsi que l'Europe qui, vers 1710, absorbait 70 millions de livres (poids) de tabac (dont 38 pour la seule Angleterre), en consomme jusqu'à 120 millions en 1800 (100 millions en Angleterre au début des années 1770). Certes, la progression est inégale (la population rurale en consomme peu) ; et elle doit être rapportée à la croissance démographique (162 millions d'Européens en 1750, 200 en 1800). En fait, la consommation par tête stagne, en partie à cause du développement du tabac à priser : le volume exigé pour la prise étant moindre que celui demandé par la pipe ; en partie aussi du fait de la pauvreté des consommateurs et de la taxation du tabac…

Reste que le tabac est un des meilleurs atouts du commerce atlantique britannique : G. Le Bouédec en fait un « second produit-moteur sur l'Atlantique » — contrairement à ce qui se passe pour la France — et un grand produit de réexportation sur le marché européen. Sa réexportation bénéficiant des régimes de monopole mis en place en France (géré par la Ferme du tabac), en Espagne, au Portugal, dans l'Empire… (à noter que les produits fiscaux de ces monopoles pouvaient être fort élevés : de 6,4 à 7,3 % en France entre 1763 et 1789, mais de 25 % en Espagne)[2]. Réexportation facilitée également par le système du *drawback* (= retour)[3] . Vers 1775, l'Angleterre importait pour un peu moins de 1 million de livres sterling de tabac : soit le double de la valeur de l'importation du riz et du café. Ce commerce avait très tôt échappé à l'hégémonie du négoce de Londres,

1. J. Meyer voit à Versailles les filles de Louis XIV descendre fumer la pipe des soldats du corps de garde, et rappelle que Molière commence son Don Juan par une tirade de Sganarelle sur le tabac.

2. D'où l'importance de la contrebande, qui rend très difficile l'estimation exacte tant de la production, que de la consommation.

3. Les importateurs payaient des droits élevés aux douanes (jusqu'à 200 % du prix du produit à la fin du XVIIIe siècle), mais ils étaient encouragés à réexporter par une prime, le *drawback*, du montant quasiment des droits acquittés aux douanes : sur les marchés européens, ce système rendait les prix britanniques compétitifs…

pour « cause » d'Acte d'Union : en 1771-1775, l'Écosse (Glasgow) recevait presque autant de tabac que l'Angleterre. Plus des 4/5 de celui-ci était réexporté, principalement sur le continent européen, surtout en France et en Hollande. Le marché français était l'affaire de Glasgow — qui avait d'actifs négociants aux méthodes efficaces, achetant aux planteurs à des prix élevés, liés à un réseau dense de marchands locaux — qui réussit à surpasser Londres (tourné vers le marché hollandais) pendant la guerre d'Amérique.

Dans la baie de la Chesapeake, le conditionnement du tabac et son chargement prenaient beaucoup de temps. Les premières préparations avaient lieu en octobre, les plus longs conditionnements durant jusqu'en décembre ; puis, les délais de chargement étant longs, les navires qui avaient quitté l'Angleterre en automne, ne repartaient des colonies qu'à la fin du printemps suivant. Dans les années 1670-1680, la navigation se faisait surtout sur les fameuses « flûtes » hollandaises, prises pendant les guerres anglo-hollandaises : elle durait quelques huit semaines. À l'arrivée, régna longtemps le bon plaisir du planteur : les marins devaient travailler au chargement, les capitaines louer des barques pour aller chercher le produit. Dans les années 1740, le système s'organisa : le tabac devait être stocké dans des entrepôts centraux avant son chargement. À la fin du siècle, le système du contrat de commission — qui liait les maisons de Londres aux grands planteurs par l'intermédiaire des capitaines — fut largement relayé par l'achat direct : les marchands de Glasgow utilisaient des agents locaux pour ces achats qui approvisionnaient les entrepôts. Selon Jacob Price, vers 1770, deux secteurs distincts se partageaient environ la moitié du commerce : l'un au nord, centré sur Glasgow et Liverpool ; l'autre au sud, centré sur Londres et Bristol — les deux rivalisant de facilités de crédit !

En marge du tabac, les colonies du Sud livraient d'autres produits de plantation, tel le riz en Caroline du Sud à l'expansion extraordinaire à partir des années 1690. La maîtrise de cette culture prit beaucoup de temps aux Anglais qui la découvraient : peut-être était-elle venue d'Afrique, à moins qu'un navire naufragé ait eu à son bord quelques grains... Le riz, cultivé par des esclaves noirs, était exporté aux Antilles et en Europe du Sud, mais à 65 % en Angleterre.

Les activités de la Nouvelle-Angleterre et des colonies centrales

Autour de la mer, en Nouvelle-Angleterre

Les seuls produits de la pêche à la morue et à la baleine représentaient la moitié des exportations au second XVIIIe siècle ; le reste se partageant entre les viandes, le bois, la potasse, les grains, enfin le rhum — produit dans de nombreuses distilleries[1]. Parce que, dès le siècle précédent, il fallait rejoindre les pêcheries de Terre-Neuve, exporter bois et fourrures en métropole, expédier des vivres aux

1. On ajoutera aux revenus des exportations les gains obtenus dans le revenu des frets et services commerciaux — égal à celui de toutes les exportations !

Antilles ainsi que du bois, il avait fallu développer une construction navale très bon marché. Ce que permirent un certain nombre de facteurs, comme le bas prix du bois, la forte demande sur les marchés anglais et étrangers, ou encore l'abondance de capitaux investis issus de la pêche. C'est en effet la pêche, puis le commerce maritime, qui jouèrent ici un rôle-moteur essentiel, comparable à celui du sucre et du tabac pour les Antilles et la Virginie. Dans une Europe souffrant d'un déficit en protéines animales, et soumise dans les États catholiques à une abstinence qui pouvait être exigée le tiers de l'année, les produits de la mer étaient évidemment indispensables.

La pêche à la morue verte (qu'il faut saler à bord pour la conserver) est pratiquée sur des bancs situés à 50 ou 100 km de Terre-Neuve, sur les hauts fonds de la plate-forme continentale, dans des eaux situées à la rencontre du courant du Labrador et des eaux du Saint-Laurent. Les bâtiments apportant la morue de Terre-Neuve, pêchée par les ports de Salem, Boston, Newport ou New Haven, arrivaient directement à Cadix, Alicante, Gênes, Livourne, la morue ne comptant pas parmi les « produits énumérés ». On ravitaillait ainsi à la fois l'Europe du Sud, les îles de la « Méditerranée atlantique » — des Canaries aux Açores, et les Antilles. Dans les colonies de plantation en effet, les esclaves étaient les premiers consommateurs de morue...

Quant à la chasse à la baleine, c'était là la reine des professions de la pêche. La baleine était source, non pas tant de nourriture, que de matières premières pour l'industrie : ambre gris pour les parfums, et huile pour l'éclairage, la fabrication de savon, le traitement des draps, l'adoucissement des cuirs, etc — huiles que traitaient les fabriques du Sud de la Nouvelle-Angleterre. Au XVIIe siècle, le domaine privilégié de la grande pêche baleinière — alors dominée par les Néerlandais — s'étendait au sud et au sud-ouest du Spitzberg : de véritables comptoirs y étaient installés. Mais, au début du siècle suivant, devant la raréfaction des baleines, c'est la chasse en bordure de la banquise qui va s'imposer : les Hollandais se dirigent alors vers l'ouest, vers la côte occidentale du Groenland et le détroit de Davis, après négociation avec le roi de Danemark, pour remonter jusque vers les 70° de latitude. Enfin, la préférence accordée au cachalot sur la baleine blanche pour la qualité de son huile va faire des pêcheurs de Nouvelle-Angleterre (Nantucket devînt le premier port baleinier) les pionniers du basculement de la géographie baleinière vers les mers plus au sud. Les navires-pêcheurs doivent être équipés de façon à résister aux chocs de la glace ; ils sont munis de chaloupes, depuis lesquelles la baleine est chassée au harpon, puis ramenée au baleinier. Elle est ensuite soit découpée en grosses pièces, soit dépecée de sa graisse qui est mise en tonneaux : un baleinier peut chasser une dizaine de baleines par campagne.

Avec la pêche, le cabotage — surtout en direction de Terre-Neuve —, ainsi que la navigation vers les Antilles, voire la Méditerranée, animaient les ports de la côte : il suffisait, à la fin du XVIIe siècle, de quarante jours pour atteindre la Barbade depuis Boston ; vers 1765, les navires de New York rallient la Jamaïque en moins de trente-cinq jours. Ces navires, partis pour les Antilles, en revenaient avec des denrées coloniales, en particulier des mélasses[1] — qui servaient à fabriquer un rhum médiocre, consommé par les pêcheurs de Terre Neuve ainsi que par les Indiens (qui le recevaient des traitants de la fourrure en échange de leurs peaux), changé également, dans les comptoirs africains, contre des esclaves noirs. Vers 1770, Boston concentrait la moitié des distilleries de toute l'Amérique du Nord anglaise.

Autour de la terre, dans les « middle colonies »

Les colonies centrales (34 800 habitants en 1690, 722 000 en 1780), s'étaient tournées d'emblée vers l'agriculture : la zone qui allait du sud de la colonie de New York jusqu'à la Pennsylvanie était la plus grosse productrice de céréales de toutes les colonies continentales. Les deux ports qu'étaient New York et Philadelphie étaient leurs débouchés naturels. New York, à l'embouchure de cette grande voie de pénétration pionnière qu'était l'Hudson, en contact par ailleurs depuis ses origines néerlandaises avec les grands centres financiers européens, sut au XVIIIe siècle animer des réseaux commerciaux qui le mirent vite en concurrence avec Londres. En 1774, trois navires sur cinq qui quittaient New York pour l'Angleterre étaient armés par des Américains. Pourtant, Philadelphie, forte des réseaux quakers de ses négociants, s'était hissée en tête du trafic avec l'Angleterre et les Antilles. Avant 1750, elle importait les produits manufacturés britanniques en provenance de Nouvelle-Angleterre qui les fournissait avec le poisson ; elle exportait les produits agricoles de la riche vallée de la Delaware en direction des Antilles, ainsi qu'épisodiquement des grains et des farines vers l'Europe du Sud. Mais la guerre de Sept Ans fut l'occasion d'un changement décisif après 1750. La Pennsylvanie se trouva alors en position de livrer aux troupes britanniques d'importants approvisionnements, ce qui alimenta un gros volume d'affaires et de lettres de change tirées sur Londres. Par ailleurs, l'Europe (Europe du Sud, France, et même l'Angleterre) se fit fortement demandeuse de céréales (du fait de mauvaises récoltes, et de l'augmentation de la population). Ainsi le trafic de Philadelphie avec l'Angleterre (qui triple entre 1750 et 1774) et l'Europe du Sud se développa-t-il plus vite que celui de New York, et même celui de Boston, et ses négociants eurent-ils de plus en plus de contacts avec les ports de la Chesapeake, comme Baltimore par exemple… Pour autant, les relations avec la Caraïbe restèrent toujours essentielles : farines contre mélasses et sucre brut ; et alimentèrent ainsi toute une industrie du rhum (13 distilleries vers 1770 — 11 à New York). Philadelphie, en 1770, était la deuxième ville de l'Amérique anglaise, avec 30 000 habitants, devant New York (25 000)…

1. De plus en plus de mélasses provenaient des Antilles françaises –ouvertes aux bâtiments nord-américains dès les guerres de Succession d'Autriche et de Sept Ans, et obtenant des allègements au régime de l'Exclusif dès les années 1760. Ouverture qui reconnaissait de droit une libération des échanges de fait, aux fins de ravitailler le marché en bois, morue et farines américaines –vendus bien moins cher que les (mêmes) produits venus de France.

Chapitre III
L'Atlantique français : un élan fragile

Les bases du système atlantique français

Le commerce atlantique français, rêvé par Richelieu, s'est inscrit ensuite dans le cadre de la politique mercantiliste de Colbert, qui fut reprise par ses successeurs au Secrétariat d'État à la Marine : Seignelay son fils ; puis Pontchartrain en 1690 et le fils de celui-ci, le comte de Maurepas en 1723 ; enfin Choiseul dans les années 1760. On sait que le mercantilisme correspond à un ensemble de pratiques économiques qui obéissent à une double nécessité : accumuler à l'intérieur des frontières le maximum d'or et d'argent, et importer le moins possible pour éviter d'en perdre ; et qui visent un double but : l'élimination des intérêts étrangers, et la protection de la production nationale (d'où les tarifs douaniers). C'est là toute une vision économique et politique du royaume : les manufactures fourniront l'essentiel de l'effort, le grand commerce sera relancé et les paysans soulagés par la diminution de leurs impôts. Dans ce cadre, l'espace atlantique est censé être prometteur : ne fournit-il pas la totalité des métaux précieux, des matières premières et un marché potentiel ? La part du commerce transatlantique dans le commerce extérieur de la France n'a ainsi cessé de croître : elle est de 13 % en 1715, mais de 28 % en 1785[1].

Le mercantilisme impose au commerce atlantique français le régime de l'« Exclusif » (également improprement appelé « Pacte colonial »), qui prend forme à travers l'édit de 1698, véritable code du commerce colonial. En 1717, une série de lettres patentes viennent le compléter, réservant l'exercice de ce commerce aux 14 principaux ports de la métropole — privilège ensuite étendu à la totalité des ports métropolitains — ; abaissant les droits de commerce avec l'Atlantique à 3 % (les « 3 % du Domaine d'Occident ») ; et organisant les systèmes de l'entrepôt pour les marchandises de l'outre-mer réexpédiées vers l'étranger. Les lettres patentes de 1727 imposent ensuite aux colonies françaises de ne commercer qu'avec la métropole (ou avec l'empire espagnol de l'allié Bourbon). Ce système reste la norme tout au long du XVIIIe siècle, mais il est appliqué avec plus de souplesse qu'en Angleterre : ainsi dans l'Amérique espagnole se développe un « interlope légal ». Dès le départ, l'Exclusif français prévoit donc des exceptions. D'une part, parce que la France est dans l'incapacité d'interdire le commerce interlope, surtout en temps de guerre. D'autre part, parce que les colons français ne peuvent se passer du commerce avec les Amériques. Pourquoi ? La proximité n'explique pas tout. Si en 1767, Choiseul rappelle encore que les « *colonies fondées par les diverses puissances de l'Europe ont toutes été établies pour l'utilité de la métropole* », il autorise ce

1. Le commerce de l'Angleterre avec l'Amérique, qui n'était que de 13 % du total pour la période 1698-1701, passe à 19 % en 1715, et à 34 % en 1785.

commerce avec l'Amérique ! On en passe alors à ce que l'on appelle l'« Exclusif mitigé » qui constitue une entorse au principe du mercantilisme.

Le commerce atlantique français est aux mains de compagnies à monopole (dont la paternité remonte à Henri IV) : elles reçoivent le monopole du commerce dans un espace plus ou moins circonscrit et pour un temps donné. Trop nombreuses au temps de Richelieu, elles ont été réorganisées au temps de Colbert. Ainsi ont vu le jour, la Compagnie française des Indes occidentales (1662) et la Compagnie des Indes orientales (1664), puis la Compagnie du Nord créée en 1669 pour le commerce dans la Baltique, la Compagnie du Sénégal en 1673 qui assure la Traite négrière, la Compagnie de Guinée en 1685, l'éphémère Compagnie du Mississippi (entre 1717 et 1731)... et d'autres, créées ponctuellement. Mais les résultats furent loin de correspondre aux ambitions de Colbert : ainsi la Compagnie des Indes occidentales cessa-t-elle ses activités dès 1672... pour être recréée en 1717 par Law, et survivre à l'échec de celui-ci jusqu'en 1769...

Des bribes d'empire colonial au début du XVIIIe siècle

C'est sous le règne de Louis XV que le premier domaine colonial de la France atteint son apogée. Mais celui-ci n'apparait constitué que de bribes obtenus sous la pression des évènements ou de l'action des individus, plus que par une véritable politique systématique de colonisation. À se placer au lendemain du traité d'Utrecht, en 1713, il se répartit très inégalement : à l'énorme masse continentale de la Nouvelle-France et de la Louisiane, s'opposent un chapelet d'îles dans l'arc antillais (et l'océan Indien) d'une part, et d'autre part une poussière de comptoirs égrenés sur les côtes de l'Afrique (et de l'Inde).

L'Amérique du Nord : heurs et malheurs de la colonisation

Le domaine colonial de la France s'étend pratiquement sur le quart du continent, mais il est impossible d'en fixer les limites précises particulièrement vers l'ouest et le nord. Il se divise en deux ensembles territoriaux distincts, bien que situés en continuité géographique : la Nouvelle-France et la Louisiane.

• La Nouvelle-France comprend trois zones :

– Le Canada d'une part — c'est-à-dire la vallée du Saint-Laurent, jusqu'à l'embouchure de la Saguenay. Les débuts ont été difficiles. Les deux expéditions du Malouin Jacques Cartier (en 1534 ; et en 1535-36) n'ont été suivies d'aucune réelle implantation avant le XVIIe siècle : il faut attendre celle de Samuel Champlain en 1604, qui fonde Kennebec (Québec) en 1608. Mais les progrès restent très lents (Montréal n'est fondée qu'en 1642), malgré la politique volontariste de peuplement (autour de la traite de la fourrure achetée aux Indiens) de Richelieu, reprise et amplifiée par Colbert. La comparaison avec la Nouvelle-Angleterre n'est flatteuse ni au niveau économique, ni d'abord au niveau démographique[1]. Le Canada, devenue colonie de la Couronne en 1663, ne peut bénéficier de l'apport que constituerait l'immigration massive de protestants, interdite par Richelieu : en revanche, les Jésuites entendent y développer une mission d'évangélisation auprès des Indiens. En 1713, la colonie française ne consiste qu'en une mince bande peuplement et de cultures sur les deux rives du Saint-Laurent, principalement autour des villes de Québec, Montréal et Trois-Rivières : le Canada compte alors 19 000 habitants[2], dont 4 000 dans les villes… La colonisation française a exporté en Nouvelle-France le système seigneurial en vigueur sous l'Ancien Régime : la Compagnie des Cent-Associés — créée par Richelieu, et devenue Compagnie de la Nouvelle-France en 1628 — reçoit la vallée du Saint-Laurent en seigneurie, et, pour en assurer la mise en valeur, crée des fiefs vassaux qui sont redistribués à des communautés religieuses et à des familles nobles puis bourgeoises. La seigneurie s'organise à partir du fleuve Saint-Laurent qui est le seul moyen de communication. Les « *habitants* » — ce terme désigne en Nouvelle-France les colons — défrichent un « rang » ou une « côte », c'est-à-dire une parcelle, allongée et étroite, perpendiculaire au fleuve. Mais ces seigneuries souffrent d'un manque de main-d'œuvre : on comprend là que la faiblesse de peuplement est également liée au régime des terres. Qui pèse certes moins lourd qu'en métropole : le cens ne s'élevait qu'à 10 ou 15 % du produit de la ferme ; en outre, la dîme à payer à l'Église ne correspondait qu'à 4 % de la production de blé, soit la moitié du taux en cours en France. Mais qui est tout-à-fait inadapté à une population de colons qui sont surtout de jeunes hommes célibataires, et à des contrées où il est facile de fuir pour s'installer à son compte ailleurs, ou de se lancer dans la traite de la fourrure, ou dans toute autre activité comme la pêche, ou l'exploitation forestière — l'activité sucrière des Antilles étant fortement consommatrice de bois (tonneaux pour la mélasse)… Contrairement à celui de la Nouvelle-Angleterre, le développement agricole de la vallée du Saint-Laurent n'a pu être que très limité : « l'exploitation de la terre ne dépassa guère le stade de l'agriculture de subsistance » (P. Butel), incapable cependant de suffire aux besoins de la colonie !

- À l'embouchure du Saint-Laurent, à Terre-Neuve, quelques 200 à 300 Français disputent aux Anglais les sites de pêche à la morue ; tandis qu'en Acadie, on compte une dizaine de petits établissements (3 000 à 4 000 habitants) qui vivent de la pêche également, mais aussi de l'élevage… Les Anglais s'étaient vus reconnaître la possession de Terre-Neuve en 1583. Mais dès 1635, ils accordaient aux pêcheurs français de faire sécher leurs prises de morue sur le littoral : sur la côte sud, Plaisance devînt ainsi le principal centre d'activités des pêcheries françaises. Et en 1655, la France nomma un gouverneur pour la petite colonie de pêcheurs de Plaisance. Puis, à la faveur de la guerre contre l'Angleterre,

1. Vers 1640, alors que Boston compte déjà 2 000 habitants, Québec plafonne à 150.
2. Contre 93 000 en Nouvelle-Angleterre en 1700.

entreprit de revendiquer la souveraineté sur toute la partie sud-ouest de l'île... qu'elle obtînt au traité de Ryswick en 1697.

– La région des Grands Lacs, enfin. Progressivement reconnue à partir du Canada au premier XVIIe siècle, elle ne fait encore l'objet que d'une occupation « en pointillés » par quelques centaines de « coureurs de bois » plus ou moins indianisés[1] et de missionnaires éparpillés sur un immense territoire. La présence « officielle » française se limite à quelques forts qui servent aussi de postes de traite de la fourrure et de bases de missions.

Cette colonisation française en Nouvelle-France, numériquement fort restreinte et géographiquement dispersée (Gilles Havard et Cécile Vidal[2] parlent de « colonisation extensive ») mais dynamique, finit par inquiéter les Anglais. Trois événements précipitèrent le cours de la conjoncture. En 1664, la conquête par les hommes du duc d'York de la colonie hollandaise de l'Hudson river permit au commerce britannique de pénétrer le territoire iroquois et l'immense bassin des Grands Lacs. Ensuite, du fait de la politique belliciste du Roi Soleil en Europe, les colonies devînrent des enjeux stratégiques importants. Enfin, la puissance de l'immigration transforma les colonies britanniques, et les poussa, de 1650 à 1763, à s'étendre vers l'intérieur du continent. C'est ainsi qu'au traité d'Utrecht, la France se vit contrainte de céder à l'Angleterre Terre-Neuve, l'Acadie et la baie d'Hudson. Certes, elle conservait les deux îles du Cap Breton à l'entrée du golfe du Saint-Laurent ; et elle obtînt un droit de pêche de la morue sur le littoral nord de Terre-Neuve : le *French shore* — mais sans pouvoir y installer d'installations permanentes. En 1755, éclata en Europe la guerre de Sept Ans : à partir de 1756, pour la première fois dans cette partie du continent américain, deux armées européennes, 9 000 hommes du côté français et 35 000 chez les Anglais, se livrèrent à des batailles rangées et à des sièges employant une puissante artillerie. Les Français compensèrent leur infériorité numérique (80 000 colons français contre 1 500 000 anglo-saxons) en faisant appel à leurs alliés indiens... mais ils enregistrèrent défaite sur défaite devant des Anglais désormais hégémoniques dans l'Atlantique nord. Avec la prise de Québec puis de Montréal en 1759-1760, le sort du Canada était scellé. Le traité de Paris en 1763 consacre la fin de la Nouvelle-France...

• La Louisiane résulte de la poussée des colons français du Canada vers l'ouest, sous la pression des Sioux qu'ils repoussent jusqu'au Mississippi, atteint en 1673. Neuf ans plus tard, Cavelier de la Salle descend le fleuve, réussit à atteindre le Golfe du Mexique, et conquiert ainsi la Louisiane au nom de son roi : on voyait là le moyen de couper la route du Mississippi aux Anglais de leurs colonies méridionales qui commençaient à s'aventurer au-delà des Appalaches depuis la Virginie. En théorie

1. « Indiennisation » de ces « coureurs de bois » que l'autorité coloniale tolère, y voyant une possibilité d'alliances contre les Anglais : les Hurons, alliés des Français, ne peuvent résister à la pression militaire des Iroquois équipés d'armes à feu par les Anglais.

2. *Histoire de l'Amérique française*, Flammarion, 2003, rééd. 2006.

en effet, la Louisiane s'étendait sur tout le bassin du Mississippi, des Appalaches et du territoire des Treize à l'est, aux Grands Lacs et au Saint-Laurent au nord, jusqu'au Golfe du Mexique au sud… et on ne savait jusqu'où à l'ouest ! En 1708, on n'y compte encore que quelques 200 habitants, essentiellement des explorateurs s'attachant à la reconnaissance du bassin du Mississippi. Pour y stimuler la colonisation, elle est concédée en 1712 à une compagnie à charte (la Compagnie du Mississippi) sous l'impulsion du financier John Law, qui donne à la Louisiane son heure de gloire. Colons et argent affluent sous l'impulsion de la Compagnie : au début des années 1720, la Nouvelle Orléans voyait le jour[1] ; et en quelques années la colonie se mit à produire indigo, riz, coton, tabac, tout en continuant d'exporter peaux et fourrures venues de l'Ouest. Mais l'avancée des Français vers l'ouest et le sud en vînt à inquiéter les Espagnols, à multiplier les frictions avec les Indiens alliés des Anglais ; et l'échec de Law transforma la Louisiane en colonie de la Couronne en 1731.Vers 1740, la Louisiane, à l'expansion territoriale considérable, appuyée sur un réseau d'alliances avec les Indiens, sur le commerce de la fourrure et des produits tropicaux, apparaissait néanmoins comme une forteresse assiégée, en butte à toutes les menaces. Forteresse ébranlée en 1763, quand le traité de Paris fit céder aux Français la rive est du Mississippi à l'Angleterre, et la rive ouest, ainsi que la Nouvelle Orléans, à l'Espagne…

• La colonisation française en Amérique du Nord apparait fondamentalement différente de la colonisation anglaise : ce qui explique en partie son destin. Autant les compagnies que la Couronne répugnent à investir outre-Atlantique : aux yeux de la monarchie française, dont le désintérêt est flagrant à la fin du XVIIe siècle, la colonisation devait se faire aux moindres frais possibles.

Ainsi, si le peuplement de l'Amérique du Nord française n'avait jamais mobilisé un fort courant d'opinion, et partant, d'émigration, s'agit-il de voir qui en était le maître d'œuvre. L'immigration est prise en charge de façon très ponctuelle par les négociants : ce sont les bateaux de commerce qui assurent la traversée, suivant la demande des colons et des compagnies. Or les marchands rechignent à embarquer des émigrants, trouvant plus grand profit à ne charger que des marchandises pour solder les échanges avec les colons. Au point que Louis XIV se trouva contraint de les y obliger par une ordonnance de 1714… que lesdits marchands ne respectèrent guère ! Mais quand la Louisiane devînt colonie de la Couronne en 1731, cette

1. La Nouvelle Orléans a été construite entre 1721 et 1724, à l'embouchure du Mississippi, la mer étant la source de ravitaillement d'une colonie qui ne pouvait se suffire à elle-même et qui, par ailleurs, avait vocation à protéger ce fleuve essentiel des Indiens et des corsaires : cf. le nombre de bâtiments à vocation militaire. Le plan de la ville est conforme à ce qui se fait en France depuis le Moyen Âge : c'est un plan en damier. L'urbanisme exalte le pouvoir royal : la place centrale s'ouvre sur le Mississippi (ce qui élargissait la perspective), autour d'elle s'élèvent les bâtiments publics, avec au fond, l'église ; et de part et d'autre, les résidences du gouverneur et de l'intendant. Du côté des quais, on trouvait les magasins du roi. La ville est fermée par les digues et des murs. Cependant, cette coupure ville/campagne qu'on observe partout dans l'Amérique française est à relativiser à La Nouvelle-Orléans : les fermiers des alentours venaient vendre au marché leur production.

obligation se trouva supprimée : le pouvoir royal lui-même avait fini par donner la priorité au commerce.

Ce qui fit la faiblesse du peuplement français, qui, au début du XVIIIe siècle, apparait limité aux bords des fleuves et à quelques villes : Montréal, Détroit ou La Nouvelle-Orléans. Et qui donc sont ces Américains ? Ce sont d'abord, comme du côté anglais, des « engagés » : des hommes majoritairement, dont les 2/3 sont originaires des provinces de l'Ouest de la France, qui partent de La Rochelle, Rouen, Dieppe, Rochefort, Nantes ou Bordeaux. Ce sont donc les régions les plus dynamiques qui alimentent le peuplement du Canada, et non comme on l'a longtemps cru la paysannerie pauvre ; mais, outre quelques artisans, c'est la population sans formation chassée par la misère qui s'embarque. Ce sont aussi, à partir de 1697, « *les filles du roi* » : un millier d'orphelines, pour la plupart élevées à l'Hôpital général de Paris, furent transportées outre-mer pour y faire souche. Elles constituèrent la moitié des femmes venues seules au Canada. Leurs origines sociales étaient très diverses et un pourcentage relativement important, autour de 12 %, était issu de la noblesse ou de la haute bourgeoisie. Elles recevaient une dot du roi pour faciliter leur mariage : on les appelait les « *filles à la cassette* ». Et tout était fait pour que, dès leur arrivée, des mariages expéditifs fussent conclus avec les célibataires de la colonie : 80 % d'entre elles avaient convolé en justes noces six mois après. Le délai était plus long pour les jeunes bourgeoises ou aristocrates, en raison de la difficulté à trouver un parti correspondant à leur position sociale. C'est également toute une population instable de vagabonds[1], de brigands, de contrebandiers, ou encore de prostituées : migration contrainte de population jugée indésirable. Démarrée timidement en 1717, une politique royale de déportation s'accéléra avec les trois ordonnances de 1718-1719, qui réprimaient le vagabondage. Pour autant, les autorités de police étaient invitées à sélectionner femmes[2] et hommes robustes, et de préférence connaissant un métier. On espérait par ailleurs que les soldats engagés dans l'infanterie de Marine pour un contrat d'une durée limitée s'installeraient sur place à l'issue de leur temps ; mais on constate que la plupart rentrent en France.

Dans l'ensemble, l'émigration est donc limitée à des cas particuliers, ou à des initiatives privées ponctuelles. Il n'y a pas d'émigration religieuse : Richelieu avait interdit en 1627 le Canada aux protestants. Par ailleurs, la monarchie française rechigne à une émigration massive, dans son obsession du déclin démographique. On retrouve donc la responsabilité du pouvoir royal. Enfin, on peut estimer avec Gilles Havard et Cécile Vidal que la propriété de la

1. Un corps d'archers spéciaux eut pour mission, dans les années 1720, d'arrêter dans les rues de Paris tous les mendiants et vagabonds.

2. L''abbé Prévost trouva peut-être là une source d'inspiration pour son roman paru en 1731, Histoire du chevalier Des Grieux et Manon Lescaut, où l'héroïne trouve l'amour en Louisiane mais meurt peu de temps après son arrivée, comme c'est bien souvent le cas dans la réalité d'ailleurs.

terre à laquelle avaient déjà accédé bon nombre de paysans français, peu mobiles de nature, a été un frein notable à une quelconque émigration.

Le voyage était en outre long et périlleux. Il fallait en effet compter six à douze semaines pour rallier le Canada depuis la France, et quatorze à vingt pour la Louisiane. Le manque d'hygiène, une nourriture déséquilibrée, et une eau vite croupie favorisaient les maladies, le scorbut, mais aussi le typhus et la variole, entraînant un fort taux de mortalité. Aux morts durant la traversée, s'ajoutèrent, en Louisiane en particulier, les nombreux décès à l'arrivée. 60 % des 6 000 émigrants civils qui partirent pour la colonie du Mississippi entre 1717 et 1720 moururent au cours du voyage transatlantique ; mais surtout, peu après leur débarquement : vivres et embarcations pour les transporter sur leurs concessions manquaient en effet systématiquement. En grande partie du fait des dissensions continuelles qui opposaient les commandants militaires et les directeurs de la Compagnie. En conséquence, les nouveaux venus durent attendre plusieurs mois sur le littoral désolé du golfe du Mexique où les mauvaises conditions de vie, le manque de nourriture, la difficulté à s'adapter au climat et à un nouveau régime alimentaire, l'épuisement et le découragement les rendirent extrêmement vulnérables aux maladies et aux épidémies (scorbut, dysenterie, fièvres). Ce qui ne contribua guère à encourager le peuplement de la Louisiane, alors que le lancement de la Compagnie du Mississippi s'était accompagné d'une insistante publicité, dans *Le Nouveau Mercure* par exemple, en termes de paradis terrestre. Même les soldats préférèrent être envoyés au Canada plutôt qu'en Louisiane !

Enfin, le territoire de ces colonies, fort éloigné de la métropole au demeurant[1], était fort mal protégé militairement contre les menaces anglaise et indienne croissantes. On retrouve donc encore la responsabilité du pouvoir royal. En effet, le souci d'économies commandait d'avoir recours aux ressources humaines locales. C'est ainsi que la faiblesse des troupes régulières obligea dès 1663 les autorités locales du Canada à constituer des milices : tous les hommes de seize à soixante ans en état de porter les armes étaient systématiquement enrôlés ; et les miliciens devaient payer eux-mêmes les fusils qu'on leur distribuait ! En ville, le recrutement était l'affaire de l'intendant. Dans les campagnes, l'intendant nommait ici et là un « habitant » pour le seconder dans cette affaire. En temps de guerre, les levées étaient plus massives, et la culture des terres abandonnée aux femmes et aux enfants ! En outre, les artisans, les journaliers et les soldats ne constituant pas une main-d'œuvre suffisante, les habitants des villes, et surtout des campagnes environnantes, étaient réquisitionnés pour des corvées de charrois de terre et de terrassement lors des travaux de fortifications qui étaient en fait supervisés et financés par les compagnies à charte !

L'expansion française en Amérique du Nord reposait donc objectivement sur des bases fragiles...

1. Qui pèse tant sur leur approvisionnement que sur leur défense : les navires ne peuvent emprunter l'embouchure du Saint-Laurent que 6 mois dans l'année pour cause de glaces.

L'Amérique intertropicale

– Le continent

Ce sont d'une part au milieu du XVIe siècle, plusieurs tentatives avortées d'établissement au Brésil (à Rio de Janeiro, notamment) ; d'autre part, après quelques essais improductifs, l'installation en Guyane en 1667 — qui se limite, certes, à Cayenne. L'existence de la colonie est longtemps très difficile, car elle se heurte à ses voisins, néerlandais du Surinam, et portugais du Brésil : jusqu'à ce qu'en 1713, le traité d'Utrecht en reconnaisse l'existence officielle — elle compte alors 2 000 habitants dont 1 500 esclaves.

– Les Antilles : la perle de l'Atlantique français

L'établissement des colonies nord-européennes se fait au cours des décennies 1625-1655. Français, Anglais et Néerlandais s'installent dans les îles laissées vides ou peu occupées par les Espagnols.

• Flibuste et tabac

La première colonie française des Antilles est fondée en 1624 par la Compagnie des seigneurs de Saint Christophe créée par Richelieu, à Saint Christophe, ainsi occupée par moitié par Français et Anglais. Au cours de la seconde moitié du siècle, l'affrontement franco-anglais est permanent pour la totalité de l'île, qui est définitivement conquise par les Anglais en 1702, et conservée par eux au traité d'Utrecht. Entretemps, des colons français sont installés à la Guadeloupe et la Martinique en 1635 à l'initiative des marchands de Dieppe, Rouen et Le Havre[1] ; puis, dans les années 1640, à La Dominique, à Sainte-Lucie, à Marie-Galante, à Tobago, à Saint-Barthélémy et Saint-Martin (par moitié avec les Hollandais) ; enfin Sainte-Croix et La Grenade sont occupées en 1650. Entre 1650 et 1660, les premiers établissements français sur la côte nord-ouest de Saint-Domingue, imprudemment abandonnée par les Espagnols, voient le jour : mais il faut attendre le traité de Ryswick en 1697, pour que soit officialisée la cession par l'Espagne à la France de la partie occidentale de l'île.

Pour autant, en dépit de l'ambition de Richelieu, peu suivi par Mazarin, les Néerlandais restaient maîtres des mers. Le tabac des Français de Saint-Christophe, de la Guadeloupe et de la Martinique, trouvait son principal marché à Amsterdam, pour être redistribué par des marchands néerlandais dans les ports du royaume. En outre, la guerre franco-espagnole stimulait la piraterie. La condition des *engagés* (quelques 7 000 au début des années 1640 pour l'ensemble des îles) étant très dure, beaucoup s'enfuient, fournissant ainsi l'essentiel du recrutement des flibustiers anglais ou français. L'île de la Tortue est devenue le repaire des pirates, qui en temps de paix investissent dans le tabac. En 1664, à la fondation par Colbert de la

1. Ce que P. Butel appelle « le complexe normand ». Lequel exerce la plus forte influence dans la Caraïbe dans les années 1630, avant que Nantes n'amorce son virage antillais au début des années 1640, et que Bordeaux se mette sur les rangs à la fin des années 1660.

Compagnie des Indes occidentales, Guadeloupe et Martinique n'étaient peuplées que de 8 000 Blancs, quand la Barbade en comptait déjà 18 000...

En 1668, lorsque Louis XIV prend possession des Antilles françaises en les retirant à la Compagnie des Indes occidentales, son but n'est pas de mener à bien une entreprise de mise en valeur des îles, mais d'en faire des bases contre les Espagnols en s'appuyant sur le gouverneur d'Ogeron[1]. C'est ainsi que les Antilles sont rattachées en 1674 au secrétariat d'État à la Marine.

• Engagement et plantation

Les premiers colons sont pour la plupart très pauvres, « engagés » comme libres : ils reçoivent des concessions gratuites à défricher. Le manque d'argent limite les moyens de défrichement, et les colons les plus riches rachètent les lots des plus pauvres : l'évolution est en marche dès 1650 à la Martinique. Elle est précipitée par l'intervention de marchands venus d'Europe, de gouverneurs (comme d'Ogeron), ou encore de fonctionnaires de la Compagnie des Indes, sans oublier corsaires repentis et flibustiers. C'est sur ces bases que prend naissance entre 1660 et 1680 l'économie de plantation sucrière aux Antilles françaises, alors que domine encore cependant jusqu'à la fin du siècle, la petite propriété autour de la culture du tabac où les « engagés » jouent un rôle essentiel.

Depuis 1672, les navires venus de France doivent transporter gratuitement deux engagés ; puis quatre à partir de 1698. Cependant la forte mortalité fait qu'on ne compte en 1700 que 16 000 Blancs dans les îles françaises, contre 30 000 dans les anglaises. Vers 1680 à la Martinique, le défrichement côtier est terminé, mais les voies de communication vers l'intérieur sont presque inexistantes : les gouverneurs doivent exiger une corvée royale pour ouvrir des routes. La mise en valeur des terres de l'intérieur, d'autant plus couteuse que la mer est éloignée, est faite par les derniers arrivés.

C'est la guerre — puis la paix ! — aux Antilles au second XVIIe siècle qui accélère le passage à l'économie sucrière et au recours à une main-d'œuvre d'esclaves noirs. Les expéditions contre une île ou un port ennemi sont en effet l'occasion de pillage, de plantations et de négriers, et de mainmise sur les esclaves ! Le pillage de la Jamaïque en 1694 rapporte aux Français plus de 2 000 esclaves. Ainsi la croissance économique des Antilles françaises jusqu'à la guerre de Succession d'Espagne se fait-elle sur fond de flibuste et de contrebande. En outre, la paix revenue, les exportations de tabac y marquent le pas, la Ferme se tournant vers les tabacs de la Chesapeake que les prises anglaises avaient permis aux consommateurs français d'apprécier : la mévente oblige alors les petits et les moyens colons à céder leurs terres aux sucriers.. C'est ainsi que les marchands du Havre, de Nantes et de

1. L'intérêt de Louis XIV pour l'outre-mer est surtout en effet stratégique. Le roi y est représenté par un gouverneur (défense militaire, police et présidence du conseil supérieur de la colonie en charge des procès) et un intendant qui dirige l'administration et les finances : le roi joue de la rivalité entre les deux.

Bordeaux, se font armateurs, et concentrent progressivement leurs efforts sur des Antilles qui, vers 1680, deviennent le second producteur de sucre derrière les colonies anglaises. Dès 1686, on comptait 5 000 Blancs et 18 000 esclaves noirs à la Martinique — fournis certes plus par les traitants anglais et néerlandais que français…

• Le démarrage sucrier de Saint-Domingue

À Saint-Domingue, comme dans les autres Antilles, tout a commencé par le tabac ; mais l'essor réel — qui doit beaucoup à l'impulsion de l'ex-flibustier J.-B. Ducasse — ne vient qu'avec le sucre à partir de la décennie 1690. Et il est foudroyant : on compte 18 plantations en 1700… et déjà 120 en 1704… pour atteindre le chiffre de 1793 à la fin des années 1780[1] ! En 1713, Saint-Domingue concentre l'essentiel, et de la population (30 000 habitants dont 24 000 esclaves noirs), et de la production de sucre des Antilles françaises. Ainsi le commerce atlantique français est-il frappé, selon l'expression de P. Butel, par l'« effet Saint-Domingue », notamment sur celui de Bordeaux[2], qui s'affirme au XVIIIe siècle comme le principal port français pour le commerce avec Saint-Domingue (en 1751, il arme déjà 42 % des navires français qui commercent avec l'île).

L'essor des exportations françaises de sucre dominicain s'explique de plusieurs façons. D'une part, le prix du sucre français de Saint-Domingue est moins élevé que celui des Antilles anglaises. D'autre part et de ce fait, la France domine le marché européen en réexportant près de 80 % de son sucre. À la fin des guerres de Louis XIV en 1714, la partie française de l'île produit environ 7 000 tonnes de sucre ; en 1720, 10 000 ; le nombre d'esclaves étant passé de 3 400 en 1686 à 47 000 en 1720 ! En outre, Saint-Domingue engrange également des profits du commerce interlope : en 1701 en effet, J. B. Ducasse avait négocié le traité de l'*asiento* avec l'Espagne pour la fourniture des esclaves nécessaires à l'Amérique espagnole, l'île pouvant servir de base à la pénétration commerciale en Nouvelle Espagne. Néanmoins, sur ce terrain, les Anglais se montrent nettement plus efficaces…

Le commerce se concentre dans quatre ports. En tête, Cap-Français, sur la côte nord, qui concentre dans les années 1780 les 3/4 des navires venant de France (320 sur 465) et couvre 40 % de tout le trafic des Antilles françaises. Le Cap devient une ville marchande importante : 20 000 habitants en 1789, presqu'autant que New York. Pour le seul port de Bordeaux, le trafic venant du Cap représente 52 % du total du trafic. Le second port de l'île était Port-au-Prince, sur la côte ouest au coeur d'une plaine sucrière et de culture de l'indigo[3]. Les deux autres ports au trafic notable sont Saint-Marc sur la côte ouest, et les

1. Sans compter, à ce moment, les 3150 plantations d'indigo, les 789 de coton, et les 3117 de café.
2. Paul Butel, *Les négociants bordelais, l'Europe et les îles*, Aubier, 1974.
3. De même que s'est maintenue sur de nombreuses terres, la culture du tabac, celle de l'indigo continue à fournir un produit de teinture de forte valeur marchande.

Cayes sur la côte sud, mais leur activité est bien plus réduite que les deux premiers. Leur essor correspond surtout à celui du commerce de café dans la deuxième moitié du XVIIIe siècle ; et, à la fin du XVIIIe siècle, à celui du coton. Mais, surtout pour l'approvisionnement de l'île, le concours des Anglo-américains s'avère de plus en plus nécessaire : Boston est à 2 500 km de Saint-Domingue[1], Bordeaux à 8 000... À ce commerce s'ajoute le trafic de caboteurs, les *acous*, menés par des équipages d'esclaves, appartenant souvent à des libres de couleur, barques de quelques tonneaux, propres à se faufiler dans les criques pour accéder directement aux embarcadères des plantations afin d'y charger les barriques de sucre, d'indigo ou de café.

L'organisation du commerce français ne repose pas sur le système de la commission pratiqué par les Anglais. Ne disposant pas comme les Britanniques aux Antilles d'un réseau suffisant de négociants commissionnaires, mais ayant également la préoccupation d'acheter et de revendre au plus vite, les capitaines faisaient souvent eux-mêmes le négoce avec les planteurs et louaient des « magasins » au Cap au prix fort afin de disposer du meilleur emplacement alors que se pressaient les concurrents...

L'expansion française en Amérique intertropicale présente finalement les mêmes faiblesses qu'en Amérique du Nord. Là encore, les colonies françaises restent peu peuplées, l'aventure américaine n'ayant réellement débuté qu'au moment où la monarchie, qui a privé les nouvelles terres de main-d'œuvre protestante, se préoccupe des problèmes continentaux. Les colons ne reçoivent le soutien ni des compagnies, ni de l'État : on ne compte que 75 000 habitants dans toutes les Antilles françaises en 1715, contre plus de 100 000 rien qu'à la Jamaïque ! Ce qui ralentit d'autant la mise en valeur des îles... En un mot, les colonies françaises sont sous tutelle royale directe, mais le roi ne se donne pas les moyens de sa politique...

Les côtes africaines

En Afrique occidentale la présence européenne étant limitée à des comptoirs destinés à servir de points d'appui à la Traite négrière, la population européenne y est réduite à quelques dizaines de personnes. Le type dominant de ces établissements est le fort, qui cumule la fonction de protection et celle d'entrepôt pour plusieurs centaines d'esclaves en attente d'embarquement sur les navires négriers. À la fin du XVIIIe siècle, on en comptera 66 entre le Sénégal et la côte de l'Angola : 40 anglais, 15 néerlandais, 4 danois, 3 français et 4 portugais — avec une nette concentration sur la côte de l'Or (32 forts s'échelonnant sur 300 km).

Les Français ne sont bien implantés qu'au Sénégal : deux établissements fortifiés à Saint-Louis (1659) et à Gorée (1677), et quelques comptoirs éparpillés entre les

1. À noter cependant que, par un accord entre Louis XIV et Jacques II signé en 1686, et renouvelé après Utrecht, le commerce entre colonies françaises et colonies anglaises était interdit... Sa transgression pendant tout le XVIIIe siècle aboutissant à la création outre-Atlantique d'un espace commercial indépendant des métropoles européennes.

côtes de la Maurétanie et l'embouchure de la Gambie. Saint-Louis à la fin du XVIIIe siècle, est devenue une ville de 7 000 habitants, à la société très métissée. Une bourgeoisie « mulâtre » (un millier d'individus, pourvus de fonctions administratives) y côtoie quelques 700 Européens. À Gorée, on compte 2 300 habitants en 1786, dont une centaine de Blancs et à peu près autant de métis. Mais à cette date, le Sénégal aura échappé aux Français, consécutivement à la guerre de Sept Ans.

Sur la côte de Guinée (du cap des Palmes au fond du Golfe de Guinée) plusieurs tentatives d'implantation, au XVIIIe siècle, sont restées sans succès sur les côtes de l'Ivoire et de l'Or, devant l'hostilité des autres Européens en place. Le seul établissement durable se situe sur la côte des Esclaves (Togo et Bénin actuels) à Ouidah, comptoir créé en 1671 et fortifié en 1704 : quelques comptoirs non fortifiés en dépendent le long de la côte...

L'importance de la pêche à la morue dans l'aventure atlantique française

Il ne s'agit ni d'une activité nouvelle, ni d'une activité en expansion, mais il convient de ne pas négliger la part de ce qui reste une grande activité française qui unit chaque année les deux rives de l'Atlantique ; et que, tant au traité d'Utrecht qu'à celui de Paris, les négociateurs ont fait en sorte de protéger. Nombreux ont été à la fin du Moyen Âge les pêcheurs basques ou bretons (ou anglais) à s'aventurer au large de l'Irlande, bien au large du plateau continental. La recherche de nouveaux sites de pêche a été un moteur de l'exploration aussi puissant que la recherche de l'or ou de nouvelles terres... Ce sont les pêcheurs qui ont été le fer de lance de la présence française dans la région de Terre-Neuve et de l'embouchure du Saint-Laurent : c'est par la pêche que les Français — comme les Anglais — ont pris pied dans cette région dès la fin du XVe siècle probablement. Dans le cas de Terre-Neuve, « découverte » par John Cabot, puis reconnue anglaise en 1583, les pêcheurs bretons et basques y déploient dès le début du XVIIe siècle une activité intense : les premiers colons français s'installent à Plaisance sur la côte sud à partir de 1662. Ainsi se créent d'emblée des liens entre les ports de pêche métropolitains du Ponant et la Nouvelle-France : les immigrants, qui sont largement originaires des provinces littorales de l'Ouest, viennent plus précisément de ces ports de pêche. Enfin la pêche a été école de la mer : c'est la pêche qui forme dès le XVIIe siècle les marins qui participent ensuite à la course ou au commerce atlantique ; et ce sont ces hommes qui fournissent l'essentiel des marins de la Marine royale.

À se placer en 1713, la situation de la pêche lointaine et des possessions françaises sur la côte canadienne a été mise à mal par la guerre de Succession d'Espagne. Le traité d'Utrecht prévoit la cession de Terre-Neuve et de l'Acadie à l'Angleterre. Or, pour assurer la paix en Europe, le Régent, puis Louis XV[1], ne peuvent que choisir l'alliance avec l'Angleterre face à l'Espagne de Philippe V qui refuse de renoncer au trône de France et tente de reconquérir ses possessions

1. La régence du duc d'Orléans dure de 1715 à 1723, le règne personnel de Louis XV commence en 1723 pour se terminer à sa mort en 1774.

italiennes : la France ne peut plus se permettre de soutenir les Bourbons d'Espagne. La situation de la Nouvelle-France est donc précaire, alors que les projets de colonisation étaient encore fort peu avancés et que l'essentiel de l'apport de cette région à l'économie française tenait justement à la pêche et au commerce des fourrures. La guerre a interrompu les liens économiques avec la métropole. La perte de l'Acadie et de Terre-Neuve affaiblit également stratégiquement un territoire menacé par les Indiens, mais aussi par les Anglais.. Il va s'agir alors pour Fleury[1] et Maurepas[2] de profiter de la paix pour rétablir le commerce français avec les colonies sur des bases strictement mercantilistes. Dans cette logique, il conviendrait de porter ses efforts sur le Canada qui coûte cher au royaume (en termes diplomatiques, mais aussi militaires par l'envoi de troupes) pour un bénéfice qui laisse à désirer. À cet effet, Maurepas a d'ailleurs nommé en 1729 un nouvel intendant en Nouvelle-France : Hocquart, dont la famille est en partie alliée au secrétaire à la Marine.

Document

La pêche à la morue et le Canada selon le comte de Maurepas (1730)[3]

Il a été l'année dernière à cette pêche, tant à l'île Royale que dans les autres ports du golfe du Saint-Laurent et de l'île de Plaisance, où il est permis aux sujets de Votre Majesté d'aller, et sur le grand banc, deux cent quatre-vingt seize navires, qui ont porté vingt-six mille sept tonneaux et occupé sept mille quatre cent quatre-vingt neuf matelots.

Ce sont ces voyages qui les forment, ne les détruisent pas (le pays étant sain), les rendent habiles dans la navigation, parce que les mers sont presque toujours rudes et mauvaises dans ces parages : et par-là, cette pêche opère deux biens au royaume ; celui de lui rapporter une denrée dont il consomme une partie lui-même, et porte le surplus chez l'étranger, et surtout en Espagne où il en fait la vente en argent, et celui de lui former un grand nombre de matelots, et de les rendre en même temps bons navigateurs.

Cette morue est préparée de deux manières. La morue verte, qui est celle dont il se fait le moins de commerce, n'a d'autre préparation que d'être vidée et salée dans le fond de la cale du navire qui en a fait la pêche ; il faut qu'elle soit consommée dans l'année, et c'est celle dont on fait usage à Paris et dans les autres villes du dedans du royaume.

---

1. Majeur en février 1723, Louis XV ne chercha pas alors à gouverner personnellement et laissa faire son principal ministre, le cardinal de Fleury, à partir de 1726, et jusqu'à la mort de celui-ci en 1743.
2. Jean-Frédéric de Phélypeaux, comte de Maurepas (1701-1781) est le dernier représentant de la « dynastie » des Phélypeaux de Ponchartrain (petit-fils de Louis, fils de Jérôme), qui ont succédé aux Colbert, père et fils, à la tête de la Marine, à partir de 1690. L'auteur s'est vu confier à l'âge de 22 ans en août 1723 la charge de la Marine. Dans les services de la Marine, l'essor du commerce, de la flotte militaire et l'aménagement des ports retiennent son attention. Il estime, dans la tradition d'un Vauban, que la domination anglaise dans l'Atlantique n'est pas tant militaire qu'économique, et pousse donc le roi à développer la Marine pour protéger le commerce français. Il ne fut qu'en partie entendu. Il est renvoyé en 1749. C'est un libelle d'une extrême cruauté envers madame de Pompadour qui provoque sa disgrâce. Maurepas est ensuite rappelé par Louis XVI, dont il devient le ministre principal jusqu'à sa mort en 1781.
3. On pourrait s'étonner que le secrétaire d'État à la Marine s'intéresse à la pêche à la morue, mais : d'une part comme il le souligne, les marins (qui serve dans la Royale) sont recrutés dans le monde des marins civils et principalement de la pêche donc ; et par ailleurs, les colonies de la Couronne dépendent du secrétaire à la Marine.

La morue sèche souffre bien d'autres préparations ; il faut la vider, en ôter les têtes, la saler en piles, l'étendre ensuite sur de gros cailloutages qu'on appelle graves, ou sur des vigneaux qui sont des claies soutenues en l'air sur des piquets ; il faut manier tous les jours cette morue jusqu'à ce qu'elle soit devenue sèche, et la retourner pour que le soleil puisse la dessécher : c'est un travail continuel, et qui dure souvent des vingt et vingt-cinq jours avant qu'elle soit en état d'être embarquée : elle se consomme pour la nourriture des équipages des vaisseaux, et se vend toujours avantageusement en Espagne et en Italie.

L'île Royale, qui est le maintien de cette pêche, peut-être regardée comme un établissement fait par Votre Majesté, quoiqu'il eût été commencé du règne du feu Roi. Il y passa en 1713 un détachement de troupes du Canada et de la garnison de Plaisance ; les troupes et les habitans de ce dernier endroit y furent transportés l'année suivante. Cette colonie qui commença de naître, se trouva dans une situation bien triste pendant l'année 1715, qu'elle ne reçût aucun secours : Votre majesté lui en fit envoyer en 1716 ; elle y a fait fortifier le port de Louisbourg, qui est aujourd'hui en état de défense, et il y a déjà bien du temps qu'il va tous les ans quatre-vingts à quatre-vingt-dix vaisseaux dans ce port, et que les retours qui s'en font dans le royaume vont à 3 000 000 par an.

Cette colonie est aussi le maintien du Canada et même de la Louisiane, quoiqu'elle en soit fort éloignée, et sera en état d'empêcher le projet que des nations de l'Europe pourroient former de se rendre maîtres de l'Amérique septentrionale, pour pouvoir conquérir toute la partie méridionale.

Le Canada, dont les terres ne sont pas éloignées de l'île Royale, a été établi pour en tirer du castor et des pelleteries, et pour fournir en partie à la subsistance des îles de l'Amérique ; il a été longtemps sans faire ce dernier commerce, qui est cependant le plus certain pour lui. Il ne l'a commencé qu'en 1706. Les guerres que cette colonie a souffertes contre les Iroquois, et celles de la France en Europe, ont empêché son augmentation ; et à l'avènement de Votre Majesté à la Couronne il n'y avoit que vingt-deux à vingt-trois milles âmes : ce nombre a bien augmenté depuis ; il va aujourd'hui à près de trente-quatre à trente-cinq mille âmes. Le commerce qui s'y fait est aussi bien plus considérable : il a monté l'année dernière à près d'un million trois cent mille tonneaux, et il a été à Québec, qui est le port du Canada, pendant 1728, quarante-un bâtimens, dont quatre des ports de France, trente-deux de l'île Royale, trois de la Martinique et deux de Saint-Domingue, et l'année dernière douze bâtimens, sans ceux de la Martinique et de Saint-Domingue.

Le degré sous lequel cette colonie est située ne peut point lui procurer la même richesse qu'aux îles de l'Amérique ; les cultures qui s'y pratiquent sont les mêmes qui se font dans le royaume, excepté le vin.

Source : MAUREPAS, *Mémoires*, troisième édition, t.3, 1792.

Commentaire

Ce texte est un extrait d'un Mémoire rédigé par Maurepas aux fins de convaincre Louis XV de profiter de la paix pour relancer la politique canadienne de la France. L'auteur développe tant des arguments économiques — qu'il faut lire d'un œil critique — que militaires : la logique mercantiliste les rendant indissociables d'une part, d'autre part ce sont les crédits de son « *ministère* » qu'il défend, celui de la Marine dont dépendent les colonies.

La pêche à la morue après la perte de Terre-Neuve

C'est la pêche à la morue qui retient d'abord l'auteur, en ce qu'elle est une activité de première importance pour le royaume[1].

---

1. Contrairement à la pêche à la baleine, où les Basques français avaient joué un grand rôle aux siècles précédents. Au XVIIIe siècle, ce n'est plus pour les Français qu'une activité

Une activité profitable

« *Il a été l'année dernière à cette pêche, tant à l'île Royale que dans les autres ports du golfe Saint-Laurent et de l'île de Plaisance, où il est permis aux sujets de Votre Majesté d'aller, et sur le grand banc, deux cent quatre-vingt seize navires, qui ont porté vingt-six mille sept tonneaux* ».

En effet, malgré la perte de Terre-Neuve, la pêche reste une activité importante et rentable. Maurepas compte 27 000 quintaux de prises pour l'année 1729 — ce qui représente plus de 100 000 tonneaux. On estime qu'au milieu du XVIIIe siècle, les ventes de morues rapportent trois fois plus que celles de fourrures et de peaux de tout le Canada. Le profit est de 60 % dans cette activité. D'après Maurepas, les principaux débouchés sont la France pour la morue verte, et l'Espagne et l'Italie pour la morue sèche : ce sont effectivement les débouchés traditionnels.

Les chiffres avancés par Maurepas semblent cependant indiquer un certain fléchissement : il évoque 296 navires pour 1729, alors qu'à la fin du XVIIe siècle, la France comptait un total de 372 morutiers (sur une flotte européenne de 500 navires : ce qui est loin d'être négligeable). Les guerres de la fin du règne de Louis XIV, du fait de l'insécurité créée sur les mers, ont en effet contraint les ports de pêche à cesser tout ou partie de cette activité pendant la durée des conflits. Mais les armateurs, ce fut le cas en particulier à Saint-Malo et Dunkerque, surent substituer à la pêche une économie de la course, aux profits irréguliers certes, mais qui ont dans l'ensemble contribué à maintenir l'emploi et la prospérité.

Outre la vente du poisson elle-même, la pêche offre un autre avantage économique : elle induit bon nombres d'emplois dans les installations de construction et de réparation navales, corderies, et autres métiers de la mer.

Qui sont les pêcheurs ?

À suivre Maurepas, la pêche semble surtout être le fait des marins français de métropole : il évoque leurs « *voyages* » et ne s'arrête qu'aux échanges transatlantiques. On sait que les marins bretons (Saint-Malo) et basques, voire secondairement ceux de Dunkerque ou de Dieppe, se sont traditionnellement spécialisés dans cette pêche lointaine. Le caractère saisonnier de cette activité fait leur absence du printemps jusqu'à la fin de l'été. Ils forment ainsi une communauté à part : ce sont les seuls pêcheurs à avoir été autorisés par le roi à se constituer en métier statué. Ils sont souvent membres d'une confrérie ; et on constate qu'à Dunkerque, Dieppe ou Biarritz, ils fréquentent tous la même église.

Maurepas recense plus loin 27 000 matelots — chiffre corroboré par d'autres sources : c'est donc une activité très gourmande en main-d'œuvre, que requièrent, outre la prise elle-même, tant le maniement des filets, que la préparation de la morue.

Mais Maurepas néglige gravement le fait que l'exportation des quelques ¾ des produits de la pêche est assurée à cette date par les résidents de l'île Royale (île du Cap Breton). Tendance qui va aller s'amplifiant pour atteindre 90 % en 1750, du fait de la reprise des guerres…

Morue verte et morue sèche

Maurepas donne force détails sur les deux types de pêche, sans doute d'abord pour en instruire le jeune roi qui n'a que 20 ans, mais surtout pour la raison que la pêche à la morue sèche (stockfish) implique des installations terrestres importantes pour procéder au séchage du poisson… qui justifieraient de renforcer l'établissement de l'île Royale.

La morue verte est une pêche de poisson frais « *vidée et salée dans le fond de la cale du navire* » et mise en tonneaux immédiatement. En revanche, la morue sèche « *souffre bien d'autres préparations* » à terre : sur le « *chauffaud* » du port, sorte de jetée s'avançant dans la

médiocre, discontinue, que dominent les Néerlandais, puis les Anglais à partir de 1755, en attendant les Américains…

mer, il faut évider, sécher en retournant régulièrement le poisson sur les graviers, puis opérer un séchage final sur des claies en bois[1].

La pêche, faite en grande partie, n'en déplaise à Maurepas, par les habitants de l'île Royale, était pratiquée de deux façons. La pêche à la morue sèche se déroulait le long du littoral, elle se faisait à bord de chaloupes : ce qui ne pouvait avoir lieu que deux mois dans l'année, de fin juin à fin juillet, la morue s'éloignant ensuite des littoraux. L'essentiel pour les patrons morutiers — qu'ils soient d'un côté ou de l'autre de l'Atlantique — est le site littoral : les premiers revenus sont les mieux servis : ce qui transforme la pêche (voire la traversée de l'océan) en une véritable course contre la montre qui nécessitait un labeur épuisant. C'est pourquoi certains pêcheurs allaient « *courir le marigot* ». La pêche à la verte se déroulait sur les bancs situés à 50 ou 100 km de Terre-Neuve, où les navires restaient plusieurs semaines, voire plusieurs mois. S'agissant des morutiers des ports de la Manche, ils partaient le plus souvent vers février-mars pour une campagne d'été à la verte, chargé d'un avitaillement complet pour une navigation de cinq mois...

Le texte de Maurepas est techniquement « *pointu* », en même temps qu'il est révélateur d'une vision « *européiste* ». Il ne voit pas la crise de la pêche qui menace les ports métropolitains, ni la réalité de l'activité outre-Atlantique : en fait, il continue à n'envisager l'essor de la pêche canadienne que dans un cadre mercantiliste étroitement limité aux intérêts des ports de France métropolitaine.

Au demeurant, il voit bien que cette activité effectivement très rentable nécessite de renforcer la présence terrestre française (pour le séchage) dans la zone qui a été mise à mal par la perte de Terre-Neuve.

Relancer l'activité commerciale du Canada[2]

Un commerce canadien menacé par le commerce interlope ?

Selon Maurepas, le commerce entre le Canada et la France a été *« considérable : il a monté l'année dernière à près d'un million trois cent mille tonneaux »* — s'agissant essentiellement de bois, de fourrures et de morue. Mais le chiffre avancé par Maurepas est un peu exagéré par rapport aux calculs fait par les historiens canadiens : ainsi estime-t-il le trafic de Louisbourg (qui concentre l'essentiel de la navigation) à 3 millions de livres, alors que le total du commerce canadien en 1730 est de 2 817 742 livres. En revanche, le chiffre de « *quarante et un bâtiments* », partant en 1728 pour le Québec, marque bien le fléchissement réel du trafic[3]. Certes, à considérer le commerce de Bordeaux étudié par Paul Butel, on perçoit un certain redressement : entre 1730 et 1741, 44 navires partent pour le Québec ; entre 1742 et 1752, 123 navires ; entre 1753 et 1763, 90 navires.

Selon le principe mercantiliste, les produits issus des colonies doivent servir à la revente aux fins de faire rentrer du numéraire dans le royaume : ainsi Maurepas dit-il de la pêche que c'est *« une denrée dont il consomme une partie lui-même, et porte le surplus chez l'étranger, et surtout en Espagne où il en fait la vente en argent »*.

---

1. Un mémoire de Saint-Malo de 1786 rapporte qu'il n'est de « *travail plus dégoûtant et de plus insupportable que celui de chauffaudiers. Sans cesse couverts du sang des poissons qui jaillit sur eux en l'ouvrant [...] joignez à cela la puanteur des cageots dont l'exhalaison fétide se répand au loin et l'on se fera une idée de la force de l'habitude. Il est vraiment inconcevable comment ils peuvent s'y familiariser et rester. Il est à observer aussi qu'ils n'en sortent pas pendant que la pêche donne, qu'ils sont au travail depuis la pointe de jour jusque bien avant dans la nuit et qu'ils y couchent* ». Cité par Havard et Vidal, *op. cit.*
2. Cf. Maurice Filion, *La pensée et l'action coloniales de Maurepas vis-à-vis du Canada, 1723–1749 : l'âge d'or de la colonie*, Montréal, 1972.
3. Alors que la seule flotte des Treize est de 730 navires en 1700 — sans compter les navires anglais présents dans les ports américains...

Or, la réalité est assez différente. Sur les 41 navires qui furent à Québec en 1728, on en comptait, selon l'auteur : « *trois de la Martinique et deux de Saint-Domingue, et l'année dernière douze bâtimens, sans ceux de la Martinique et de Saint-Domingue.* » Ce qui signifie en creux qu'une part grandissante de la morue sèche est exportée à partir de 1730 en Louisiane et dans les Antilles pour nourrir les esclaves dont c'est la principale denrée de base. Et surtout, dès 1714 et le retour de la paix, il existe un commerce interlope avec la Nouvelle-Angleterre, qui va en se renforçant dans les années 1730-1740 du fait des mauvaises récoltes, de la difficulté de s'approvisionner en produits manufacturés au Canada, et du prix plus élevé des denrées venues de la métropole. L'île Royale en est la plaque tournante : les navires achètent du blé en Nouvelle-Angleterre contre de la morue sèche. Il fort peu probable que Maurepas ne soit pas au courant de ces échanges. Au contraire ! L'insistance de l'auteur sur les échanges au sein du système français (avec la métropole, ou secondairement les colonies des Antilles) révèle la politique de Maurepas : il s'agit de renforcer ce commerce pour contrecarrer l'interlope que les autorités (et notamment l'intendant Dupuy rappelé en 1729) ont laissé se développer. Cet interlope est pourtant révélateur du manque de débouchés qu'offre le système mercantiliste aux commerçants canadiens.

Faire du Canada le grenier de l'empire…

L'allusion aux navires qui viennent de la Martinique et de Saint-Domingue informe un second principe du mercantilisme : les colonies doivent développer des économies complémentaires. Il conviendrait alors de déplacer l'axe des exportations canadiennes de la traite des fourrures vers l'agriculture et l'industrie..

L'extrait présenté se termine d'ailleurs sur une phrase qui peut surprendre, tant elle semble ne pas entrer pas dans la logique mercantiliste : « *Le degré sous lequel cette colonie est située ne peut point lui procurer la même richesse qu'aux îles de l'Amérique ; les cultures qui s'y pratiquent sont les mêmes qui se font dans le royaume, excepté le vin.* » Effectivement, le Canada, comme la région de l'Illinois, est le seul endroit où se pratique une agriculture de type européen, soit familiale (au Canada), soit avec l'aide d'une importante main-d'œuvre servile d'origine africaine (dans l'Illinois). Près de la moitié des feux des plaines de l'Illinois comportaient des esclaves noirs en 1752, et ceux qui n'en possédaient pas pouvaient en louer en Basse-Louisiane ; et s'était développée une agriculture commerciale qui servait à approvisionner la basse vallée du Mississippi. Alors que le Canada, où s'était imposée une structure agraire seigneuriale et familiale, en restait à une agriculture de subsistance… qu'il fallait donc transformer en une agriculture exportatrice ! Comment donc ? Le nouvel intendant Hocquart rêvait de voir se développer une bourgeoisie commerciale, comme celle des ports de France, qui pût, avec au début l'aide de la Couronne, diversifier et développer l'économie.

… Et favoriser le peuplement

Maurepas se réjouit que si « *à l'avènement de Votre Majesté à la Couronne il n'y avoit que vingt-deux à vingt-trois milles âmes : ce nombre a bien augmenté depuis ; il va aujourd'hui à près de trente-quatre à trente-cinq mille âmes* ». C'est la Compagnie de l'île Saint-Jean qui œuvra entre 1720 et 1723 à la réinstallation de colons français sur l'île Royale en 1724. Il s'agit surtout (toujours) de Normands, de Bretons et de Basques. On constate en effet une reprise des migrations : 45 000 arrivées en 1730. En 1750, l'Amérique française compte 70 300 habitants.

Cependant, outre le fait que ce sont là des chiffres bien en deçà des chiffres anglais (250 000 après Utrecht), il ne faut pas négliger les départs. L'Acadie ayant été cédée à la Grande-Bretagne en 1713, seulement 500 (sur 2 500) Acadiens choisirent de s'installer à Plaisance ou sur l'île Royale : les autres rentrèrent en France, ou quittèrent le Canada pour la Louisiane.

La stratégie française en Amérique face aux Anglais

Le Mémoire de Maurepas est ponctué de considérations militaires et stratégiques qu'il faut comprendre comme le complément nécessaire du projet économique assigné au Canada : la défense de la pêche et du commerce canadien obéit à la nécessité de protéger les intérêts français dans l'Atlantique.

La montée des périls

Maurepas répète à deux reprises « *Cette colonie (l'île Royale) est aussi le maintien du Canada et même de la Louisiane* ». La situation géographique de l'île en faisait en effet un maillon essentiel tant dans la défense de la Nouvelle-France, que dans le développement du commerce avec la France, les Antilles, le Canada et l'Acadie. Maurepas note d'ailleurs que sur les 41 navires passés à Québec en 1728, 32 venaient de l'île Royale ; et insiste sur sa proximité du Canada : « *Le Canada, dont les terres ne sont pas éloignées de l'île Royale, a été établi pour en tirer du castor et des pelleteries, et pour fournir en partie à la subsistance des îles de l'Amérique...* ». De fait, il voudrait en faire la porte d'entrée et de sortie, solidement protégée, du commerce canadien.

Or ce verrou est sous la menace. Il faut « *empêcher le projet que des nations de l'Europe pourroient former de se rendre maîtres de l'Amérique septentrionale* ». La nation en question est bien sûr l'Angleterre, avec qui l'affrontement, sur le mode de la guerre de raids, s'est fait chronique et croissant depuis sa progression dans la baie d'Hudson d'Hudson. «Petite guerre» inscrite de plus en plus dans le cadre des guerres européennes, elle est souvent cruelle, semant la terreur sur les frontières, selon un scénario immuable qui voit les Franco-Canadiens et leurs alliés indiens surprendre en plein hiver, après de longues marches en raquettes, les villages isolés de la Nouvelle-Angleterre. De nombreux colons britanniques sont tués et d'autres capturés. Ces derniers sont parfois rapatriés contre une rançon, mais plusieurs sont adoptés par les Indiens, ou bien placés dans des communautés religieuses et naturalisés français. En effet, à l'initiative de Cavelier de la Salle, les Français ont formé une vaste « *ligue* » indienne qu'ils contribuent à consolider : elle regroupe les Hurons, les Montagnais, les Népissingues, les Outaouais, les Ojibwas, les Poutéouatamis, les Mascoutens, les Renards, les Kicapous, les Winnebagos, les Sakis, les Miamis et les Illinois[1].

Voilà qui explique l'autre menace qu'évoque Maurepas : « *Les guerres que cette colonie a souffertes contre les Iroquois* ». Il présente cette menace indienne sans la remettre dans son contexte, à savoir cette politique d'alliances. En entrant dans l'alliance huro-montagnaise dans les années 1610-1620, les Français se heurtèrent en effet à la puissante confédération iroquoise qu'était la « *ligue des Cinq Nations* ». Les Illinois, armés par les Français, s'en étant pris à leurs voisins Iroquois, ces derniers se retournèrent contre la France, avec l'appui des colons américains. Lesdites « *guerres* » renvoient à l'attaque iroquoise dévastatrice contre le village de Lachine, en 1689[2]. En 1701, un accord franco-anglo-iroquois assura leur neutralité. Pour autant, les conséquences des guerres iroquoises furent considérables pour la Nouvelle-France, mais peut-être pas dans le sens où l'entend Maurepas. Il en alla du bouleversement des structures de la « *traite* », c'est-à-dire du commerce avec les Indiens. Le mouvement d'échanges s'orienta est-ouest. Les « *coureurs de bois* » se déplacèrent dans le bassin des Grands Lacs et dans les prairies de l'Ouest et remplacèrent les intermédiaires indiens. La disparition de la Huronie, la principale réserve alimentaire des Français et des Indiens du Saint-Laurent, imposa aux colons de mettre en valeur les « rouges » du bord de fleuve, et de défricher de nouvelles terres pour subvenir à leurs besoins. Autre conséquence de ce long conflit : les épreuves et la souffrance de cette guérilla d'un demi-siècle contribuèrent à développer un sentiment unitaire parmi les colons.

1. Voir G. Havard et C. Vidal, *op. cit.*
2. Les armées françaises ripostèrent par trois raids-surprises, qui se révélèrent dévastateurs, contre les établissements de Corlar (dans le New York), de Salmon Falls (dans le Massachusetts, un peu au nord de Boston, et de Casco (dans le Maine).

L'île Royale : un enjeu stratégique

Avec le fort de Louisbourg, elle constitue en effet une des trois pointes du réseau triangulaire de défense français, avec Québec et La Nouvelle-Orléans. Ainsi Maurepas constate-t-il : « *L'île Royale, qui est le maintien de cette pêche, peut-être regardée comme un établissement fait par Votre Majesté, quoiqu'il eût été commencé du règne du feu Roi. Il y passa en 1713 un détachement de troupes du Canada et de la garnison de Plaisance... Votre Majesté lui en fit envoyer en 1716, elle y a fait fortifier le port de Louisbourg...* ». Maurepas évoque ici les troupes qui y sont passées durant la guerre pour rejoindre le Canada, puis l'envoi de troupes à l'île Royale en 1716. Un effort a été fait pour redresser la situation : en 1715, les troupes présentes au Canada étaient tombées de 1600 soldats à 700 ; mais en 1727, le contingent est remonté à 1500 soldats. Malgré tout, l'effort prêté au roi reste très limité, d'où l'importance des milices civiles, sauf pour Louisbourg sur l'île Royale puisqu'on y compte 1 000 soldats, soit presqu'autant que pour tout le reste du Canada, du fait de sa situation stratégique[1].

La stratégie française consiste par ailleurs à constituer un réseau de fortifications[2] : « *elle y a fait fortifier le port de Louisbourg, qui est aujourd'hui en état de défense* ». La construction de la ville-forteresse, nommée Louisbourg en l'honneur du roi, commença à partir de 1720. De la même façon, l'île du Cap-Breton fut rebaptisée île Royale, et Sainte-Anne et Saint-Pierre, occupés entre 1629 et 1669, puis réinvestis en 1714, furent appelés respectivement Port-Dauphin et Port-Toulouse. Ce changement de toponymie exprimait évidemment le souci des autorités de célébrer la gloire de la famille royale outre-mer. Cependant, l'investissement de l'État royal est à relativiser. La construction, l'entretien des postes, l"organisation des convois etc., ont été en partie assurés par des particuliers à qui le roi accordait un certain nombre de privilèges, notamment commerciaux. Ainsi en 1701, si la construction du fort de Détroit fut assurée grâce aux deniers du roi, c'est la Compagnie de la Colonie, créée l'année précédente pour redresser le commerce des fourrures, qui fut chargée dans un premier temps de tous les autres financements (transport du matériel, des vivres et des hardes, solde des officiers, etc.). En échange, elle se vit accorder l'exclusivité du commerce. Le roi profitait ainsi de l'esprit d'initiative de certains entrepreneurs pour s'assurer à bon compte le contrôle du territoire.

Il s'agit ici pour Maurepas, non pas tant de flatter le jeune roi en en attribuant tout le mérite à la monarchie, mais de rappeler de cette façon les crédits consentis à la Marine — sans doute pour justifier de leur bon usage par lui-même, et mieux légitimer la poursuite de sa politique, et donc les crédits qui vont avec.

Les pêcheurs : des marins en puissance

Le plaidoyer de Maurepas en faveur du développement de la puissance militaire de la France, et plus précisément de la Marine, se déploie dès le début du texte. Parlant des pêcheurs français au Canada (avec la réserve émise plus haut sur la part des ports français dans cette activité), il explique que « ce sont ces voyages qui les forment, ne les détruisent pas (le pays étant sain), les rendent habiles dans la navigation, parce que les mers sont presque toujours rudes et mauvaises dans ces parages : et par-là, cette pêche opère deux biens au royaume ; celui de lui rapporter une denrée [...]et celui de lui former un grand nombre de met de les rendre en même temps bons navigateurs. ». Une relation directe est ainsi établie entre la formation des

1. Il n'est pas anodin que l'île Royale soit la base de régiments importants. Non seulement, la Couronne a du mal à recruter des soldats pour le Canada, mais le problème majeur est la désertion souvent déplorée par les autorités et difficile à contrôler : les soldats rejoignent les « coureurs de bois ». En revanche, la garnison de l'île Royale peut difficilement déserter.

2. La Nouvelle-France apparait ainsi comme un vaste territoire presque vide ponctué de forts : on en compte 256 au milieu du XVIIIe siècle.

pêcheurs et le bien du royaume, en ce que celui-ci dispose ainsi de bons matelots de la Marine royale[1]..

En effet, depuis le règne de Louis XIV, Colbert a établi le principe que tout homme exerçant un métier maritime devra aussi servir sur les vaisseaux de roi, depuis l'âge de dix-huit ans jusqu'à soixante. C'est le « système des classes », ainsi appelé parce que les gens de mer sont répartis en trois ou quatre « classes » (selon les provinces), qui seront levées alternativement chaque année si besoin est. En compensation de ce devoir très contraignant, la monarchie crée en 1673 la caisse des invalides de la Marine. Les traitements et salaires des personnels de la Marine royale, les revenus des pêcheurs et des marins commerciaux (à partir de 1720), ainsi que le butin des courses, sont soumis à une retenue à la source de six deniers par livre (soit 2,5 %) pour la financer. Les matelots et pêcheurs sont dont inscrits sur des registres — d'où le nom de système d'inscription maritime pour nommer ce type d'enrôlement. On peut penser que Maurepas se fait ici l'écho de ces fonctionnaires de la Marine, les commissaires des classes, qui établissent ces registres et vivent au contact des communautés de marins dans les circonscriptions littorales. Ils sont secondés par ailleurs par les syndics, choisis le plus souvent parmi les officiers mariniers en retraite, sont leurs yeux et leurs oreilles dans les ports.

Conclusion

Le Mémoire de Maurepas fait donc valoir les grandes potentialités d'un commerce accru du Canada avec la France dans les domaines de la pêche, des fourrures et du bois d'œuvre, entre autres produits, ainsi que les possibilités offertes à l'agriculture et à l'industrie canadiennes qui permettraient l'approvisionnement de la population grandissante des esclaves dans les Antilles françaises. À l'instar de tant de théoriciens du mercantilisme avant lui, Maurepas envisageait un commerce intégré entre les colonies atlantiques de la France. Le Mémoire est dans l'esprit des instructions données l'année précédente au nouvel intendant : « Comme la Colonie du Canada N'est bonne qu'autant qu'elle peut estre utile au Royaume, y lit-on, Le Sr. Hocquart doit Sapliquer a chercher les moyens qui y peuvent contribuer. » Maurepas s'en tient à une vision qui sert les intérêts de son ministère et sa vision de la puissance de la monarchie face à des conceptions plus libérales qui se font jour autant dans les colonies (y compris parmi les commissaires du roi) qu'en métropole. Mais en creux, ce texte est révélateur du fait que la monarchie française est plus sensible à une politique de puissance commerciale, maritime et territoriale à moindre frais qu'à une réelle volonté de colonisation et de développement agricole et commercial du Canada. La logique mercantiliste apparait comme un obstacle à une vision à long terme, et réaliste, du développement économique des colonies et du commerce.

Des « châteaux en Amérique ibérique » ?

À la fin du XVIIe siècle, l'Espagne apparaissait plongée dans une crise économique et politique profonde affectant indirectement son Empire, d'où l'a sort à partir de 1700 la politique réformatrice des Bourbons autorisant un remarquable redressement commercial[2] . Mais celui-ci a-t-il profité à l'État castillan, et surtout aux négociants de la Péninsule, ou bien aux négociants étrangers appartenant à des réseaux commerciaux implantés en Espagne depuis le XVIe siècle ?

1. P. Villiers et P. Culerrier, « Du système des classes à l'inscription maritime : le recrutement des marins français de Louis XIV à 1952 » *Revue historique des armées*, n°147 (1982).
2. La monarchie espagnole parvenant à établir pour la première fois en 1792 une Balance du Commerce, on découvre que la valeur globale du commerce atlantique de l'Espagne à cette date est de l'ordre de celle du commerce français, quelque peu supérieure même, à savoir l'équivalent de 273 millions de livres tournois.

Dès le XVIIe siècle, sous le règne de Louis XIV, le commerce avec les colonies espagnoles et portugaises constitue un enjeu entre puissances européennes, et d'abord entre la France et les Provinces-Unies. En effet, celui-ci apparaît comme le complément parfait des pratiques mercantilistes françaises : en 1735 Paris expliquait que « *les Français sont depuis un grand nombre d'années en possession de fournir la plus grande partie des marchandises qui se consomment en Espagne et aux Indes occidentales [...] Les retours que produisent les draperies, étoffes de soie, merceries, bijouteries et principalement les toiles, se font en espèces et matières d'or et d'argent* »[1]. La péninsule, incapable de fournir les cargaisons-aller vers l'Amérique, assurait ainsi un débouché aux produits nationaux, et l'entrée dans le royaume des métaux précieux américains : en effet, ce sont les Français qui se taillent la plus grosse part du commerce hispano-américain (42 à 46 %) devant les Anglais et les Génois. Cependant, l'aventure ibérique des Français, qui revêt plusieurs phases, tourne court au début du XVIIIe siècle...

La place de l'Espagne dans le commerce atlantique

L'Espagne, par les ports de la côte cantabrique (Bilbao, surtout) vend depuis le Moyen Âge ses laines brutes et son fer à l'Angleterre, la France et les Flandres, leur achetant des céréales, de la morue, du sel et des textiles. À partir de la fin du XVIIe siècle, la morue était fournie par les Français et les Anglais, les circuits de vente des laines étaient contrôlés par le grand entrepôt de Bayonne.

Ce que P. Chaunu[2] a appelé « l'Atlantique transversal » est le lieu, théorique, d'un double monopole : d'une part, seuls les marchands du royaume de Castille pouvaient commercer — en convois, qu'on appelle les flottes, encadrés par des navires de guerre — avec les Indes occidentales et prétendre ainsi aux licences commerciales, tous les étrangers étant exclus ; d'autre part, un seul port (Séville jusqu'en 1680, puis Cadix) devait être le point de départ et d'arrivée des navires espagnols en communication avec l'Empire. Les allers étaient faits de denrées alimentaires et de textiles ; les retours, de produits tropicaux et de métaux précieux. Or, en dehors des vins et huiles d'Andalousie, les marchands espagnols n'ont désormais plus la main sur les exportations à destination de l'Amérique : les textiles sont à 95 % de fabrication étrangère, française surtout à partir de 1670. En outre, Cadix est un port de réexportation des métaux précieux américains vers l'Europe. Enfin, le commerce transatlantique « espagnol » est également financé par les étrangers, grâce au « prêt à la grosse aventure »... bien que, juridiquement seuls les Castillans en aient eu le droit[3].

---

1. Cité par Didier Ozanam, « Le couple franco-espagnol à la fin de l'Ancien Régime », *Revue d'histoire moderne et contemporaine*, 1995.
2. Pierre Chaunu, « Les routes espagnoles de l'Atlantique », *Les routes de l'Atlantique*, 9e colloque d'Histoire maritime, Séville, 1967.
3. D'où l'utilisation par les étrangers de prête-noms espagnols, les *testaferros*.

Cette particularité de l'Atlantique espagnol conduisit des négociants étrangers, d'abord génois et flamands, puis anglais, néerlandais et français, à s'établir en toute légalité[1] en Basse-Andalousie, où les Castillans leur tînrent d'abord la dragée haute : ce n'est plus le cas à la fin du XVIIe siècle, les maisons de commerce castillanes ayant été balayées. Vers 1690, il semble que la colonie marchande française (venue de Rouen, de Bayonne, du Languedoc ; et surtout de Saint-Malo, comme les Magon Lefer) était en passe de dominer à Cadix, place forte de la contrebande aux dépens du monopole de Séville, où se concentraient les textiles de Bretagne — les « bretonnes » — de Lyon — les soies — et de Tours — la dentelle. L'installation des Bourbons à Madrid, puis la guerre qui s'ensuivit, fragilisèrent encore le monde du négoce espagnol…

L'interlope aux mains des « Messieurs de Saint-Malo »[2]

Dès le dernier tiers du XVIIe siècle, un commerce au long cours s'établit ainsi entre Saint-Malo, les ports ouverts de l'Amérique centrale (La Vera Cruz, et Cartagena de Indias[3]), les ports du Chili et du Pérou (or péruvien), et enfin Cadix. En 1698, la Compagnie royale de la mer du Pacifique est créée par lettres patentes du roi, avec un capital de 800 000 livres (!) dirigée par le malouin Gouin de Beauchesne.

Outre qu'ils étaient forts de leurs « arguments » commerciaux, les navires français étaient techniquement performants. La pêche à la morue a en effet formé des marins capables de braver les mers du Sud, et notamment le Cap Horn, dans un voyage qui dure de 671 à 921 jours — si la flotte va jusqu'au Pérou où il faut aller vendre les marchandises dans les ports secondaires par cabotage. S'ajoutent à cela les multiples escales pour le ravitaillement (aux Antilles françaises notamment). Or les « *Messieurs de Saint-Malo* » accumulent rapidement les énormes capitaux nécessaires à cette circumnavigation, grâce aux gains de la pêche à la morue et à la course ; au moment où l'Exclusif anglais leur ferme le marché britannique. Enfin, le contexte politique est un élément essentiel d'explication de la réussite française : après le traité des Pyrénées (1659), l'Espagne est affaiblie et aspire à la paix, alors que la France de Louis XIV devient la première puissance en Europe. Par ailleurs, Philippe IV d'Espagne meurt en 1665, laissant sur le trône un enfant (le futur Charles II) sous la régence de son épouse, Marie-Anne de Neubourg. Son

---

1. La couronne d'Espagne a en effet toléré l'installation à Cadix de marchands étrangers qui lui apportent de quoi fournir ses colonies en denrées alimentaires et en textiles.
2. Allusion à la thèse d'André Lespagnol, *Messieurs de Saint-Malo, une élite négociante au temps de Louis XIV*, Rennes, 1989.
3. Qui sont ceux qu'atteignent les deux flottes espagnoles qui assurent la liaison entre l'Espagne (à partir des ports de la Basse-Andalousie) et l'Amérique espagnole.

testament faisant des enfants de Marie-Thérèse, l'épouse de Louis XIV, les héritiers de la Couronne d'Espagne au cas où le petit Carlos n'aurait pas de descendance[1].

Les profits sont considérables, d'autant que les vice-rois laissent faire. La production aurifère du Chili est par exemple relancée : elle est multipliée par 5 entre 1691 et 1719. Le Brésil connait une situation différente, le Portugal ayant recouvré son indépendance en 1640[2]. La découverte de l'or du Haut-Sao Francisco (Minas Geiras) vers 1698 entraîne les Portugais (mais aussi les colons de la côte) dans une ruée vers l'or, et attire les convoitises européennes. La guerre de Succession d'Espagne intensifiera par ailleurs la course malouine, dont le joyau reste la grande expédition de Rio en 1711 menée par Duguay-Trouin aux fins d'intercepter la flotte annuelle ramenant l'or du Brésil vers Lisbonne. Les gains sont prodigieux. On estime que la fortune du malouin Danycan de l'Epine s'élevait à plus de 20 millions de livres[3].

Le temps de la question de la succession d'Espagne (1701-1713)

La question de la succession du Habsbourg Charles II dressait deux camps face à face à la Cour d'Espagne : un parti pro-Habsbourg autour de la régente, et un parti pro-français au sein de l'Église grâce à la diplomatie menée en sous-main par l'archevêque de Tolède Porto Carrero, et l'ambassadeur de France, le marquis d'Harcout… que ne pouvait que renforcer la teneur du testament de feu Philippe IV.

En 1698, un projet de partage vînt à aboutir entre la France et l'Autriche, qui séparait la péninsule des possessions en Italie[4] et des *presides*[5]. Mais Charles II refuse tout partage de son empire. La solution qui s'impose à lui est alors française — en la personne d'un petit-fils de Louis XIV, Philippe duc d'Anjou — la France lui apparaissant la seule puissance capable de maintenir l'intégrité de l'empire. Sous la condition de son renoncement à la couronne de France, le duc d'Anjou monte en 1701 sur le trône d'Espagne sous le nom de Philippe V. Mais Louis XIV multiplie les provocations[6] et la guerre démarre en 1702.

Le changement de dynastie et la guerre qui s'ensuivit fragilisèrent plus encore le monde du négoce espagnol. Philippe V mit en effet fin, provisoirement, au monopole colonial espagnol : il signa en août 1701 avec une compagnie française,

1. Ce qui permit à Louis XIV d'envahir le sud des Pays-Bas espagnols en 1667 (Lille) au nom du droit de dévolution (utilisant par ailleurs le prétexte que l'intégralité de la dot n'avait pas été versée) : Louis XIV, le roi qui entre en guerre sans la déclarer !
2. Le duc de Bragance est proclamé roi (Jean IV), profitant de la révolte de la Catalogne qui détourne les forces espagnoles, puis du soutien britannique.
3. André Lespagnol, *La course malouine au temps de Louis XIV*, Rennes, 1995.
4. Naples, Sicile, Toscane.
5. Ce sont les places fortes sur la côte du Maghreb occidental.
6. Occupation des Pays-Bas espagnols ; retour en arrière sur la clause de renonciation au trône de France, surtout après la mort du dauphin en 1711 ; soutien aux Stuarts réfugiés en France contre Guillaume III.

la Compagnie de l'Asiento, un contrat qui lui permettait d'importer en Amérique des esclaves achetés en Afrique, et de les écouler légalement dans des factoreries autorisées à ouvrir dans plusieurs ports américains[1] .

En outre, en raison des dangers que faisaient peser Anglais et Hollandais sur les négociants français, la monarchie espagnole autorisa ceux-ci à trafiquer directement avec l'Amérique espagnole sans passer par l'étape obligatoire de Cadix — et sa douane ! Pour autant, Cadix ne s'en trouva pas totalement exclu du commerce transatlantique : d'où le maintien et même l'augmentation du nombre de négociants français à Cadix.

Le temps de la concurrence anglaise

La paix d'Utrecht ne rétablit pas le monopole colonial espagnol : Philippe V a dû accepter de traiter avec une compagnie anglaise, la *Sea South Company,* qui prend le relais de la Compagnie de l'Asiento française, et qui reçoit l'autorisation d'envoyer en Amérique un Vaisseau dit de Permission chargé de marchandises exemptes de droits de douane. L'arrivée dudit Vaisseau entraînant une baisse des prix des marchandises apportées par les flottes, les négociants espagnols et français de Cadix se trouvèrent immédiatement en mauvaise posture.

La monarchie espagnole, par un édit de 1720, entreprit de réagir en tentant de perfectionner le système des flottes et des galions par une accélération de la rotation des convois, mais il ne fut que de peu d'effet sur la croissance des échanges espagnols. D'autant que les maisons françaises continuaient à dominer la place de Cadix. Madrid en vînt alors à l'idée de mettre fin au monopole de Cadix, avec la création d'une Compagnie de Caracas (1728) qui se vit accorder le monopole du commerce avec la Terre Ferme, et dont le siège était fixé à Saint-Sébastien. Ses activités furent florissantes jusqu'à la guerre d'Amérique, faisant des émules, et concurrençant le système des flottes fragilisé par les conflits avec l'Angleterre, et qui dut être abandonné entre 1739 et 1754, au plus grand profit des maisons françaises de Cadix. Il fut définitivement abrogé par le règlement d'octobre 1778, en même temps que le monopole de Cadix : treize ports (dont six ports atlantiques) obtînrent ou se virent confirmer le droit de commercer directement avec l'Amérique, à l'exception de la Terre Ferme toujours entre les mains de la Compagnie de Caracas et de la Nouvelle-Espagne avec La Vera Cruz en raison de la pression exercée par les négociants de Cadix.

Ainsi, si la liberté du commerce fut favorable à la croissance du négoce espagnol dans les années 1780, Cadix, base principale des négociants étrangers, représentait en 1792 encore 71 % des exportations espagnoles vers l'Amérique ; et si le nombre de sociétés espagnoles s'y était accru, ainsi que les exportations

1. Factoreries permettant également d'écouler en contrebande des marchandises diverses, qui venaient s'ajouter à celles que les « interlopers » installés dans toutes les Antilles faisaient entrer depuis longtemps dans l'Empire espagnol.

de produits espagnols, la prééminence des Français et de leurs produits n'avait pas été réellement remise en cause. L'Espagne, faute de s'industrialiser, devait toujours recourir aux produits manufacturés, et donc aux négociants, étrangers — notamment français…

Au total, le commerce ibérique des négociants français leur aura permis de réaliser des gains extraordinaires. La France réalise 40 % de ses ventes en Amérique espagnole (trois fois plus que l'Angleterre) et l'argent afflue : pour les Malouins, le profit peut atteindre près de 400 %. Mais ce sont les Anglais qui, sur l'ensemble du siècle, auront tiré le plus de profits de l'accès direct au marché des Indes espagnoles.

Document

Les relations commerciales entre la France et l'Espagne, évoquées au Conseil du roi (24 septembre 1710)

On traita ensuite d'une affaire plus importante. Deux vaisseaux français arrivés de la mer du Sud dans les ports de France avaient apporté beaucoup d'argent dans le royaume tant pour le compte des Espagnols que pour celui des Français. Le duc d'Albe demandait que le Roi d'Espagne eût son indult sur cet argent qu'il prétendait venir en fraude, puisque aucun navire étranger n'avait le droit d'entrer dans ces mers, encore moins d'apporter de l'argent des Indes.

On répondit qu'il n'y avait aucune fraude dans la charge et dans le retour de ces vaisseaux, qu'ils avaient publiquement vendu leurs marchandises, que le prix leur en avait été donné de la connaissance des officiers du Roi d'Espagne, qu'enfin ils avaient payé sur les lieux un 13e pour les droits de Sa Majesté Catholique; et qu'après ce premier payement il n'était pas juste de leur en demander encore un second en Europe sous le nom d'indult.

L'affaire bien discutée, il fut résolu que le Roi ordonnerait par un arrêt qu'il serait levé pour le Roi d'Espagne un indult à raison de six pour cent sur les effets venus des Indes, que cependant on avertirait verbalement les propriétaires de payer seulement à raison de quatre pour cent, que l'argent qui en reviendrait serait employé à l'armement de trois vaisseaux français que Du Casse, lieutenant général, devait commander pour aller aux Indes chercher l'argent des Galions et le conduire en Espagne. M. Desmaretz avait proposé cet avis, qui fut suivi.

Le Roi donna ses ordres à Blécourt conformes à la résolution que Sa Majesté avait prise dans le Conseil. Elle lui écrivit de demander pour Du Casse un ordre du roi d'Espagne à l'amirante des Galions pour faire transférer l'argent sur les vaisseaux français ; un autre particulier qui ne lui serait remis qu'en mer de conduire les vaisseaux dans les ports de France ; enfin un pouvoir à Du Casse pour commander s'il était nécessaire dans la ville de Saint-Domingue et pour y faire entrer une garnison française. Ce sont les ordres contenus dans la dépêche du 24e que j'envoyai au duc d'Albe pour la faire partir avec une lettre de la main du Roi pour le Roi, son petit-fils, par le courrier qui retournait en Espagne.

Source : Frédéric MASSON (éd. par), *Journal inédit de Jean-Baptiste Colbert, marquis de Torcy, ministre et secrétaire d'État des Affaires Étrangères pendant les années 1709, 1710 et 1711*, Plon, 1884, p. 272-273.

Commentaire

Colbert de Torcy est le neveu de Jean-Baptiste Colbert et secrétaire d'État aux Affaires étrangères : en cette qualité, il est présent au Conseil du Roi. Son journal retranscrit donc ce qui l'intéresse au premier chef, mais qui peut paraître modeste pour être abordé en Conseil. Le Conseil du roi est ici en fait le Conseil-d'en-haut (car il se tient à l'étage à côté de la chambre du Roi à Versailles) qui réunit les principaux « ministres » dans le secret, sans donner lieu à aucun procès-verbal. Le Conseil prend des arrêts, dits « de commandement », qui s'imposent de façon expresse. La formule : « *il fut résolu que le Roi ordonnerait par un arrêt* » est celle d'usage, la présence physique du Roi n'est pas nécessaire pour qu'une décision de conseil soit légitimée par la volonté du roi.

Le contexte est celui de la fin de la guerre de Succession d'Espagne : la France avait profité de la situation pour arracher à Philippe V de fait, plus que par la négociation, des avantages en contravention totale avec l'*asiento,* à savoir l'évitement de l'escale de Cadix. Mais la situation de Philippe V se rétablit, à l'inverse de celle de la France: il sauve finalement son trône grâce aux victoires de ses maréchaux.

Deux conceptions s'affrontent : d'un côté le mercantilisme français, de l'autre le souci de remettre en vigueur les principes de l'*asiento* espagnol. La première est fragile car le contexte est défavorable à la France, la seconde tout aussi illusoire dans un siècle où le privilège est couramment contourné.

Les exigences du roi d'Espagne

Les principes de l'*asiento*.

L'Espagne utilise ici en fait, par la voie du duc d'Albe (Antonio Martin Alvarez de Toledo grand d'Espagne, en charge des affaires étrangères), une procédure qui s'inspire plutôt des lois de la guerre : l'*indult*. Derrière cela, il convient de voir la main du conseiller de Philippe V : Alberoni ; ainsi que la nécessité de remplir des caisses vidées par la guerre. Mais ce qui revient aux caisses de Madrid est autant de moins pour les caisses de la vice-royauté de Rio de la Plata !

L'importance du commerce ibérique pour le royaume de France

Un commerce interlope, essentiellement fait par les Malouins (« Deux vaisseaux français arrivés de la mer du Sud dans les ports de France »).

Des rentrées de métal précieux, nécessaires à la guerre (cf. la mission de Du Casse).

Entre compromis et rapport de force

Finalement, la France transige en partie... (cf. les 5 %).

Mais en sous-main, par la force de sa présence maritime, avec laquelle l'Espagne ne peut rivaliser, elle contourne en fait le problème : « *Elle lui écrivit de demander pour Du Casse un ordre du roi d'Espagne à l'amirante des Galions pour faire transférer l'argent sur les vaisseaux français ; un autre particulier qui ne lui serait remis qu'en mer de conduire les vaisseaux dans les ports de France* ».

Conclusion

Les tentatives françaises ne seront que d'une portée limitée du fait de la montée en puissance de la concurrence anglaise, même si pour l'instant l'Angleterre contrôle surtout le commerce avec le Brésil, et n'a pas encore les moyens de fournir en plus le marché hispanique. Quant aux exigences espagnoles, elles traduisent le fait qu'avec cinquante ans de retard la nouvelle monarchie bourbonienne se met à l'école du mercantilisme : manufactures royales en Amérique, compagnies à charte...

L'« âge atlantique »[1] du commerce extérieur français

La croissance du XVIIIe siècle

Entre 1716-1720 et 1784-1788, la valeur du commerce extérieur français passe de quelques 215 millions de livres, à 1062 millions : de l'intensification des échanges, la croissance du commerce colonial, particulièrement celui de l'Atlantique, et celle du commerce de réexportation, ont été le moteur principal. Cette croissance a moins reposé sur la consommation d'un marché national relativement faible, contrairement au cas anglais, que sur un puissant courant de réexportation, notamment vers l'Europe du Nord : celui-ci compte en 1787 pour 57,7 % de la valeur des exportations. Entre 1720 et 1790, les échanges avec les États européens quadruplent en valeur, et le trafic avec les colonies décuple.

Dans la même période, la progression anglaise (Angleterre et Pays de Galles) a été moindre, la valeur du commerce passant de 13 millions de livres sterling (325 millions de livres tournois) à 31 millions (775 millions de livres tournois. Même si on tient compte de la hausse des prix de près de 60 % pour les produits agricoles des années 1730 aux années 1780, la progression du commerce français demeure en faveur de la France : elle serait en effet au moins de l'ordre de 1 à 3.

Les étapes de la progression

Après l'échec du « système de Law » qui donna au commerce extérieur français un coup de fouet notable mais temporaire, les années 1730-1740 connaissent le premier essor décisif — ceci alors que, dans la même période, le commerce anglais ne connaissait qu'un développement assez lent. Les échanges s'accélèrent à partir de 1735, doublant de la fin des années 1730 au milieu des années 1750 : le commerce maritime français connait un apogée vers 1750.

Cette progression est remise en cause par la guerre de Sept Ans (1756-1763), au cours de laquelle la *Navy* chasse des mers le commerce français : le commerce colonial souffre terriblement. Les problèmes liés à la question de la succession d'Autriche[2] (1740-1748) étaient en effet restés en suspens : la Prusse et l'Autriche se disputaient la Silésie ; face à la Prusse, l'Angleterre et le Hanovre ; l'Autriche se tourne alors vers la France et la Russie. Si l'essentiel des campagnes se passent sur le sol allemand, la *Navy* menace les ports français et paralyse le commerce. Le commerce transatlantique en soi n'est pas est en cause, d'ailleurs le recours aux navires neutres permet d'emprunter des voies détournées pour maintenir les trafics : plutôt le commerce européen. Or le commerce extérieur français est largement un commerce de réexportation en Europe… Le traité de Paris (au prix de la perte du Canada et de la Louisiane) permit une remontée significative jusqu'en

1. Formule empruntée à Jean-Pierre Poussou : « L'âge atlantique de l'économie française », *L'Information historique*, 1997, 59.
2. Crise ouverte à la mort de l'empereur Charles VI, les puissances européennes contestant la succession assurée à sa fille Marie-Thérèse par la *Pragmatique Sanction* de 1713.

1672, mais le rythme de croissance n'est pas comparable à celui des années 1730-1740.

Pour retrouver un rythme comparable à celui de cette phase, il faut attendre la fin de la guerre d'Amérique, la fin des années 1780 surtout : on assiste alors à une explosion nouvelle du commerce extérieur, à savoir une progression de près de 80 %. À cela, plusieurs raisons. D'une part, à partir de 1783, la promesse de hauts profits spéculatifs mobilise de nombreuses énergies et attire de nouveaux capitaux vers le grand négoce. D'autre part, les importations antillaises enregistrent une forte poussée, du fait de l'essor sans précédent de la consommation en Europe du tabac, du thé, du chocolat, du sucre, et surtout du café — dont la production connait un essor fulgurant après 1763 à Saint-Domingue. En outre, les échanges avec les États-Unis s'amplifient avec l'Indépendance — ceux du port de Bordeaux notamment (vins, eaux-de-vie, sel... et désormais esclaves, contre tabac...). Enfin, il faut considérer l'effet de la hausse générale des prix (après une période de baisse dans les années 1770) : le prix des toiles par exemple augmente en moyenne de 160 % durant cette décennie. Le témoignage de l'Anglais Arthur Young en 1790 est intéressant, qui note que « *il y a peu de choses dans l'économie politique de la France qui fasse aussi bon effet que cette hausse générale des prix depuis une vingtaine d'années. C'est un signe certain que la masse de la monnaie s'est considérablement accrue par un accroissement indubitable de l'industrie du pays* ».

On constate donc que les cycles du commerce extérieur français sont largement liés aux aléas des guerres — aux guerres maritimes surtout — qui paralysent le commerce européen, ainsi qu'à l'évolution des prix en Europe. À considérer le commerce bordelais étudié par P. Butel, on retrouve évidemment les mêmes phases, mais les baisses sont ici plus nettes : liées qu'elles sont de plus près aux aléas du commerce atlantique, à une conjoncture proprement atlantique... qui suit, en l'épousant, celle de l'Europe.

La géographie des échanges

En 1716, l'Europe absorbait 91 % des exportations françaises et lui fournissait 66 % de ses importations : en 1787, on est passé à 82,8 et 57,5 % : l'Europe garde donc une place majeure dans les échanges français, mais la progression la plus rapide a été celle du commerce transatlantique.

À la veille de la Révolution, on importait des îles d'Amérique dix-sept fois plus de produits qu'en 1720 — sous Louis XVI, le trafic antillais dépasse celui de l'Angleterre — le commerce colonial représentait à peu près le ¼ du commerce extérieur. Dès 1720, la production sucrière de Saint-Domingue dépasse celle de la Jamaïque : au début des années 1740, la partie française de l'île produit autant que toutes les Antilles anglaises réunies. C'est sur elle que repose donc le commerce atlantique français. Aux exportations surtout ; mais aussi aux importations du fait de l'exceptionnelle croissance démographique. Saint-Domingue passe de moins de 10 000 habitants en 1713 à près de 513 000 en 1789, de par les effets de la Traite négrière surtout : il y arrive en moyenne 30 000 captifs par an de 1784 à 1790 — qui gonflent d'autant les importations — et on y compte alors plus de 450 000 esclaves.

Tout au long du siècle, deux types d'armement ne cessent de coexister :

Le commerce « en droiture » relie directement les îles à la métropole : les navires quittent les ports de la rive européenne chargés de produits de la terre ou de l'élevage ou des manufactures dont les insulaires ont besoin, et reviennent les cales pleines de produits coloniaux.. La route est relativement sûre, l'expédition peut donc durer moins d'une année vers 1750 ; mais elle peut prendre deux ans : ceci tenant à la lenteur des recouvrements. Plusieurs pratiques coexistent : soit le négociant métropolitain se contente de disposer d'un bon correspondant à qui sont confiées toutes les opérations aux Antilles, soit il œuvre en association avec des négociants locaux, soit — et c'est le plus sûr — il crée sa propre société pour s'affranchir de tout problème d'intermédiaires. Les bénéfices peuvent représenter près de 20 % des investissements initiaux : irréguliers certes, mais supérieurs à ceux que peuvent espérer les négriers (autour de 15 % l'an entre 1720 et 1750 ; et beaucoup moins ensuite, même si parfois l'expédition peut être particulièrement chanceuse avec 100 % de bénéfices ![1]).

La Traite — qui correspond au commerce dit « triangulaire » — compte en effet parmi les circuits de l'échange les plus aventureux et les plus coûteux : les voyages sont longs (16 mois en moyenne) ; les étapes multiplient les risques commerciaux, voire les risques tout court sur les côtes d'Afrique ; les capitaux (de plus en plus importants : 100 000 à 200 000 pour une expédition) sont immobilisés pendant une longue période. Les navires partent d'Europe avec les marchandises susceptibles de servir de monnaie d'échange lors de la « troque » sur la rive africaine[2], mais on embarque aussi des spécialistes capables de sélectionner les captifs et de les faire parvenir à bon port dans les meilleures conditions possibles. Pendant la traversée de l'Atlantique, qui dure de 1 à 4 mois, le risque de révolte n'est jamais nul, et le taux de mortalité élevé des captifs pèse toujours sur la valeur marchande de la cargaison. Aux Antilles, les cours sont capricieux, et la concurrence rude. Les esclaves vendus, il faut acheter des produits coloniaux, les transporter et les revendre à bon prix avant de percevoir son bénéfice…

Quoi qu'il en soit, plus ou moins abrités par le régime de l'« Exclusif », les échanges avec les Antilles alimentent de nombreuses fortunes marchandes, et génèrent tant l'essor des ports de la métropole que sont Nantes, Le Havre, et Bordeaux, que celui des ports de l'autre rive : Le Cap Français, Port-au-Prince,

1. Olivier Pétré-Grenouilleau, *L'argent de la Traite. Milieu négrier, capitalisme et développement*, 1996.

2. La fameuse pacotille (fusils, pistolets, eau-de-vie et vins, textiles, tabac, cuir, vêtements, etc…). Le terme est dérivé de l'espagnol *paquete*, emprunté au français paquet : il désigne au second XVIIIe siècle un assortiment d'objets quelconques, sans nuance péjorative, regroupés en paquets.

Saint-Marc, ou encore Les Cayes.. Nantes, tournée très tôt vers les Antilles et entrée aussitôt dans l'aventure de la Traite, premier port du commerce atlantique entre 1700 et 1730, assure 42 % des expéditions négrières entre 1701 et 1800[1], loin devant Bordeaux, La Rochelle et Le Havre ; sans pour autant délaisser le commerce « en droiture ». Mais, faute d'avoir à leur disposition un arrière-pays riche, les négociants nantais peinent à constituer des cargaisons de départ d'une valeur égale à celles que multiplient les Bordelais, spécialisés dans la « droiture » inter-Atlantique, et qui s'imposent après 1730 — forts aussi qu'ils sont de la présence sur place d'une élite négociante d'Hanséates, de Néerlandais... qui rendent plus faciles les réexportations vers l'Europe du Nord[2]. En fait, le seul port qui réussit à venir concurrencer Bordeaux sur son terrain, tout en restant très en-deçà, c'est La Rochelle... Quoi qu'il en soit, l'argent ainsi draîné assure la multiplication et la diversification des activités à Bordeaux comme à Nantes, ainsi que dans leur arrière-pays ; il permet aussi la réalisation de grands travaux urbains qui donnent aux villes un aspect monumental ; il fait de ces villes portuaires des lieux d'achat et de consommation de plus en plus importants au cours du siècle, d'autant qu'à une population croissante et aux moyens accrus, il faut ajouter l'avitaillement des navires... Quant aux ports de la rive américaine, ils commandent trois types de trafic : le cabotage, permettant d'accéder directement aux plantations pour y charger sucre, indigo ou café ; la navigation dans la mer des Antilles et la contrebande à partir de Saint-Domingue d'esclaves et de produits de luxe fort appréciés par le colon espagnol ; les relations transatlantiques avec les ports métropolitains. Le Cap Français, premier port de Saint-Domingue, sis sur la côte nord au cœur d'une zone d'agriculture très diversifiée, est le centre de ce commerce : en 1788, il couvre plus de 40 % des trafics antillais avec la France — avec Bordeaux au premier chef.

La France, en 1787, exportait en Europe du Nord[3] vingt-huit fois plus qu'en 1716. En témoignent les réexportations de Bordeaux à destination des marchés du Nord (Hambourg plus qu'Amsterdam à cette date) qui grimpent de 11,6 % des années 1730 aux années 1780 — contre 6,5 % pour le taux global — et qui représentent la moitié des réexportations coloniales françaises. Pour le dire avec P. Butel, « l'Europe du Nord a offert au commerce colonial son meilleur débouché ». Mais ce n'est pas le seul : en 1787, les pays italiens achètent à la France huit fois plus qu'en 1716 ; les pays allemands, vingt fois plus : mais ils sont plutôt le lieu d'un commerce terrestre. En revanche, les pays ibériques voient leur place décliner dans

1. Et jusqu'à 70 % à partir de la Révolution quand la Traite est devenue illégale ! Une telle spécialisation est en soi une exception dans les ports européens de l'époque. Bordeaux, lui, se sera contenté d'en assurer 7,5 % sur le siècle.
2. Cf. la thèse de P. Butel : *Les négociants bordelais, l'Europe et les îles au XVIIIe siècle*, 1974.
3. À savoir pays de la Baltique, villes hanséatiques (Brême, Hambourg), et ports du golfe de Finlande. En revanche, le commerce franco-anglais souffre des tarifs prohibitifs instaurés des deux côtés entre 1671 et 1701 ; il faut attendre le traité de 1786 pour qu'explosent les échanges entre la France et l'Angleterre. Quant au commerce franco-néerlandais, il est en fort recul à partir de 1750 du fait du développement du commerce direct Baltique-France.

les échanges français, qui était due, au début du siècle, à l'envoi de produits manufacturés à Cadix à destination de l'Amérique…

Bordeaux, vitrine européenne de l'Atlantique français

« *Le commerce de Bordeaux est fort considérable* », écrit dans ses *Voyages en France*, le grand propriétaire foncier qu'est François de La Rochefoucauld en 1783, qui retient les trois aspects essentiels de la croissance commerciale de Bordeaux au XVIIIe siècle : à savoir son essor spectaculaire, l'importance fondamentale du négoce avec les îles, et la force des relations maritimes avec le reste de l'Europe.

Un essor particulièrement vigoureux

Au XVIIIe siècle, l'augmentation en valeur du trafic de Bordeaux est impressionnante, de l'ordre de 4 % l'an entre 1715 et 1789 : Bordeaux, qui progresse plus vite que l'ensemble des ports français, devient ainsi le premier port de France en 1789, avec 248 millions de livres de trafic, contre 230 millions pour Marseille. Le nombre de navires qui fréquentent le port est resté assez stable ; mais le développement de la flotte des long-courriers de capacité croissante, et l'augmentation de la valeur des cargaisons expliquent cette augmentation.

Bordeaux fait à lui seul, à la fin du siècle, les deux cinquièmes du commerce national avec les Antilles, et 47 % du commerce avec les États-Unis (devant Rouen qui exporte du blé), mais il ne participe qu'à hauteur de 10 % à la Traite négrière française. On sait en effet que l'une des clés de la réussite de Bordeaux est, à la différence de Nantes, l'existence d'un arrière-pays immédiat[1] riche, qui en fait notamment le grand port du vin depuis le Moyen Âge (à destination de l'Angleterre), et n'a pas besoin de la Traite pour s'enrichir : le prix d'un tonneau[2] de vin du Château-Latour équivaut à peu de chose près à celui d'un esclave. Mais par ailleurs, Bordeaux exporte les dentelles du Puy, les soies de Lyon, les rubans de Saint-Étienne : autant de marchandises « coloniales » par excellence. Les Bordelais achètent également jusqu'à Paris, Rouen, et Lille surtout : ainsi toute une industrie française dépend-elle de Bordeaux. Jusqu'à la Bretagne qui lui vend sardines et munitions (contre du vin) !

Ainsi l'hinterland de Bordeaux est-il tout aussi vaste, voire plus (presque national) que celui des ports anglais ; mais son rapport à lui est différent. Il n'existe pas de liens financiers aussi étroits qu'entre Liverpool et les Midlands : les négociants n'empruntent quasiment pas. En 1740, les 52 plus gros négociants bordelais

1. Le concept d'arrière-pays doit s'entendre de deux façons : d'une part, l'arrière-pays immédiat, direct ; d'autre part, les sous-espaces régionaux organisés autour d'une plaque tournante-relais en mesure de draîner les ressources de l'intérieur vers le port maritime. S'agissant de Nantes, l'hinterland direct est « court », l'autre, selon G. Le Bouédec, s'étend à un bon tiers de la France. Mais les villes-relais que pourraient être Orléans et Lyon sont des capitales régionales qui ont leur propre aire d'influence et qui regardent plus vers Paris.

2. 1 tonneau de vin = 233 litres.

disposent de 20 millions de livres tournois — ce qui, d'après P. Butel, est suffisant pour leurs investissements. Bordeaux finançant même l'armement d'autres ports comme Saint-Malo. Le financement se fait en fait au sein d'une famille ou d'une communauté religieuse (en particulier chez les négociants juifs et protestants) par sureté. Il faut attendre que Bordeaux se lance dans la Traite pour que l'on ait besoin de faire alors appel au prêt bancaire. Quant aux liens commerciaux, ils sont différents : les échanges avec l'intérieur se font sur les foires, particulièrement développées, surtout celles qui se tiennent à Bordeaux deux fois dans l'année durant 15 jours (du 1er au 15 mars ; et 15 au 31 octobre) mais aussi à Limoges, Agen, Montauban. Pour le vin, ce sont des courtiers installés dans les régions viticoles qui remplacent les négociants de Bordeaux dans les transactions. Et encore, on remarque que certains marchands de vin du Quercy négocient directement avec des acheteurs hollandais : des huguenots qui ont émigré !

Bordeaux se trouve en effet au centre de réseaux commerciaux denses et bien organisés. La richesse agricole (en vins, blé, et autres denrées alimentaires) de l'arrière-pays immédiat, de la Gironde à la moyenne vallée de la Garonne en passant par le Lot et la Dordogne (!), a donné naissance à un négoce qui fait la fortune de la riche bourgeoisie et de la noblesse locales, d'autant plus actif que la ville accueille une forte colonie étrangère (protestante ?) que rejoignent de nombreux commissaires venus de Londres, de Dublin, d'Amsterdam et d'Hambourg. Jusqu'en 1715, les Néerlandais étaient en position dominante, qu'ils partagent progressivement partir de 1730 avec les commissionnaires allemands : ceux-ci, après 1750, dominant largement la communauté étrangère. En 1779, on compte à Bordeaux 90 commissionnaires allemands, 17 hollandais, 10 suisses. On citera pour exemples Michel Harmensen qui fait un bénéfice annuel de 25 000 livres tournois et possède deux grandes maisons aux Chartrons ; ainsi que Just Brommer, de Hambourg, qui totalise un bénéfice à peu près équivalent. Ces marchands allemands sont donc particulièrement riches (d'autant que l'essentiel de leurs capitaux sont investis dans le fret et l'armement — ce qui n'apparaît donc pas)... et ils sont parfaitement intégrés : leur insertion s'est faite surtout par les liens du mariage, qui se combinent avec l'envoi des enfants à Lübeck ou Dantzig pour y étudier et maintenir les liens avec des correspondants allemands. À l'inverse, à partir de la révocation de l'édit de Nantes, des protestants bordelais ont pu migrer vers les villes hanséatiques, ou surtout vers les Provinces-Unies, voire dans quelques cas à Saint-Pétersbourg. D'autres protestants ont pu s'insérer par mariage tant dans le milieu des commissionnaires étrangers que dans celui des armateurs bordelais — comme les Nairac, des protestants originaires du Tarn[1], que présente P. Butel.

1. À Bordeaux, l'armateur Philippe Nairac avait épousé Marthe Guiraut dont la famille se retrouve à Bergerac et à Amsterdam (une Suzanne Guiraut est mariée en 1740 au commissionnaire d'Amsterdam Jacques Servenier). En 1728, Philippe Nairac renforçait les moyens de son entreprise en faisant épouser sa fille Jeanne par un des plus riches armateurs protestants de Bordeaux, Pierre Pellet. Son neveu, Paul Nairac, avait fondé la plus grande maison d'armement bordelaise et dirigeait aussi deux raffineries. Son fils,

En outre, un certain nombre de familles bordelaises ou d'Aquitaine s'installent aux Antilles, où elles investissent, tout en gardant des liens privilégiés avec la métropole : Bordeaux devient ainsi le premier port colonial français : 39 % des marchandises en provenance des îles sont débarquées sur ses quais en 1764, contre 24 % sur ceux de Nantes...

Pour autant, comme il en est du commerce maritime national, le trafic de Bordeaux est largement soumis aux aléas de la guerre, dont les effets se mesurent au nombre des faillites. Lesquelles touchent moins les grands négociants, que les marchands-droguistes, c'est-à-dire les fournisseurs de « pacotille » pour le marché colonial ; ou surtout les armateurs dont les navires sont soit capturés, soit surtout immobilisés aux Antilles pendant les périodes de guerre. Quoi qu'il en soit, les effets des guerres sont particulièrement ressentis par les Bordelais, qui, incapables de disputer aux Anglais la maîtrise des mers, en sont réduits à avoir recours aux navires neutres pour éviter l'anéantissement complet de leurs activités. Mais la conjoncture peut se montrer variable, également en temps de paix, liée qu'elle est aux fluctuations des récoltes des denrées coloniales en Amérique[1]...

Une prospérité inséparable de celle du commerce colonial

« *Le principal se fait dans les îles : Bordeaux y porte des vins et du blé, de la quincaillerie, des verroteries, des draps, etc. Elle achète en France ce qu'elle porte en Amérique : ainsi ce commerce est avantageux au royaume* »..., écrit La Rochefoucauld.

Le commerce avec les îles explique en effet le décollage de Bordeaux au XVIIIe siècle. L'immédiat arrière-pays agricole de Bordeaux, leur fournit en effet trois produits essentiels. « *Le vin est la branche la plus avantageuse...* » : d'une part en effet, les vins et les eaux-de-vie[2] alimentent (outre les trafics de cabotage vers les Îles britanniques et l'Europe du Nord) le trafic transatlantique de produits de qualité médiocre, du fait du goût prononcé des planteurs et de la bourgeoisie antillaise pour le vin. Bordeaux exporte 2 820 tonneaux par an en 1713-1714, 27 700 en 1787-1789. « *On ne peut envoyer en Amérique que la plus belle de notre farine* » : d'autre part, les farines de l'Agenais et du Quercy, qui supportent bien la traversée de l'océan, se sont imposées dans les îles. Les exportations passent de 1 400 tonnes en 1721 à 17 500 en 1786.

Guillaume Nairac, prend lui-même la tête d'une maison en commission d'Amsterdam et s'appuie sur la richesse de deux des plus grands commissionnaires hambourgeois, Pierre-Alexandre et Jacques Boué, en épousant leur soeur Anne-Marie Boué, les Boué étant eux-mêmes d'origine bordelaise. Cela permet donc d'avoir un réseau Bordeaux-Amsterdam-Hambourg ; et surtout de lier au sein de la famille les activités de négoce, d'armement, voire de transformation !

1. La culture de la canne à sucre est particulièrement fragile, en raison des parasites et des sécheresses, voire des cyclones qui touchent aussi les plantations de café et de coton.
2. Ce sont les Néerlandais qui initièrent au XVIIe siècle la production des eaux-de-vie de Cognac.

Mais sur ces produits agricoles, l'axe Garonne-canal du Midi aspirant au cours du siècle les produits textiles de l'Agenais, du Languedoc et de la région toulousaine, lesdits textiles (qui dépendent de l'indigo antillais importé !) l'emportent progressivement : en 1788, sur 76 millions de livres tournois de marchandises exportées aux Antilles, les textiles en représentent 34 millions — près de 45 % — et les comestibles 29 millions. Le reste étant constitué de vêtements, d'armes, de cuirs, de fers... Ainsi, jauger l'activité exportatrice de Bordeaux revient à prendre le pouls des activités proto-industrielles de sa région (au sens éventuellement large).

S'agissant des importations en provenance d'Amérique, La Rochefoucauld se fait moins disert, alors que celles-ci l'emportent largement dans le solde des échanges du fait de l'essor spectaculaire de la consommation en Europe des produits exotiques. Plus que le cacao, l'indigo, ou déjà le coton[1] , ce sont le sucre et surtout de plus en plus le café qui remplissent les cales. Malgré un taux de croissance de 3 % l'an, le sucre ne représente plus, vers 1780, qu'environ 40 % de la valeur des denrées importées : l'heure est venue du roi-café dont Bordeaux est devenu le grand port européen. En effet, une grande partie de ce café, comme des autres denrées coloniales (les ¾ en 1750, 90 % en 1789) sont réexportées vers le reste de l'Europe : en cela, ces produits font le lien entre commerce colonial et courants d'échanges traditionnels intereuropéens ; et le port de Bordeaux y acquiert cette fonction d'entrepôt colonial qui constitue l'un des moteurs de sa croissance. Les Bordelais ont en effet conquis les marchés du Nord de l'Europe, des Provinces-Unies à la Baltique...

Bordeaux et l'espace européen

« *Le vin est la branche la plus avantageuse à Bordeaux* », selon La Rochefoucauld : est-ce si sûr ? Certes, le Bordelais est la première région viticole française, et sa production constitue le troisième pilier de l'activité du port, après le café et le sucre. La Prusse est devenue le premier importateur (61 % du trafic de vin dans la Baltique), devant la Russie (21 % du vin bordelais en baltique), via l'entrepôt d'Amsterdam. Mais, la surproduction menace en permanence ; et, si le marché colonial est très porteur, les ventes en Europe — de vins de qualité — elles, stagnent. À part en Irlande, où se développe un marché de masse, issu de l'installation d'une colonie irlandaise très active spécialisée dans le négoce par commission du vin du Médoc et des Graves : en 1788, l'Irlande reçoit 1 600 tonneaux de vin, contre 505 pour Londres ! En retour, l'Irlande fournit des salaisons (bœuf salé surtout), dont les ventes doublent dans la seconde moitié du XVIIIe siècle), que les Bordelais réexpédient vers les colonies. En revanche, aux Provinces-Unies et en Angleterre, les ventes de vin tendent à se contracter en volume, du fait de la concurrence exercée par la bière, le thé ou le café. Certes, la

1. C'est le coton qui, dans les années 1780, exige la plus grande importation d'esclaves à Saint-Domingue.

valeur des grands crus masque la tendance : mais, à la fin du XVIIIe siècle, Bordeaux est moins le port du vin que celui du café et du sucre.

En 1750, Bordeaux réexporte les trois quarts des denrées coloniales débarquées sur ses quais vers les grandes places portuaires d'Europe du Nord : Amsterdam, Hambourg, Londres, Brême et Rotterdam. Réexportations beaucoup plus importantes en valeur que les importations en provenance de ces mêmes ports ; mais qui, comme le déplore La Rochefoucauld, semblent beaucoup moins intéresser les Bordelais que le négoce avec les îles : « *Tel est le défaut de notre manière de naviguer et de faire nos affaires que les étrangers viennent chercher chez nous et reportent chez eux à meilleur marché que nous pourrions le faire* » ! Effectivement, une grande partie du commerce de réexportation se fait au profit des commissionnaires étrangers, qu'ils soient implantés à Bordeaux, ou qu'ils agissent directement des ports du Nord. Ce commerce enrichit en premier lieu les négociants hanséatiques.

Amsterdam[1] reste le grand marché du sucre du Nord de l'Europe, malgré un certain recul relatif. Avec la montée en puissance des ports hanséatiques comme Hambourg et Brême, et celle des ports anglais, la part du trafic bordelais vers Amsterdam a chuté de 75 % entre 1714 (24,5 % du tonnage total) et 1790 (8,68 %). Mais ces chiffres sont trompeurs : Amsterdam reste un entrepôt important de redistribution des produits arrivés à Bordeaux. On observe d'abord que si les navires d'Amsterdam se font moins nombreux à Bordeaux, ils « résistent » mieux que les navires de Rotterdam ou d'autres petits ports néerlandais. Et ce, du fait de l'existence d'un système financier très souple : les navires sont en effet armés par de multiples négociants — l'armement peut être divisé en parts réduites au 1/64 ! En outre, les navires d'Amsterdam continuent à pratiquer le cabotage (*tramping* des côtes hollandaises au sud de la Gironde). Enfin, profitant de sa neutralité dans la Baltique, Amsterdam réalise l'essentiel des échanges entre Bordeaux et la Russie : emportant le vin, les céréales, et rapportant le bois — ce qui fait d'Amsterdam le pôle d'attraction des exportations de la Baltique vers Bordeaux.

Pour autant, la place d'Amsterdam est de plus en plus disputée par Hambourg, qui représente, en 1783, 38 % des réexportations bordelaises. En 1786, les deux ports sont à égalité pour les achats de sucre : en revanche, pour l'indigo, et cette denrée-phare qu'est désormais le café, Hambourg l'emporte très largement, et derrière elle, Brême. Les deux ports achètent désormais la quasi-totalité du café qui passe par Bordeaux ; ainsi que l'indigo qui alimente l'industrie textile de la toile en fort développement au second XVIIIe siècle en Saxe, en Silésie ainsi qu'en Suisse. Leurs navires bénéficient depuis 1716 d'un régime fiscal particulier qui les fait échapper à la taxe de 50 sous par tonneau : quand le privilège est aboli en 1760 du fait de la guerre, la Chambre de commerce de Bordeaux sollicite et obtient un règlement qui donne le statut de navire neutre à ceux qui trafiquent avec ces ports ! En revanche, les relations avec l'Angleterre, minées par la guerre économique,

1. 1 florin = 2 livres tournois.

restent en demi-teinte ; tandis que l'Espagne, victime de sa pauvreté, n'intéresse guère les négociants locaux.

Enfin, dans la Gironde, La Rochefoucauld voit « *fourmiller* » « *un nombre considérable de caboteurs qui portent leurs petites charges dans les pays voisins* ». L'impression est cependant trompeuse : ce trafic, quoique non négligeable, est entré en déclin. De même que déclinent les relations de Bordeaux avec l'intérieur du pays, sauf quand il s'agit de remplir les cales des navires en partance pour les îles de l'Atlantique. La prospérité du port de Bordeaux est dangereusement dépendante de l'étranger…

Bordeaux, premier port de France en 1789 : un port qui ne se donne pas pour autant les moyens de sa croissance ? Ce n'est guère l'impression qu'on pourrait garder de la représentation picturale qu'en a faite J. Vernet. Et pourtant… Certes, la vue du port dit tout autant l'activité des différents acteurs du négoce (cf. la forêt de mats bordant le quai sur lequel s'agitent des personnages divers, ainsi que l'amoncellement de marchandises), que la richesse (cf. la majesté des façades d'immeubles, ou la qualité du vêtement de certains personnages). Mais le quai est une « *berge sale et glissante* » (pour le dire avec Arthur Young), et sans aucune installation particulière. Il est d'ailleurs inondé à marée haute. Il y va, de façon avérée, du refus des négociants de financer l'installation d'un quai en pierre. Faute également de grues, il faut pour décharger les navires, des gabarres de 30 tonneaux : ce qui leur impose 10 rotations pour un navire moyen de 300 tonneaux ; et ensuite des centaines de tours de charrettes) ; et enfin des rouleurs et des portefaix. Par ailleurs, si l'étendue du port est de dix fois supérieure à celle de Marseille, en fait, la largeur utile de la rivière se réduit à celle du chenal de la rive gauche : la rade est ainsi constamment encombrée, ce qui complique toutes les opérations de chargement et de déchargement. On verra là encore un refus des négociants bordelais : celui d'investir dans l'agrandissement du port…

Comment expliquer ces refus ? En invoquant, comme à Bristol par exemple, un blocage corporatiste ? Mais il n'y a rien à Bordeaux de comparable à la « *corporation* » des négociants de Bristol[1] — ce qui permet d'ailleurs d'embaucher dans la plus totale liberté les portefaix et rouleurs. C'est au contraire la liberté de travail réclamée par les négociants qui est en cause. Par ailleurs, les capitaux des négociants vont s'investir en partie dans l'immobilier (hôtels particuliers, lotissement de quartiers). Mais surtout, la plus grosse part de leurs capitaux est immobilisée sous forme de créances (consenties à des négociants ou à des associés dans des comptoirs ou dans les îles), ou de parts dans des plantations ; ainsi que, dans une moindre mesure, sous forme de rentes sur l'Hôtel de ville de Paris… sans oublier le financement de l'achat d'une charge anoblissante (Cour des Aides et

1. En 1741, les négociants bordelais (contrairement à ce qui se passe à Marseille) s'opposent avec succès à la création d'une corporation, c'est-à-dire d'un métier constitué en corps, proposée par les maîtres arrimeurs.

Parlements) ! Ainsi les négociants bordelais, tout fortunés qu'ils soient, ont-ils d'autres priorités que d'investir dans la valorisation de la source de leur richesse...

On a donc ici une figure du comportement social de l'élite marchande atlantique différente de celle des ports anglais : à Bordeaux, celle-ci emprunte peu, s'implique dans l'économie de plantation, et regarde volontiers du côté du libéralisme économique. À Bristol, on est plus attaché à l'économie du privilège et à l'investissement dans la terre. À Liverpool ou à Londres, l'élite négociante tend à pénétrer la haute société aristocratique, en mime les habitus, tout en se tournant vers la Traite, et vers les manufactures... à coups de larges emprunts. Leur point commun réside dans le fait que toutes ces élites sont les maillons d'un réseau atlantique serré, fait de liens (financiers et familiaux) entre négociants de la rive est, et riches familles de la rive occidentale de l'océan...

Défense et illustration du commerce maritime par le comte de Maurepas en 1745

La guerre de Succession d'Autriche, qui commence en octobre 1740, a entraîné la déclaration officielle de guerre de la France à l'Angleterre en mars 1744, suite à une attaque anglaise sur Saint-Domingue en janvier, puis à l'agression anglaise de l'escadre française du Levant au Cap Sicié (rade de Toulon) en février. Déclaration qui met ainsi fin à la guerre « couverte » qui se déroulait entre les deux pays depuis 1743. Ce qui met fin surtout à près de trente ans de paix entre eux (première « entente cordiale »). Au début de l'année 1742, étaient en effet arrivés au pouvoir à Londres des gens très hostiles à un commerce colonial français en plein essor — aux Indes, comme en Amérique du Nord où la poussée coloniale s'affirmait (cf. expansion du Canada vers la Louisiane par les Grands Lacs et le Mississippi ; construction de la forteresse de Louisbourg sur l'Île royale en 1713)... En juin 1745, après 50 jours de siège, la forteresse de Louisbourg tombait aux mains des Anglais...

Après la mort de Louis XIV, et dans le contexte du rapprochement franco-anglais, la Marine royale fut sacrifiée aux restrictions budgétaires : la France renonçait à se doter, comme au temps des Colbert, de la première Marine du monde. Conscient du danger, Maurepas, dès son arrivée à la Marine, fit construire de nouveaux vaisseaux[1], encouragea les innovations techniques, et fit mettre en chantier un certain nombre d'aménagements portuaires... En octobre 1743, sentant venir la guerre « ouverte » avec l'Angleterre, le secrétaire d'État à la Marine rédigea à l'intention du roi un premier mémoire, dans lequel il détaillait les mesures à prendre concernant les forces navales pour protéger le commerce maritime, et mettre en défense tant les colonies que les côtes du royaume. Il ne fut guère entendu : c'est avec une flotte disparate, commandée par de vieux amiraux, que la France entra en guerre en 1744... Louisbourg tombée en juin 1745, et

---

1. 1715 : 50 vaisseaux ; 1724 : 30 ; 1741 : 51. Le problème étant qu'à ce dernier moment, la *Navy* était trois fois plus nombreuse...

« *alors que les ennemis nous ont pris un si grand nombre de navires marchands* », Maurepas, à la fin de l'année 1745, reprend sa plume et rédige — à l'intention du roi, derechef —un *Mémoire sur la Marine et le commerce*. Lequel commence ainsi : « *Le Commerce fait la richesse et conséquemment la puissance des États (ce qu'il répète, à peu près dans les mêmes termes, au début de notre texte)... Les forces navales sont absolument nécessaires pour le soutien du commerce maritime, et pour la défense d'un État bordé par la mer* ». Suivent une longue présentation, puis un exposé sur « *notre commerce maritime* » (d'où est extrait le texte suivant), que conclut (c'est la partie la plus importante) un long développement sur « *l'état de la Marine* ».

Document

L'importance du commerce maritime selon Maurepas (1745)

«... Après avoir fait voir en général, comme je l'ai fait précédemment, que le commerce de mer est la source principale de la richesse et des revenus des États maritimes, et la cause par conséquent de leur puissance, je crois devoir expliquer ici plus précisément en quoi consiste le commerce maritime de la France. Avant la guerre présente, il montait chaque année à plus de 300 millions d'entrée et de sortie. Savoir :

Le commerce de nos colonies excédait 140 millions, comme je l'ai déjà marqué en parlant des avantages qu'il procure au royaume.

Celui de l'Espagne et de l'Amérique espagnole montait à près de 80 millions ; c'est un commerce qui nous est d'autant plus avantageux, que les retours des toiles, dentelles, étoffes de soie et de laine, dorures, bas, chapeaux et autres marchandises de nos manufactures nous viennent pour la plus grande partie en matière d'or et d'argent qui augmente d'autant la richesse du royaume.

Le commerce du Levant et de Barbarie, évalué à 30 millions, est aussi devenu très avantageux jusqu'en 1728. La balance de ce commerce était que pour 15 millions de marchandises que nous tirions annuellement de ces pays-là, nous y portions pour 10 à 11 millions de marchandises seulement, et le reste en argent, c'est-à-dire pour 4 à 5 millions. Depuis ce temps-là la balance a tourné de notre côté; nous n'y portons plus que des marchandises, à l'exception des fonds que la compagnie d'Afrique est obligée d'envoyer en piastres dans ses concessions. En retour de ces marchandises, nous tirons seulement pour 11 à 12 millions d'autres marchandises, et le plus en matière d'or et d'argent.

Le commerce de la Compagnie des Indes en Orient et de la côte d'Afrique est pareillement de 30 à 35 millions d'entrée et de sortie. Si la Compagnie porte aux Indes de l'argent pour les marchandises qu'elle en tire, il faut faire attention que le royaume n'en consomme pas la moitié, et que la vente du surplus aux étrangers fait rentrer dans le royaume plus d'argent qu'il n'en sort pour l'achat du tout. Nous avons par là de la première main et, par conséquent, à meilleur marché les marchandises des Indes dont nous ne pouvons nous passer. Si nous ne faisions pas ce commerce, nous serions obligés, en les tirant d'Angleterre ou de Hollande, de les acheter bien plus cher et de les payer en argent qui sortirait de cette façon du royaume, sans y rentrer. À l'égard du commerce de la côte d'Afrique, indépendamment des nègres que le pays fournit, et qui sont absolument nécessaires pour nos colonies ; indépendamment de la poudre d'or, des gommes, morfil et autres marchandises qu'il produit, il y a dans les établissements que nous avons sur le Niger et aux environs des mines d'or qui en ont déjà fourni pour des sommes considérables, et qui en fourniront beaucoup dans la suite beaucoup plus abondamment quand la Compagnie sera plus en état de les faire exploiter. Il importe infiniment à la France d'avoir de ces mines dans un pays de sa dépendance, tandis que les États qui l'avoisinent, comme l'Espagne et le Portugal, en ont dans les pays qu'ils possèdent.

Le reste du commerce maritime se fait en Italie, en Portugal et dans les États du Nord. Ces trois branches de commerce inférieures aux autres montent ensemble à plus de 20 millions d'entrée et de sortie.

En faisant l'énumération de toutes les parties de notre commerce de mer dont je viens de parler, l'on voit qu'il est de plus de 300 millions chaque année, l'une portant l'autre, ainsi que je l'ai marqué d'abord [...].

Mais, dira-t-on peut-être, comme je l'ai entendu dire à quelqu'un, ce n'est pas le commerce maritime qui nous procure l'avantage du change, les étrangers ne tireraient pas moins de nos denrées et de marchandises de nos manufactures, si nous n'avions ni commerce maritime, ni Marine. Je répondrai sur cela que ceux qui pensent ainsi se trompent fort. Les denrées et les manufactures du royaume font la moindre partie de ce que nous fournissons aux étrangers. La plus considérable consiste dans les marchandises qui nous proviennent de notre commerce aux Indes, et dans celles que nos colonies nous procurent.

Il ne faut pas croire que si nous ne faisions plus de commerce aux Indes, ni en Amérique, la balance du nôtre avec eux fût à notre avantage : elle tournerait tout à fait au leur, parce que nous serions obligés de tirer nous-mêmes de chez eux les marchandises et denrées des Indes et des colonies qui se consomment dans le royaume. En perdant notre commerce maritime et nos colonies, nous n'aurions plus de débouchés pour nos manufactures, ni pour nos vins, farines et autres denrées qu'elles consomment. Ceux qui s'en empareraient se garderaient bien de tirer de nous de ces marchandises et denrées pour les en pourvoir. Ils en useraient, comme ils font aujourd'hui pour les colonies qu'ils possèdent, et dans lesquels ils empêchent absolument l'introduction d'aucune sorte de marchandises et denrées du royaume.

Source: Papiers Maurepas, Kroch Library, Cornet University, Ms n° 2092. Transcription de Philippe HAUDRÈRE. Cité dans Jean-Pierre JESSENNE et Philippe MINARD, *La France moderne*, t. 2 : 1653-1789, Hachette, coll. « L'histoire par les sources », Paris, 1999.

Commentaire

Le commerce maritime, voilà ce qui, selon l'auteur, fait la « *richesse* » et la « *puissance des États* », à condition de les protéger des risques de la guerre navale ! « *Il faut absolument que les États qui font le commerce maritime aient des forces navales capables de le soutenir et de le protéger* ». Car tel est bien l'enjeu fondamental de son Mémoire : obtenir les moyens (ceux que fournissent justement les revenus du commerce) de faire face correctement à la guerre, avec des forces navales suffisantes[1]. Ce qui implique de justifier celles-ci par une entreprise de « *défense et illustration* » du commerce maritime. Particulièrement celui qui gêne l'Angleterre, celui qu'il faut donc défendre contre la *Navy* : le commerce lointain, le « commerce de nos colonies. Celui dont l'importance et l'intérêt sont malheureusement discutés par certains, qui avancent que celui-ci assure plus la « *richesse des particuliers* » — argument que retourne Maurepas —que celle du royaume. C'est ainsi qu'après avoir « *énuméré* » les différents marchés sur lesquels la France est présente, il tente — en termes mercantilistes — de dégager les différents « avantages » que procure au royaume le commerce maritime, avant que de répondre aux objections des détracteurs du commerce colonial. Ainsi, pour Maurepas, le commerce maritime de la France est la source de sa puissance, commerciale, et partant, financière et manufacturière. Conséquemment, c'est un atout formidable dans le conflit de puissance qui l'oppose, depuis 1690 environ, à l'Angleterre. Ce texte serait-il un plaidoyer « commercialiste » à valeur de constat objectif ? Ayant vocation à valoriser les forces du commerce maritime français — aux fins d'obtenir des moyens pour la guerre — il n'en dévoile pas moins involontairement les faiblesses dudit commerce !

1. Ce qui dessine une sorte de cercle vertueux : commerce avantageux => forces navales capables de le protéger => commerce avantageux !

« En quoi consiste le commerce maritime de la France ?

Un bilan global, quantitatif et géographique, impressionnant

« *Avant la guerre présente, il montait chaque année, à plus de 300 millions d'entrée et de sortie* ».

« *Avant la guerre présente* » ? Est-ce à dire que la guerre de Succession d'Autriche a contribué à ralentir les échanges maritimes ? À considérer les courbes élaborées par F. Braudel (à partir des travaux de F. Crouzet), il semble que les années 1744-1748 soient marquées par un fléchissement — moins sensible toutefois, s'agissant du solde. Pour autant, si, selon Maurepas, « *les ennemis nous (ont) pris un si grand nombre de navires marchands* », P. Haudrère note au contraire que les Français escortent leurs convois et parviennent ainsi à maintenir leurs relations avec les Antilles : les convois partis en 1744, 1745, 1746, reviennent sans encombre. Mais est-il de l'intérêt de l'auteur de le concéder ? !

« *300 millions d'entrée et de sortie* » ? C'est un peu plus faible que ce que disent les chiffres présentés par P. Haudrère[1], et ce que montrent les courbes élaborées par F. Braudel ; mais ces estimations tiennent compte de l'ensemble du commerce extérieur (pas seulement maritime, donc) français... Maurepas semble donc bien renseigné, probablement par le service de la Balance du commerce. Mais il ne nous donne aucun chiffre concernant la « *balance de ce commerce* » : son discours sur les taux de change nous laisse seulement penser qu'elle est positive — ce que confirment les courbes-Braudel. Ainsi, même si ces échanges sont un peu inférieurs à ceux de l'Angleterre, ils sont comparables et considérables, et permettent à la France de « *vivre confortablement au détriment du monde* » (F. Braudel).

Quel monde ? Maurepas énumère « toutes les parties de notre commerce » par ordre décroissant d'importance. En tête, « *nos colonies* », qui constitueraient presque la moitié de nos échanges, soit 140 millions de livres : P. Butel, lui, avance le chiffre de 120 millions s'agissant du commerce avec les îles d'Amérique vers 1750. Ensuite, « *l'Espagne et l'Amérique espagnole* ». En effet, le changement de dynastie à Madrid et la guerre de Succession d'Espagne (en raison des dangers que faisaient peser sur les navires espagnols Anglais et Néerlandais) avaient permis à la France de commercer directement avec l'Amérique espagnole, sans passer par Cadix[2]. Effectivement nos chiffres, qui portent sur l'ensemble du commerce extérieur de la France, montrent que le commerce avec l'Espagne était assez important en 1716, pour décliner ensuite relativement : on passe environ d'1/5 à 1/9 des échanges européens de la France. Suivent les théâtres d'opérations commerciales plus mineurs : le « *Levant et la Barbarie* » (Proche-Orient et Maghreb actuels) où la présence européenne est limitée à un commerce fait à partir de certains ports (les « *échelles du Levant* ») — commerce qui fait cependant plus que décupler entre 1716 et 1789, mais dont le départ a été faible ; les Indes orientales : Mascareignes et côtes des Indes — où les Français possèdent cinq postes de commerce (Pondichéry, Chandernagor, Mahé, Yanaon, Karikal). Associé à ce dernier commerce, celui de la « *côte d'Afrique* » : il s'effectue en effet là

---

1. Qui reprend les chiffres de Bruyard (voir P. Butel, *L'économie française au XVIIIe siècle*) inférieurs à ceux d'Arnould pour 1716-1720. Haudrère note que la valeur des échanges français passerait de 155 millions de livres tournois vers 1716-1720 (215 selon Arnould) à 200-205 millions au début des années 1730 ; et doublerait entre 1736-1740 et 1751-1755 pour atteindre 486 millions (P. Haudrère, *Le grand commerce maritime au XVIIIe siècle - La rivalité commerciale et navale entre l'Angleterre et la France au milieu du XVIIIe siècle*).

2. Pour autant, Cadix n'a pas été exclu du commerce transatlantique : le nombre de négociants français y a même augmenté — ils ont pris la place de leurs concurrents anglais et hollandais — et augmentera tout au long du siècle. En effet, la place de Cadix resterait, pour les expéditions en Amérique jusqu'en 1778 (réforme du monopole), le lieu où il fallait être. En outre, Cadix est le port où aboutissent les métaux précieux américains, dont l'acheminement restait sous contrôle espagnol...

aussi à partir de comptoirs — trois forts construits sur le modèle médiéval — destinés à servir de points d'appui à la Traite des « *nègres* ». Maurepas mentionne aussi l'existence d'« *établissements que nous avons sur le Niger* » : postes servant à draîner les richesses de la région, acheminées ensuite vers la mer par le fleuve Niger, puis le fleuve Sénégal... Des échanges qui, à partir d'un point de départ bas, progressent fort au cours du siècle, pour rivaliser — comme l'avance Maurepas pour 1745 — avec le trafic hispano-américain. Enfin, l'auteur termine sur les « *trois branches de commerce inférieures aux autres* », et cite l'Italie, le Portugal et les « *États du Nord* ». Si les échanges avec le Portugal restent faibles tout au long du siècle[1], pour cause d'alliance anglaise, il n'en est guère de même s'agissant des États du Nord[2] — qui, certes, sont partis de peu : ce qui peut expliquer le chiffre global avancé par Maurepas. Mais les « *États du Nord* », comme l'Italie, peuvent être atteints par leurs frontières terrestres. Reste l'absence statistique des Îles britanniques et de la Hollande dans sa recension : il peut s'agir des effets de la guerre. Quoi qu'il en soit, il est clair que les échanges maritimes de la France se font avec tous les continents...

Des importations variées, indispensables et « avantageuses » !

C'est dans la présentation de son Mémoire que Maurepas énumère les produits importés des colonies : « sucres, indigo, café, pelleteries, morue et autres denrées et marchandises » - c'est-à-dire essentiellement des produits primaires... Ces importations sont-elles importantes, excèdent-elles les exportations ? Maurepas, lui, ne se fait guère précis : il parle d'« avantages que (ce commerce) procure au royaume », de « *balance... à notre avantage* » (globale) grâce à ce que la France tire de ses colonies, et constate que celle-ci réexporte essentiellement des produits coloniaux ou venant des Indes. Et ces importations sont jugées indispensables pour la consommation des régnicoles : si nous n'avions pas de colonies, il faudrait importer des produits coloniaux étrangers !

On ne sait pas bien quelles sont les marchandises qui sont importées (par Marseille, notamment) du Levant et de Barbarie : on apprend seulement qu'elles ont diminué « depuis 1728 », et qu'elles sont accompagnées « *d'or et d'argent* ». Or et argent qui viennent également d'Amérique espagnole, via l'Espagne (qui vend, elle, des laines brutes, de la soie, de la cochenille, de l'huile, de la soude, du fer — produits primaires), et « *qui augmentent d'autant la richesse du royaume* ». Ainsi que d'Afrique, dont l'auteur espère (et appelle, avec insistance, de ses France) une production plus abondante : « *il importe infiniment à la France d'avoir de ces mines* » ! Comme l'France et France, en Amérique ! L'intérêt du royaume commande de ne pas rester en reste derrière les autres. D'Afrique, la France importe aussi, notamment à partir de Nantes, (outre « *des gommes, morfil*[3] *et autres marchandises* »), des « *nègres, qui sont nécessaires pour nos colonies* ». En effet.

Des Indes orientales, la France (comme l'Angleterre et la Hollande) tire des marchandises — indispensables, là aussi, à la consommation : qu'elle consomme donc en partie (produits manufacturés, comme les fameuses indiennes), mais dont elle réexporte les « *surplus* » (produits primaires). Ce qui veut dire qu'elle importe volontairement au-delà de ses besoins propres. L'exportation desdits surplus permettant de renverser la balance. On comprend pourquoi Maurepas insiste lourdement sur la balance de ce commerce...

Restent les pays européens. Que peuvent-ils bien fournir à la France ? Maurepas n'en dit rien... On sait par ailleurs qu'il s'agit aussi bien de produits manufacturés que de produits primaires... À considérer les importations de Bordeaux, on observe que ce sont les marchands d'Europe du Nord qui y apportent laines, fer, étain, plomb, charbon, hareng... pour les Anglais ;

1. Cf. l'alliance anglaise.
2. Échanges qui passent de 9, 1 millions de livres en 1716 à 111, 6 en 1789 !
3. Gommes = caoutchouc. Morfil = dent d'éléphant non travaillée.

naval stores (bois, chanvre...) pour les Hollandais et les Scandinaves ; bois de Prusse, fer, textiles en provenance des ports hanséatiques. Les produits italiens sont plutôt l'affaire de Marseille : au début du siècle, ils étaient constitués surtout de matières premières, suivies des produits alimentaires...

Des exportations gonflées par les réexportations

À l'Espagne et à l'Amérique espagnole, Maurepas voit la France vendre « *toiles, dentelles, étoffes de soie et de laine, dorures, bas, chapeaux et autres marchandises de nos manufactures* » : au total donc, le rapport d'échange est favorable, ou, pour le dire avec Maurepas, ce « *commerce... nous est avantageux* », de même que le commerce avec « *nos colonies* » : « *nous y portons des vins, farines, sels et autres denrées du cru du royaume qui nous sont superflus, ainsi que des toiles, étoffes, et autres marchandises de nos manufactures* » (présentation du Mémoire). « *Nos colonies* », ainsi que l'France et les siennes, constituent donc un débouché pour les produits fabriqués dans le royaume.

Mais que vend-elle au Levant et à la Barbarie ? On apprend seulement que jusqu'en 1728, on a plus acheté des « *marchandises* » qu'on en a vendu. Ce qui était d'autant plus dommage que ces exportations étaient constituées essentiellement de produits fabriqués. Heureusement, « *la balance a tourné de notre côté* », et rapporte désormais des métaux précieux au royaume. Mais que vend-elle aux Indes ? Maurepas constate seulement que « *la Compagnie porte aux Indes de l'argent pour les marchandises qu'elle en tire* » ! Et à l'Afrique ? On sent bien que ces zones ne constituent guère des débouchés, surtout l'Afrique.

En effet, heureusement, s'agissant des achats faits aux Indes, « *la vente du surplus aux étrangers fait rentrer dans le royaume plus d'argent qu'il n'en sort pour l'achat du tout* ». On retrouve ce commerce de réexportation dans les échanges avec les colonies. Maurepas se faisant plus précis dans sa présentation : des marchandises importées, « *nous consommons seulement la moindre partie, et portons le superflu aux étrangers, qui nous en fournissent la valeur, partie en marchandises qui nous manquent, partie en argent* ». Lesdits étrangers étant les Européens, ceux des pays de l'Europe du Nord en particulier.

« Un commerce qui nous est... avantageux »

« *Le commerce de mer est la source principale de la richesse et des revenus des États maritimes, et la cause par conséquent de leur puissance...* », affirme Maurepas, qui entreprend ici de démontrer que cette règle s'applique à la France[1]. Grâce à l'excédent global de la « balance du commerce », au taux de change de la monnaie, et à l'activation du commerce intérieur...

« Matière d'or et d'argent qui augmente d'autant la richesse du royaume » !...[2]

Ainsi Maurepas conclut-il son paragraphe concernant les échanges avec l'France et l'Amérique espagnole : bel exemple de profession de foi mercantiliste ! Dans cette logique, la France a créé des compagnies à charte, dotées du monopole du commerce en des zones déterminées — ainsi confisquées, comme le disait F. Braudel[3] — et de privilèges de juridiction et de fiscalité. Elles sont réservées aux seuls régnicoles, ce sont des sociétés de capitaux dont les actions sont négociables ; elles s'occupent des comptoirs et du commerce avec les pays lointains

---

1. On se permettra simplement de rappeler au secrétaire d'État à la Marine, que c'est l'agriculture qui joue le premier rôle dans l'économie du royaume tout au long du siècle.
2. On retiendra pour finir cette phrase de J. Law : « *L'or et l'argent ne sont plus propres à faire de la monnaie* »...
3. Cité par L. Hilaire-Pérez, qui note cependant que ces compagnies, « *fondées sur le monopole, n'appartiennent pas pour autant à un monde dépassé au XVIII*e *siècle. Au contraire, loin de se résumer à une pratique mercantiliste... (elles) participent à des projets novateurs (cf. J. Law), qui font des monopoles des instruments de progrès et de croissance* ».

sans comptoirs, ainsi que de certaines colonies. Maurepas cite la Compagnie d'Afrique, ainsi que la Compagnie des Indes orientales[1] — dont il évoque en creux le monopole du commerce avec les cinq comptoirs, qui permet à la France d'avoir des marchandises « de la première main », lui évitant de les « tirer d'Angleterre ou de Hollande » — « *monopolistes* » elles aussi... Ainsi la France a-t-elle adopté par ailleurs le système portugais de l'Exclusif pour réglementer ses relations commerciales avec ses colonies qui ne relèvent pas des compagnies à charte. Maurepas l'évoque indirectement en évoquant, à la fin du texte, la fermeture des colonies britanniques au commerce français. Enfin, afin de mieux encore protéger sa production, la France, depuis Colbert, s'est hérissée de tarifs douaniers : ce sont les « *droits* » dont parle Maurepas...

C'est ainsi que l'économie nationale devient riche : richesse que mesure l'abondance d'or et d'argent, moins issue des mines que de l'excédent commercial. En effet — et l'exemple du commerce avec Levant/Barbarie que développe assez longuement Maurepas nous le montre clairement — si l'on achète plus que l'on vend, il faut payer le déficit en argent. C'est ce qui se passe avec les Indes, mais heureusement les achats sont réexportés, ainsi l'argent revient-il — et en force — dans le royaume. Ce n'est pas ce qui se passe avec l'Espagne et ses colonies américaines, car ici le rapport d'échange est favorable : la France achète des produits primaires à l'Espagne, et lui vend à elle et à l'Amérique des produits manufacturés. Or quelques soient les quantités vendues, la valeur ajoutée de ceux-ci est par nature supérieure à celle des produits primaires : on comprend que ces échanges assurent des rentrées d'or et argent, venus tout droit des mines américaines !...

Le commerce maritime « nous a apporté... l'avantage... du change étranger »

« *Dont le cours est véritablement le baromètre du commerce* ». L'auteur évoque ici le taux de change de la monnaie française par rapport aux monnaies étrangères. Hier comme aujourd'hui, certaines monnaies sont faibles, d'autres fortes, et elles jouent constamment et rapidement les unes par rapport aux autres : les fluctuations sont continues. Liées que celles-ci sont à la circulation des métaux précieux, qui est fonction du caractère excédentaire ou déficitaire du commerce de tel ou tel pays. Plus il est excédentaire, plus les quantités de métal précieux sont importantes, et plus la monnaie est forte. Donc, pour retourner l'argument d'un contradicteur de Maurepas : c'est le commerce maritime « *qui nous procure l'avantage du change* ».

En effet, « *toutes les fois que le change est au-dessus du papier, c'est une preuve que l'étranger nous doit, que nous lui portons par conséquent plus de marchandises qu'il nous fournit* ». Il s'agit des billets que constituent notamment les lettres de change, qui, ayant une circulation aisée grâce à l'endossement, constituent une quasi-monnaie fiduciaire épargnant les risques et les frais de transport des métaux et fournissant les moyens de crédit, national et international. Or, celles-ci peuvent avoir très longue durée, et le change peut varier rapidement — à la hausse comme à la baisse : c'est ainsi qu'à un moment donné (et sur une place donnée) le taux de change de telle monnaie peut se retrouver « *au-dessus du papier* » — c'est-à-dire que sa valeur relative indiquée sur la lettre de change peut se retrouver au-dessous de son change réel — revalorisé qu'il a pu être entre-temps par un excédent commercial supplémentaire

« C'est le commerce maritime qui est la cause principale du commerce intérieur et de la richesse des particuliers »

On pense à ce que La Rochefoucauld écrit à la fin du siècle à propos de Bordeaux, qui « *achète en France ce qu'elle porte en Amérique : ainsi son commerce est très avantageux pour le royaume* » ; en précisant que « la ville a mis une entrave au commerce de la province pour faciliter la vente de sa banlieue ».

1. Plusieurs fois née : en 1664 avec Colbert, en 1723 avec John Law, en 1785 avec Calonne. Et finalement supprimée en 1790.

L'historienne L. Hilaire-Pérez tient que « *l'économie coloniale est porteuse d'une économie qui tend à s'unifier, comme le prouve le poids croissant de la finance parisienne dans les opérations de province, à Bordeaux... au Havre* ». Mais si, selon elle, « *les industries de l'arrière-pays bordelais restent peu impliquées dans le commerce colonial* », J.-P. Poussou note que le trafic antillais amène le développement d'industries parfois fort loin dans l'arrière-pays, jusque dans l'Orléanais (Orléans devenant le premier centre français de raffinage de sucre). P. Butel tenant même que toute la France industrielle exporte des textiles aux Antilles ! Ainsi Maurepas aurait-il vu juste en insistant sur le fait que « *les marchandises de nos manufactures* » alimentent le commerce maritime de « *retour* » vers « *nos colonies* », ainsi que vers l'Espagne et son Amérique, voire même vers le reste de l'Europe. Ce qui induirait l'idée que le commerce maritime contribuerait à développer les manufactures...

Par ailleurs, ce commerce « *produit des droits* » — directement sur les entrées de marchandises, mais aussi indirectement sur leur circulation à l'intérieur du royaume (péages divers, octrois...) — qui viennent alimenter les revenus du roi, au même titre que les impôts, produits de la « *richesse des particuliers* » — enrichis que sont ceux-ci par le commerce maritime ! Ces « *particuliers* » sont d'abord à l'évidence les négociants[1]. Mais il convient de penser à l'ensemble de la société, « *au nombre infini des habitants que* (le commerce) *occupe à préparer, fabriquer et voiturer* » les marchandises (écrit en effet plus loin l'auteur)... et dont les revenus ainsi croissants leur permettent de payer la taille ! Bref, le commerce maritime se ferait le pourvoyeur de richesses nombreuses et diverses, tant auprès du roi (c'est-à-dire de l'État) que des régnicoles... Ainsi le commerce maritime contribuerait-il à développer la puissance financière de la France...

Un commerce qui apporte réellement tant de richesses au royaume ?

Un développement périphérique et une demande intérieure limitée

« *On ne peut révoquer en doute que ce soit le commerce maritime qui nous a procuré toutes ces richesses* », martèle Maurepas, « *puisque les États qui ne le font point n'en ont pas de pareilles* ». Rhétorique faible, qui ne prouve rien. Tous ces régnicoles qu'il voit s'« usiner » sont-ils répartis sur l'ensemble du territoire ? Ce n'est pas l'avis de l'abbé Ferdinand Galiani, pour qui, en 1770, « *toute la richesse de France s'est portée sur ses frontières, toutes ses grandes villes opulentes sont sur les bords, l'intérieur est d'une maigreur affreuse* ». Constat qui alimente la thèse de D. Roche[2], selon laquelle la France des Lumières est composée de deux royaumes dont l'interpénétration est très lente : un « *royaume marchand* » et un « *royaume profond* » — dichotomie créée justement par un grand commerce qui a creusé l'écart entre les campagnes et les pôles de croissance. Et L. Hilaire-Pérez de noter combien « *le contraste est puissant entre l'intégration des ports français à l'économie mondiale et leurs difficultés à entretenir des liaisons avec le royaume paysan* ». En fait, l'exemple de Bordeaux et d'un vaste bassin Aquitain dominé par celui-ci — à savoir une économie régionale irriguée par le grand commerce — constitue véritablement une exception...

Ce qui signifie que le marché intérieur absorbe peu les produits importés, notamment les denrées coloniales. Ce que concède involontairement Maurepas ! S'il nous dit que le royaume consomme « *marchandises et denrées des Indes et des colonies* », il se réjouit aussi que « le royaume n 'en consomme pas la moitié » ! Outre la difficile pénétration du « *royaume marchand* » en « *royaume paysan* », il convient de souligner l'étroitesse du marché intérieur, pour cause de faiblesse (relative, certes) démographique : la France de 1750 ne compte que 24, 5 millions d'habitants pour un territoire de près de 500 000 km^2 — en grande majorité ruraux

1. À Bordeaux, ils seront plus de 450 au milieu des années 1770, à peine moins à Nantes...
2. Sinon celle de J.-P. Poussou pour qui « *l'âge atlantique de l'économie française* » a concerné tout le royaume.

(80 à 85 %)... On comprend que la « *vente du surplus aux étrangers* » (l.25) soit vitale pour assurer au royaume sa richesse !

Un commerce extérieur dépendant du commerce colonial

Si nous perdions les Indes et l'Amérique (dans la « guerre présente »), prévient Maurepas, « *nous serions obligés de tirer* (des étrangers) » les denrées coloniales que nous consommons. Et bien évidemment nous ne leur en vendrions plus, l'essentiel de ce que nous leur vendons provenant « de *notre commerce aux Indes et* (de) *nos colonies* ». On ne saurait mieux souligner la façon dont le commerce colonial de la France soutient son commerce européen par le biais des importations de produits primaires (essentiellement denrées tropicales) et de leur réexportation sur les marchés européens (notamment du Nord.

Mais l'insistance de Maurepas ne dénote aucun problème. On sait combien, au contraire, il juge tout particulièrement « *avantageux* » ledit commerce avec les colonies et les Indes (et il n'est pas le seul, en son temps). C'est justement pourquoi il faut se donner les moyens de le protéger. D'autant plus avantageux que, la production massive des îles à sucre françaises dépassant celle des Anglais, les prix français sont plus bas : c'est ainsi que les Français sont en position de pouvoir ravir à l'Angleterre le marché européen du sucre ![1] Le problème étant que la valeur ajoutée des produits primaires est naturellement plus faible que celle des « marchandises de nos manufactures ». Et que « *les denrées* (on pense aux vins) *et les manufactures du royaume font la moindre partie de ce que nous fournissons aux étrangers* » : lesdites étant plutôt exportées vers les colonies, ainsi que vers l'France et son Amérique, voire le Levant et la Barbarie. Or les colonies françaises ne paraissent pas suffisamment peuplées pour soutenir une forte demande... que ne peut au demeurant honorer une offre suffisamment forte ! L. Hilaire-Pérez fait remarquer que « *la France alimente encore faiblement ses colonies de ses propres produits manufacturés : elle doit finalement en importer pour charger ses navires à destination des îles* » ! En effet, les textiles sont les rares produits fabriqués par elle-même que la France exporte.

Bref, « *notre commerce maritime et nos colonies* » constituent les « *débouchés* » de nos produits manufacturés (et de ceux des autres !), et des « denrées du royaume », de même que « *nos colonies* » et les Indes sont nos plus importants fournisseurs de produits tant consommés que réexportés. Ainsi, derrière l'illusion des chiffres, il est clair que la France a fait le choix du commerce colonial aux dépens du commerce intra-européen — limité aux marchés traditionnels — et par là de l'expansion manufacturière : question de profit pour les négociants. On comprend que d'aucuns (cf.« *quelqu'un* », l. 56) puissent le regretter pour la France.

La France : « satellite de l'Europe du Nord » (L. Hilaire-Pérez) ?

Dépendante de l'économie de plantation, la France l'est aussi des États maritimes de l'Europe du Nord.

On a déjà dit que ses importations étaient faites en partie de produits industriels qu'elle ne fabriquait pas. On ajoutera qu'elle n'en assure guère le transport : l'espace baltique, par exemple, est dominé par les Anglais. Pas plus qu'elle n'assure le fret de ses exportations, comme le constaterait La Rochefoucauld. Ce que constatait déjà en 1675, l'inspecteur des manufactures, Jacques Savary, qui observait que « *les étrangers viennent quérir* » à Bordeaux, vins et eaux-de-vie — commerce qui « *y attire tant de vaisseaux étrangers* » (*Le Parfait négociant*). Ce sont les étrangers qui dominent le cabotage intra-européen.

On comprendra que ses réexportations de produits coloniaux — même celle du sucre — n'assurent pas à la France la maîtrise des marchés. Ce sont les grands entrepôts, que sont Amsterdam et Hambourg, qui assurent l'infiltration des réexportations bordelaises sur les

1. Marché du sucre auquel s'ajoute le marché du vin.

marchés allemands : c'est donc à eux que Bordeaux doit sa primauté dans le commerce colonial !

On ajoutera que, dans les grands ports français qui ont reçu le bénéfice de l'entrepôt (lettres patentes de 1717), ce sont des colonies étrangères — qui gèrent depuis longtemps l'échange traditionnel produits du cru/marchandises de la Baltique — qui ont mis la main sur ce commerce de redistribution. Les raisons en sont diverses : l'ancienneté de cette présence étrangère, d'abord ; les plus bas coûts du fret (cf. La Rochefoucauld) ensuite ; enfin, comme l'exprime en creux Maurepas au début de son Mémoire, l'espèce de mépris français pour le cabotage ! « *Le commerce maritime bordé aux côtes de l'Europe et de la Méditerranée n'est pour ainsi dire qu'un cabotage... Ce commerce ne donne pas de grands profits...* » !

Conclusion

C'est ainsi que ce n'est pas à la France que vont les profits — qui existent bel et bien — de la redistribution, mais aux États maritimes de l'Europe du Nord et du Nord-Ouest, qui les investissent en retour dans des industries textiles ou métallurgiques, ou dans les services commerciaux et financiers. Voilà qui semble échapper à Maurepas, prisonnier qu'il est de sa fascination pour le commerce lointain[1], et de sa vision en quelque sorte « *impérialiste* » avant la lettre.

La France est-elle alors une puissance commerciale « en pointe » au milieu du XVIIIe siècle ? Importe-t-elle, voire produit-elle, pour vendre, à la manière des Néerlandais, ou des Anglais ? Non, elle ne fait que « *porter le superflu aux étrangers* » (début du Mémoire), ou que leur « *vendre le surplus* ». Ce qui ne semble pas gêner le secrétaire d'État à la Marine, qui, malgré son goût pour la domination territoriale du lointain, nous apparait ainsi quelque peu en phase avec les mentalités du « *royaume profond* »...

Le système atlantique français en péril ?

Les observations du comte de Maurepas viennent de pointer, derrière les chiffres, la faiblesse structurelle du négoce atlantique de la France : il convient d'y ajouter un certain nombre de menaces conjoncturelles à la fin du siècle, qui pèsent, par exemple, sur les profits des négociants bordelais.

« Il faut savoir céder ce qu'on ne peut empêcher »[2] : des commerces abandonnés

Céder le Canada en 1763

Maurepas, écrivant en 1730 un *Mémoire* au roi pour le convaincre de relancer la politique canadienne de la France, aurait-il été entendu ? Bordeaux, dans les années 1740-1750, avait en effet expédié vers le Canada trois fois plus de navires que pendant la décennie précédente : ceux-ci, après avoir fait de la contrebande avec la Nouvelle-Angleterre à partir de Louisbourg, s'arrêtaient aux îles avant le retour en France. Ce nouveau type de commerce triangulaire mêlé d'interlope était

1. Comme le sont aussi par exemple les négociants bordelais, qui n'arment pas pour l'Europe, mais pour l'Amérique, ou pour la pêche lointaine...
2. Ou ce qu'écrivait le duc de Castries –cité par J. Tarrade, *Le commerce colonial de la France à la fin de l'Ancien Régime*, 1973.

évidemment très lucratif... Malheureusement, la guerre de Sept Ans fut une catastrophe financière qui mit la Couronne en état de cessation de paiements (octobre 1759), et frappa ainsi de plein fouet ces créanciers de la Marine qu'étaient les « *marchands du Canada* » huguenots qui avaient assuré (à l'appel de l'État[1], et sous la pression de sa tolérance conditionnelle) les transports de troupes, de munitions et de vivres ; et qui, par ailleurs, avaient eu de gros frais d'assurances, ou/et essuyé de grosses pertes dans la prise de leurs navires. Les faillites du négoce, tant à La Rochelle qu'à Bordeaux ou à Rouen, furent spectaculaires[2], entrainant celles des marchands canadiens et de bien d'autres en métropole. Autrement dit, le commerce avec le Canada — dont Maurepas voulait faire en 1730 le grenier de l'empire français (cf. *supra)* — n'avait pas attendu le traité de Paris pour être mis à mal.

Abandonner la pêche à la morue ?

En 1730, Maurepas faisait de la pêche morutière française sur les bancs de Terre Neuve une activité aussi importante que rentable pour les pêcheurs métropolitains, sans voir que cette activité était déjà largement américaine. Elle le serait de plus en plus (à 90 % vers 1750) ; et les gros consommateurs quotidiens de morue qu'étaient les esclaves mangeraient de la pêche essentiellement américaine à la fin des années 1780. Quant à la pêche d'Islande, vers laquelle Dunkerque s'était retournée après Utrecht, elle passait, elle, aux mains de la concurrence étrangère, anglaise et hollandaise : à Dunkerque, en 1739, on armait encore 21 navires ; en 1754, seulement 16. En 1786, Ostende réaliserait 31 % des prises d'Islande. La Couronne avait pourtant encouragé la pêche métropolitaine tant avant qu'après la guerre d'Indépendance par un système de primes ; un régime fiscal protecteur avait été mis en place contre l'importation de morue étrangère, et les échanges franco-américains découragés ; enfin, les morutiers avaient multiplié les demandes de privilèges : en 1787, les apports français ne couvraient que 28 % des besoins des îles ; en 1789, 16 %. Les intérêts des planteurs antillais ne coïncidaient plus avec ceux des armateurs de la métropole ; et ceux-là étaient soutenus par les autorités locales : dès le début des années 1760, celles-ci avaient ouvert deux entrepôts pour les marchandises étrangères, levant ainsi une partie de l'Exclusif. L'arrêt du 30 août 1784 libérant l'importation des produits de la mer nécessaires au marché colonial allait consacrer cet état de fait : « les réalités antillaises et américaines se faisaient plus fortes que les exigences du négoce des ports de la métropole » (P. Butel). D'autant que si la consommation du poisson frais se maintient en métropole dans

1. Sans l'intervention de l'État, personne, note L Hilaire-Pérez, ne se serait risqué dans l'aventure : en même temps, la perspective d'une cargaison rémunérée et de la rentabilisation de navires paralysés par le conflit était de nature à appâter les négociants.

2. Aussi spectaculaires que quelques rapides fortunes (beaucoup moins nombreuses), comme celle du protestant Abraham Gradis, qui envoya pour le compte de la Couronne 40 navires au Canada entre 1745 et 1760 ; et contribua à faire de Bordeaux le cœur du commerce avec le Canada.

les milieux aisés, elle recule dans la petite bourgeoisie et les milieux populaires, sans s'être jamais développée dans les campagnes : affaire d'évolution du goût, mais aussi de relâchement de l'abstinence chrétienne… Mais la crise de la pêche française participe aussi du « caractère archaïque de son financement » (G. Le Bouédec), que dénote son abandon par les grands ports de commerce : des 60 ports morutiers français du XVIe siècle, il ne reste qu'une dizaine au début du XIXe (dont le premier port morutier que reste Saint-Malo ; mais aussi Dunkerque, Bordeaux, Granville, Saint-Brieuc…

Un miracle antillais en voie d'épuisement ?

Paul Butel fait des conditions climatiques à Saint Domingue un facteur essentiel de la fragilité du négoce colonial menacé en permanence par l'irrégularité des récoltes : pluies torrentielles ou « grands secs » entraînent périodiquement la chute des envois en Europe de sucre, d'indigo, de café, voire de coton ; et donc l'impossibilité pour le planteur de financer ses achats de produits européens. Mais à la donne géographique, s'ajoute la donne économique : à savoir, la mauvaise gestion des plantations, et la concurrence du négoce étranger.

Au second XVIIIe siècle, l'économie de plantation sucrière dominicaine se trouve en effet de plus en plus menacée par le poids croissant des dettes, du fait que, pour faire pièce aux aléas climatiques, les planteurs étaient souvent tentés d'accroître leurs plantations, d'acheter des terres, en souscrivant des emprunts importants. Mais il leur fallait aussi fréquemment racheter des esclaves, tant la gestion des effectifs laissait à désirer : mortalité élevée et faible fécondité. Or, malgré la croissance du trafic négrier (français et étranger) dans les années 1780, le prix de l'esclave augmentait fortement : en 1772, le captif débarqué se vendait 1 800 livres, en 1788, 2 350. Le planteur payait le plus souvent le négociant (en sucre ou en indigo) moitié comptant, moitié à crédit — dont le remboursement (pouvant traîner sur 10 à 20 ans) reposait sur les revenus de la plantation, voire l'hypothèque de celle-ci : par là, le planteur abandonnait pour un certain temps la gestion et les revenus de son domaine. Mais il pouvait aussi frauder ! En se tournant vers les négociants américains, à qui il achète farines, morue, esclaves. En 1776, le baril de farine américaine coûtait la moitié du prix du baril de farine française (50 livres contre 100). Ensuite, le planteur, qui a promis sa récolte au négociant de France afin de solder ses dettes, charge sur le navire américain café et sucre (à très bas prix, certes).

Pendant de longues années, l'existence d'un marché protégé par le monopole colonial avait été génératrice de hauts profits à même de compenser la lenteur des recouvrements. En outre, à l'importation, les négociants métropolitains jouaient sur l'écart entre la livre antillaise et la livre tournois, suite à la dévaluation de 33 % de la première. Lesdits négociants achetaient ainsi à bas prix sur le marché antillais pour revendre en métropole en livres tournois, beaucoup plus cher donc ! Par ailleurs, pour les petits négociants, ou les nouveaux venus, prêter aux planteurs apparaissait comme une aventure juteuse qui promettait de gros profits, en plus de ceux du négoce. Certains négociants se sont même systématiquement orientés vers ce genre de spéculation, tel un Auger ou un Jaure à Bordeaux[1]. De manière générale, il s'agissait pour eux de trouver une solution aux aléas de l'approvisionnement. En 1763, le négociant François Bonnaffé proposait à son ancien capitaine Jacques Grenouilleau de reprendre une plantation à Saint-Louis, financée par un prêt dudit Bonnaffé. De même, la grande maison d'armement Gradis (fondée sous la Régence par des juifs portugais), spécialisée dans le prêt à la grosse aventure auprès du négoce bordelais, a-t-elle investi 700 000 livres tournois à Saint Domingue entre 1773 et 1777. Au total, à la fin du siècle, certains avaient immobilisé une part importante de leur capital dans des créances douteuses : pour un commissionnaire comme Jacob Decourt, il y va de 72 % de ses actifs ; pour un armateur comme Pierre Changeur, de la moitié de ceux-ci. Mais les créances coloniales de la maison Gradis ne représentaient que 20 % de ses actifs (total de 6 millions)[2] ! Cependant, à la fin 1792, l'armateur négrier bordelais, Paul Nairac, affichait plus de 8 millions d'impayés sur trois voyages de Traite les années précédentes : la révolte des esclaves d'août 1791 mettait à mal le système.

Pour autant, en marge de ces pratiques négociantes, et au-delà de la mauvaise foi de ces planteurs renâclant à régler leurs dettes, P. Butel constate la rentabilité de nombreuses plantations, qui ne s'endettent pas par des acquisitions foncières excessives : les sucreries bien gérées rapportent 15 % l'an. D'où la réelle prospérité des planteurs, surtout si on ajoute au profit courant les effets de la fraude — à savoir non seulement la vente illégale aux étrangers, mais aussi la tricherie sur le poids des marchandises aux fins de payer des droits moindres. Mais qu'en était-il alors de la rentabilité du négoce atlantique pour les négociants métropolitains ?

Les ratés du système atlantique

La baisse des profits du négoce

La valeur du commerce colonial de Bordeaux a triplé entre 1750 (34 millions de livres tournois) et 1787 (110 millions)[3], celui du Havre a plus que doublé ; la valeur du commerce colonial français est passée de 1754 à 1785-90 de 120 millions à 232 millions. Mais la croissance des échanges fait-elle automatiquement la croissance des profits ? La baisse de certains coûts ne compense pas la chute périodique ou/et tendancielle des cours sur les marchés européens : le prix des denrées coloniales y est en effet soumis aux aléas de la demande de marchés de mieux en mieux approvisionnés. On observe, à partir de la guerre d'Amérique, un tassement global des cours, comme le montre ce tableau réalisé à partir des chiffres donnés par J. Tarrade[4] :

1. Paul Butel, *Les Négociants bordelais, l'Europe et les îles au XVIIIe siècle*, 2e édition 1996.
2. Paul Butel, *Les négociants bordelais, op. cit.*
3. C'est en 1786 que les exportations bordelaises vers le marché antillais sont à leur apogée.
4. J. Tarrade, *Le commerce colonial de la France à la fin de l'Ancien Régime*, 1973.

	1750	1764	1777	1784
sucre brut	3,04	4,7	4,9	4,8
sucre terré	5,25	7	7,7	7,5
café	12,8	10	7	10,4

En outre, les profits des négociants français sont moindres que ceux de leurs concurrents, anglais par exemple, du fait de la part qu'ont progressivement prise les étrangers dans la réexportation. Mais aussi et surtout, selon P. Butel, du fait de la transformation du marché colonial sous l'effet de la concurrence nord-américaine.

L'Exclusif en débat

À partir du milieu du siècle, la guerre navale — et la supériorité anglaise — n'ayant fait qu'exacerber les divergences d'intérêts entre négociants et planteurs, le système du monopole et de l'Exclusif ne pouvait qu'être systématiquement transgressé. Il ne s'agissait plus tant de fraude, mais de nécessité bien comprise : les prises britanniques privant la France de ses navires marchands, colons et planteurs ne pouvaient que se tourner vers les services des « *Nouveaux Anglais d'Amérique* » très présents dans les eaux des îles françaises, et dont les prix étaient fort concurrentiels.

Les compagnies de commerce, marquant « l'entrée en scène de l'Océan et les convergences entre Océan et Méditerranée » (L. Hilaire-Pérez), sont nées de la rencontre entre l'État et le capital par le biais d'une charte, et ont été pensées comme des moyens puissants (politiquement et financièrement) de protection du commerce lointain. Mais le système implique des investissements lourds qui retombent en fait sur les actionnaires : ce qui pose la question de la rentabilité de leurs investissements. Du fait de l'imbrication des intérêts du commerce et de ceux de l'État, et à mesure que la Marine réduit sa protection aux convois, il nécessite des investissements militaires croissants. Il suppose aussi, pour assurer les retours, la présence d'une multitude d'agents de la compagnie dans les différents ports : on comprend pourquoi Bordeaux favorise un négoce appuyé sur des liens familiaux transatlantiques. Il contribue enfin à écarter l'option (coûteuse) des progrès techniques dans la construction navale pour gagner en vitesse (qui de ce fait vont rester faibles), au profit d'une rotation annuelle de gros tonnage. Les compagnies, fondées sur le monopole, ne se réduisent pas à un mercantilisme dépassé au XVIIIe siècle : la tentative de John Law — la création en 1717 de la Compagnie d'Occident, ou du Mississippi, qui absorbe progressivement d'anciennes sociétés — participe de projets novateurs : hélas ! la faillite de l'Écossais échaude durablement les actionnaires. Par ailleurs, les compagnies échouent à créer une économie coloniale durable — qui aurait supposé un peuplement — et au moins auto-suffisante, comme le dénonçait déjà Hocquart, le gouverneur de la Nouvelle-

France, en 1729. Ainsi la question du monopole fait-elle débat dès le début du siècle, chez les économistes.

Un inspecteur des Fermes générales de Dax, un certain Jean-François Melon, fondateur de l'Académie de Bordeaux en 1712, premier commis de Law en 1720, publie en 1734 un *Essai politique sur le Commerce.* Dans ce qui est un véritable plaidoyer pour la « croissance libérée des pratiques mercantilistes » (L. Hilaire-Pérez), l'auteur admet la nécessité des compagnies, en ce qu'elles ont vocation à assurer une protection au commerce lointain contre les compagnies des autres États ; en ce qu'il est du devoir de l'État de protéger la liberté du commerce français ! Quelques années plus tard, en 1755, Jacques Vincent de Gournay, un Malouin installé à Marseille, propose, lui, un partage des tâches : aux compagnies, la défense et l'administration des comptoirs, aux négociants — français — le commerce…

On sait que l'Exclusif — instauré par les lettres patentes de 1717 et 1727 — soumet le commerce colonial aux intérêts de la métropole : or, dans les faits, l'Exclusif, qui prévoyait d'emblée de nombreuses exceptions, est largement bafoué dans la seconde moitié du XVIIIe siècle, sur fond de contrebande accrue par les guerres, comme de complicité des autorités locales soucieuses des intérêts de la colonie. C'est ainsi que l'Exclusif vient lui aussi à faire débat au lendemain de la guerre de Sept Ans, et qu'une nouvelle règlementation se met difficilement en place sous le nom d'Exclusif *« mitigé »*. C'est sous la pression du Bureau des Colonies — où est entré le premier planteur en 1765, le Martiniquais Jean-Baptiste Dubuc, auteur d'un Mémoire sur « *le commerce étranger dans nos colonies* » — que le tournant est pris avec l'arrêt du 29 juillet 1767, qui porte création de deux ports d'entrepôt ouverts aux navires étrangers aux îles, à Sainte-Lucie et à Saint-Domingue, pour pratiquer le trafic du goudron, du bois, du cuir… contre les produits européens. Un arrêt du 31 juillet abroge le privilège exclusif de la Traite que possède la Compagnie des Indes ; un autre daté du même jour encourage le commerce de la morue depuis les ports de la métropole ou directement à partir de Terre-Neuve, grâce à un système de primes. Un arrêt du 30 septembre 1767 encourage la Traite dans des ports qui la pratiquent peu, comme Saint-Malo, grâce à des exemptions, qui s'étendront les années suivantes à tous les autres ports. Puis, la guerre d'Amérique venant à suspendre de fait tout Exclusif, les Antilles françaises goûtent à la « *liberté infinie* » : le traité d'amitié et de commerce franco-américain de 1778 autorisa tout navire neutre ou ami à vendre et acheter librement aux îles. La paix revenue, de nouveaux arrêts rétablirent l'Exclusif « *mitigé* », ouvrant largement les Antilles au commerce libre assorti d'un dispositif de contrôle toutefois. Par l'arrêt du 28 juin 1783, sur la pression des planteurs, les négriers étrangers sont autorisés aux Antilles, mais à des conditions drastiques (jauger 120 tonneaux, transporter 160 esclaves, venir directement d'Afrique et accoster dans les ports principaux pour qu'on puisse les contrôler), et sous réserve du paiement d'une taxe de 100 l.t. par esclave, pour rassurer les négriers nantais et bordelais. L'arrêt du 30 août 1784 confirme cette orientation libérale, en portant création de sept ports libres aux Antilles, et en élargissant la liste des marchandises autorisées. Enfin, celui du 10 septembre 1786 élargit les mesures de 1783 sur l'ouverture de la Traite. Ainsi la percée libérale n'aura-t-elle pas été remise en cause malgré les craintes des négociants bordelais et nantais, l'ensemble des acteurs atlantiques y trouvant finalement leur intérêt : ne voit-on pas des négriers français acheter des esclaves moins cher dans les Antilles anglaises pour les revendre plus cher dans les Antilles françaises ? ! « D'une manière générale, note L. Hilaire-Pérez, la politique coloniale épouse toutes les ambigüités du commerce libéré dans les années 1780. Elle reste souple, concilie les différents intérêts, instaure des distinctions légales entre les articles, et fait du gouvernement le garant de la liberté économique, grâce à une police renforcée contre la fraude ».

Des « économies parallèles » (L. Hilaire-Pérez)

Si la croissance des échanges ne fait pas forcément celle des profits de tous les acteurs impliqués, fait-elle l'augmentation de la prospérité du royaume tout entier ? La plupart des historiens constatent malheureusement que, contrairement à la réalité anglaise, la greffe de l'économie atlantique ne prend pas très bien en France. S'il y a peu à peu eu interpénétration entre les « deux royaumes » (D. Roche), le grand commerce a, cependant, peu à peu creusé le fossé entre les pôles de la croissance que sont les zones portuaires, et les campagnes du « royaume paysan » : le contraste est ainsi croissant entre la « mondialisation » du trafic des ports français et leur marginalisation par rapport à l'intérieur.

La connexion entre économie nationale et système atlantique s'est faite dans les deux sens : d'un côté, les compagnies de commerce bénéficient de la participation d'actionnaires parisiens, la finance parisienne s'implique dans les opérations de province (à Bordeaux, mais aussi au Havre, à Dieppe) ; de l'autre, les caisses du roi s'emplissent des métaux précieux venus d'outre-océan, et les fortunes marchandes nourrissent l'investissement parisien. On retrouve l'exemple bordelais : les bénéfices du négoce servent à l'achat de rentes sur l'Hôtel de ville, ou vont alimenter des prêts consentis à des parlementaires, ou sont investis dans les fermes fiscales ; le négociant Daniel Lavabre est le frère du banquier Henri Lavabre de Glatigny, le négociant Bujas est parmi les 14 actionnaires de la banque Luthy. Voilà qui pèse cependant peu par rapport au capital total des négociants.

Cependant, à l'exception des zones de Bordeaux ou de Saint-Malo ou du « triangle toilier », il y a véritablement coupure entre « les deux royaumes », en ce que le négoce atlantique n'a guère suscité d'activités de transformation, ni même de circuits de redistribution, à l'inverse de ce qui se passe dans les États du Nord et du Nord-Ouest de l'Europe. Ainsi, dans le cas de La Rochelle, très peu de produits coloniaux s'infiltrent dans l'arrière-pays ; et le négoce atlantique y a suscité très peu d'activité industrielle. Si les produits coloniaux débarqués au Havre remontent la

Seine jusqu'à Rouen et Paris, le raffinage du sucre est un échec au Havre[1]. Si le trafic sur la Loire à partir du port de Nantes explique la présence de raffineries de sucre à Orléans, la Bretagne intérieure est vierge de toute trace de denrées coloniales[2]. On ne peut qu'imputer ici — et le constat en a déjà été fait — la faiblesse de la demande, l'inexistence d'un marché intérieur porteur en France : laquelle explique en retour la force de l'offre de réexportation ; encore qu'il ne s'agît, pour le dire avec Maurepas, que de « *porter le superflu aux étrangers* » !

Faut-il alors vraiment parler d'un « âge atlantique de l'économie française » au XVIIIe siècle? Et même d'essor d'un Atlantique français ? L. Hilaire-Pérez constate que « le commerce français s'essouffle tôt par rapport à celui de l'Angleterre : entre le premier et le second XVIIIe siècle, le taux de croissance annuel du commerce extérieur décroit de 4 à 1 %, et les importations coloniales tombent de 5,7 % à 2 %. Deux faits découlent de ce déclin : d'une part, le commerce colonial ne réussit pas efficacement la liaison avec l'arrière-pays et reste dépendant d'une illusoire économie de plantation ; d'autre part, les modalités de la réexportation font de la France un satellite de l'Europe du Nord »…

1. Alain Cabantous, *Dix mille marins face à l'océan. Les populations maritimes de Dunkerque au Havre aux XVIIe et XVIIIe siècles*, 1994.

2. Jean Meyer, *L'Armement nantais dans la seconde moitié du XVIIIe siècle*, 1965.

Chapitre IV
L'Atlantique, un champ de batailles européen : de l'« hégémonie partagée »[1] au *sea-power* britannique

Les développements précédents permettent de comprendre pourquoi et en quoi l'Atlantique au XVIIIe siècle est devenu « à la fois un théâtre et un enjeu majeurs des affrontements entre les puissances européennes » (G. Le Bouédec). Aux guerres entre l'Espagne et l'Angleterre (1635-1659), puis aux conflits — à trois reprises : 1652-1654, 1665-1667, 1672-1674 — entre l'Angleterre et les Provinces-Unies (riches d'enseignements pour les marines européennes ; et côtoyées par les conflits régionaux que sont les guerres du Nord) ont succédé deux guerres européennes dans lesquelles le théâtre d'opérations maritimes fut essentiel (Ligue d'Augsbourg, 1688-1698 ; et Succession d'Autriche, 1702-1713), et qui ont donné le branle au confit franco-britannique que J. Meyer a qualifié de « seconde guerre de Cent Ans ». En effet, la *Glorious Revolution* anglaise a marqué le rejeu des hostilités entre Autriche et Angleterre, aux motivations à la fois économiques, géostratégiques et idéologiques. C'est ainsi qu'après le quart de siècle de paix qu'a initialisé le traité d'Utrecht, le XVIIIe siècle voit se dérouler trois grands conflits à caractère mondial (Succession d'Autriche, 1741-1748 ; Sept Ans, 1756-1763 ; Indépendance américaine, 1778-1783). Ces conflits, selon G. Le Bouédec, présentent une triple spécificité : l'imbrication des enjeux — continentaux, maritimes, coloniaux ; l'extension des opérations à l'ensemble de l'Atlantique et à l'océan Indien ; la polarisation du conflit sur les deux puissances dominantes que sont la France et l'Angleterre.

À partir de 1689, les options stratégiques françaises oscillent entre le style direct, combinant guerre d'escadre et tentatives de débarquement en Angleterre, et le style indirect, combinant l'attaque contre les colonies britanniques et la guerre de course. L'impuissance à garder la maîtrise de la mer — et, en particulier, de la Manche — réduisant le plus souvent la *Royale* à des artifices de style indirect face à une *Navy* supérieure. D'autant que, à partir de 1750, le pouvoir royal en France est convaincu que la puissance anglaise tient aux bénéfices tirés du commerce maritime et colonial : il suffirait donc, grâce à la course, de ruiner ces activités, de priver l'Angleterre de ses colonies, pour que celle-ci redevienne la puissance secondaire qu'elle était encore en 1660, au moment de la Restauration des Stuarts. Logique qui inspire encore l'intervention française dans la guerre d'Indépendance américaine : une fois les Anglais chassés d'Amérique, celle-ci constituerait un débouché de choix pour les produits manufacturés français. Mais en attendant, les intérêts économiques de la France dans l'Atlantique restaient hyper-centrés sur les Antilles.

1. L'expression est de P. Chaunu, et renvoie à la rivalité franco-britannique au XVIIIe siècle.

Spécialisation dangereuse au demeurant, dans la mesure où celle-ci rendait la France de plus en plus vulnérable à la course britannique contre les navires marchands qui assuraient le transport des précieux produits coloniaux vers la France. Le Canada, lui, était plutôt le lieu de ses intérêts stratégiques, en lui offrant un théâtre d'opérations périphérique : la présence française, en effet, y menaçait en permanence la sécurité ou l'expansion des Treize colonies anglaises ! Bref, à chacune des deux puissances, son talon d'Achille ! Mais au bout du compte, à l'issue des grands conflits maritimes du XVIIIe siècle, la France apparaît perdante, marquée qu'elle est par de lourdes défaites (la Hougue, 1692 ; les Cardinaux, 1759 ; les Saintes, 1781) ; et l'hégémonie anglaise solide : le *sea power* est ainsi d'ores et déjà aux mains des Britanniques, qui conforteront leur puissance à la faveur de la Révolution française...

Mais avant d'examiner de près les différentes options stratégiques, il convient de s'intéresser aux moyens mis en œuvre par les protagonistes de cette « seconde guerre de Cent Ans » : moyens matériels, moyens humains, ressources financières...

Les marines européennes : flottes, hommes, financements

Pour le dire avec L. Hilaire-Pérez, le XVIIIe siècle est le temps de la « navalisation de l'Europe », de la rivalisation des politiques de construction navale[1], de l'épanouissement de la compétition navale.

Les flottes de guerre

Malgré Richelieu qui jeta les bases durables d'une marine militaire française, malgré Colbert qui maintiendra les choix de celui-ci (l'arsenal de Brest, par exemple), il ne fait guère de doute qu'à l'échelle du XVIIIe siècle, la *Navy* est la première marine de guerre européenne et que la flotte française n'occupe que la seconde place. Pour G. Le Bouédec, « au cours de la seconde guerre de Cent Ans, le rapport de forces entre les deux marines évolue entre le déséquilibre accusé et le moindre déséquilibre ». Pourtant, au temps de la guerre de la Ligue d'Augsbourg, la flotte française était de plus en plus importante que la flotte anglaise[2] : c'était le temps du « défi français à l'Europe » (L. Hilaire-Pérez). Mais celui-ci entraîna une véritable course à l'armement dans toutes les autres nations : l'écart s'inversa alors et alla se creusant. Les chiffres présentés par Martine Acerra[3] dévoilent

---

1. On retiendra par exemple la concurrence internationale qui se déploie autour du doublage en cuivre de la carène des navires, dans les années 1770-80. Question stratégique de première importance : dans les mers chaudes, le bois des coques est en effet attaqué par des parasites de toutes sortes.
2. En 1698, la France comptabilise 206 navires de guerre, dont 129 vaisseaux de ligne — contre une flotte de 150 bâtiments pour l'Angleterre. On appelle vaisseaux de ligne les navires de guerre qui ont vocation à combattre en ligne de file.
3. M. Acerra, *Rochefort et la construction navale française (1661-1815)*, 1995. « Construction navale et arsenaux », *L'Information historique*, 1997, 59.

l'affaiblissement notable du nombre de vaisseaux de ligne français des trois premiers rangs[1] en 1715, et plus encore en 1718 : la forte progression des années 1671-1691 a été suivie d'une plongée vertigineuse jusqu'en 1721. Ainsi, l'instrument de guerre créé — tardivement[2] (entre 1661 et 1693), et un peu à la hâte — par Colbert et son fils le marquis de Seignelay[3] se trouvait-il sacrifié sur l'autel de la paix (et du pacifisme de la Régence), et connaissait-il une véritable « désagrégation » à partir de 1708 (G. Le Bouédec) : la marine de Louis XIV disparait. Certes, en 1723, le comte de Maurepas arrivait à la Marine, mais celui-ci ne put obtenir les moyens financiers d'une reconstruction quantitative de la marine, il ne put que jouer la carte technologique en s'appuyant sur le savant Duhamel de Monceau : ce n'est donc qu'une « flotte de prototypes » (M. Acerra), qu'une « marine d'échantillons » (G. Le Bouédec), qui subirait les désastres de la guerre de Sept Ans, où elle se « ridiculisa » ! Voilà pourquoi, au traité de Paris, en 1763, un mémoire de Choiseul (secrétaire d'État à la Marine entre 1761 et 1766) fixait comme objectif l'entretien de 90 vaisseaux pour envisager la lutte contre l'Angleterre ; en outre, sa grande ordonnance de 1765 moderniserait celle de 1689[4]. Un de ses successeurs, Sartine (1774-1780), poursuivrait dans la même voie ; de même qu'après lui, le maréchal de Castries (1780-1787). Ces efforts successifs firent qu'en 1786, le nombre de vaisseaux de ligne des trois premiers rangs était presque revenu à son niveau de 1690. Même chose ou presque pour l'ensemble de la flotte. En outre, les vaisseaux de 1790 sont plus puissants, plus rapides, plus longs, et plus solides que ceux du temps de Louis XIV[5] : mais c'est

1. Vers 1670, les vaisseaux de 1er rang comptent entre 70 et 120 canons pour 1400-2400 tonneaux ; ceux de 3e rang 48-66 canons pour 850-1100 tonneaux. En 1715, la France ne dispose plus que de 80 vaisseaux de ligne sur un total de 113 bâtiments (=vaisseaux de ligne et frégates de liaison).

2. Ce retard par rapport aux autres pays européens pouvant s'expliquer par l'effet cumulatif de raisons diverses : le royaume est traditionnellement tourné vers l'intérieur et peuplé de terriens, les guerres y sont continentales, les provinces littorales ont été rattachées tardivement au XVe siècle... Si des flottes de guerre ont pu exister périodiquement depuis le Moyen Âge, elles n'ont pas survécu au contexte qui les avait mises en place.

3. Qui fut un brillant secrétaire d'État à la Marine jusqu'à sa mort en 1690 : ce que confirme, la même année, la victoire de Bévéziers, au large de la côte du Sussex (*Beachy Head* pour les Anglais) sur les Anglo-Hollandais.

4. Laquelle visait à réorganiser l'administration de la marine en donnant un rôle éminent aux intendants de marine, à développer les arsenaux par la concentration sur Brest et Toulon, à « standardiser » les bâtiments (allongement des vaisseaux, adoption d'un certain type de canons, augmentation des sabords), ainsi qu'à améliorer le système de recrutement des matelots et des officiers. Les arsenaux vont ainsi éclipser les chantiers privés, et devenir, à l'imitation de l'Angleterre, des lieux d'emprise croissante de l'État, et des espaces productifs rationalisés aux mains de l'ingénieur naval. À partir de 1740, le rôle de Brest devient capital en tête des arsenaux français, et où est créée en 1752, sous la direction d'un savant, Duhamel du Monceau, auteur la même année d'un *Traité pratique de la construction des vaisseaux*, l'Académie de Marine.

5. Après la guerre d'Amérique, la flotte est normalisée autour de trois modèles : le 118 canons à trois-ponts ; le 80 et le 74 canons à deux-ponts. Les autres ne sont plus construits ; mais des frégates de 18 et 12 canons accompagnent les grands vaisseaux. Pour

aussi le cas en Angleterre ! C'est ainsi que l'aide de la marine espagnole, modernisée et reconstituée au cours du XVIIIe siècle, a dû être d'une aide précieuse pour compenser l'infériorité numérique de la Royale face à la *Navy*.

Celle-ci est l'héritière du brillant effort naval effectué du temps de Cromwell, puis plus encore sous la Restauration, sous la pression des milieux d'affaires. Après 1688 — en même temps qu'elle est renforcée de la flotte hollandaise — elle voit alors ses dépenses privilégiées par l'État, au titre d'une « *blue water policy* »[1] : elle n'a donc pas connu un affaiblissement comparable à celui subi par la Royale. Au contraire. L. Hilaire-Pérez voit l'Angleterre développer au cours du XVIIIe siècle « un État militaire alimenté dès les années 1690 par d'importantes réformes financières, bancaires, et essentiellement fiscales… », et ce, sur fond de débat (durable) entre partisans de la *Navy* et défenseurs d'une armée de terre. C'est la *Navy* qui l'emporte (contre la posture des rois hanovriens, tournés « naturellement » vers les théâtres européens), ses partisans faisant valoir les vertus de l'arme navale pour un territoire insulaire : la maîtrise de la mer est vue comme le moyen le plus sûr pour l'Angleterre d'empêcher la France de bloquer son commerce, comme de nourrir des projets d'invasion. À la tête d'une administration navale (le *Navy Board*) particulièrement efficace, le *Board of Admiralty* — l'Amirauté — parle haut désormais : son Premier Lord est un personnage essentiel du gouvernement[2] — en relation directe avec le Premier ministre. Ainsi, la *Navy*, forte au total de 247 bâtiments en 1714, écrase-t-elle d'ores et déjà la Royale avec ses 113 unités en 1715 ; et la progression de la première va bon train tout au long du siècle. En 1777, on arrive au déséquilibre suivant : 277 bâtiments pour la *Navy* dont 160 vaisseaux de ligne, 134 pour la Royale dont 71 vaisseaux de ligne.

Infériorité française creusée encore du fait du nécessaire partage des forces navales entre le Levant et le Ponant : entre Brest et Rochefort d'une part, et d'autre part Toulon. La marine ne cessa jamais de faire passer l'escadre du Levant dans l'Atlantique, avec toutes les difficultés que représentait le passage du détroit de Gibraltar au temps de la marine à voile — augmentées de la mainmise britannique sur Gibraltar en 1704, puis sur Minorque — qui fait de la Méditerranée occidentale une mer britannique ; qui fait aussi qu'en temps de guerre, les escadres anglaises croisent aussi bien au large de Toulon qu'au large de Brest ! On retiendra cependant que chez tous les belligérants les forces navales ne pouvaient être immédiatement mobilisées, le coût d'un entretien permanent étant prohibitif, et les

---

citer M. Acerra, la flotte de guerre française est devenue « une flotte de séries, où sont privilégiés deux modèles de navires : le vaisseau à deux-ponts et la frégate ». On note que la classification par puissance de feu a remplacé à la fin du siècle le traditionnel système des rangs.

1. L. Hilaire-Pérez cite ainsi Adam Smith : « La force militaire de la société qui, dans l'origine, ne coûte aucune dépense au souverain, ni en temps de paix ni en temps de guerre, doit, à mesure des progrès de la civilisation, être entretenue à ses frais, d'abord en temps de guerre, et, par la suite, dans le temps même de la paix ».

2. Il s'agit de Lord Anson, entre 1751 et 1762.

naval stores étant généralement importés. Les vaisseaux étant presque tous désarmés en temps de paix, il fallait donc disposer de stocks suffisants pour pouvoir les réarmer ; les chantiers navals devaient pouvoir réparer à la hâte des bâtiments désarmés depuis des années (remettre en état les coques et le gréement, réviser l'artillerie, avitailler...), et en construire de nouveaux. Sur ce terrain, la supériorité britannique était nette encore : l'Angleterre pouvait se ravitailler en Baltique, puis dans ses colonies continentales américaines, et empêcher la France de le faire du fait de sa maîtrise croissante des mers. La France était ainsi obligée d'avoir recours aux neutres pour assurer des importations vitales pour la construction et la réparation de ses vaisseaux...

Les hommes, officiers et matelots

La nécessité de réarmer dans l'urgence posait évidemment des problèmes de mobilisation rapide des ressources humaines. « Pour chaque marine, le recrutement des équipages imposait de sérieuses limites à sa puissance réelle, et la pénurie de main-d'œuvre réduisait le nombre de navires qu'on pouvait armer... », note Nicholas Rodger, l'historien de la marine britannique (cité par G. Le Bouédec).

Les officiers

Les navires étant désarmés en temps de paix, la majorité des officiers se retrouvaient à terre au « chômage », perdant ainsi leur expérience du combat en mer. Il existait un palliatif éventuel pour les officiers anglais, mis en demi-solde et condamnés à compléter leurs ressources : servir sur des navires marchands. Reste qu'au début des conflits, le commandement des escadres anglaises était assuré par des officiers supérieurs qui n'avaient pas vu la mer depuis des années : or, il fallait plusieurs mois d'entraînement pour réapprendre les principes de maniement des vaisseaux en formation de combat. Côté français, le problème ne se posait pas de la même façon : il était en effet impensable que des officiers puissent se commettre avec la marchandise !

En France, note M. Vergé-Franceschi[1], « de même qu'il y a des terres roturières et des terres nobles, il y a une mer roturière, réservée aux marins de commerce et aux corsaires, et une mer noble, réservée au Grand Corps des officiers de la marine du Roi, issus des compagnies des gardes de la marine réputées aristocratiques » ! Ainsi l'État avait-il fait le choix de rémunérer suffisamment ses officiers pour qu'ils ne soient pas tentés de faire du commerce. De même qu'il avait voulu qu'ils fussent tous catholiques (après 1685), et tous gentilshommes (avec Richelieu, et surtout Seignelay). L'idée était d'attirer sur la mer des hommes bien nés : or, si, pour un roturier, servir dans la marine du roi était une distinction — lui conférant un grade qui l'assimilait à la noblesse, ainsi que des honneurs — c'était au contraire, pour le gentilhomme, un renoncement au « vivre noblement ». Par ailleurs, l'avancement

1. Michel Vergé-Franceschi, « Les marines de guerre européennes », *L'Information Historique*, 1997, 59.

est très lent : à moins de bénéficier de grâces spéciales, l'officier supérieur qu'est le capitaine de vaisseau a dû fournir quelques trente à quarante années de service avant que d'être promu à ce grade[1]. Mais surtout, Colbert avait voulu faire de la mer un métier, dont l'apprentissage serait pris en charge par l'État, en créant en 1686 un corps de 200 « gardes de la marine », stationnés soit à Toulon, soit à Rochefort (1669). Un métier dont l'accès ne serait pas conditionné par la naissance : Colbert entendait associer là toutes les compétences éventuelles, qu'elles se trouvent en roture — dans la marchandise, même — ou en noblesse. La voie était-elle ainsi ouverte à l'homme de talent ? L'ordonnance de 1689, prise sous le secrétariat de son fils, Seignelay, stipulerait en son article I au sujet des gardes de la marine (portés à trois compagnies au lieu de deux, en 1683 — la 3e étant stationnée à Brest) qu'« *il n'en sera reçu aucun s'il n'est gentilhomme, et sera rapporté par eux des certificats de leur noblesse, signés par des intendants qui auront été commis à cet effet* ». Le résultat fut que, faute de candidats, le corps des gardes ne fournit pas suffisamment d'officiers[2]. Les protestants — excellents marins, très souvent — avaient tenu une place importante dans la navigation… Le manque de cadres ayant été criant pendant la guerre de Hollande, l'État fit appel, sous la guerre de la Ligue d'Augsbourg, à des marins « privés » : ainsi le maître de pêche, devenu corsaire redouté, qu'était Jean Bart (1650-1702), devient-il en 1679 lieutenant de vaisseau (officier subalterne) dans la Marine du roi, puis capitaine, enfin chef d'escadre (officier général) de Dunkerque. Même profil de carrière, un peu plus tard, pour le Malouin René Dugay-Trouin (1673-1736). La période de trente ans d'« entente cordiale » qui suivit le traité d'Utrecht tarit plus encore le recrutement des officiers, qui, la guerre revenue, vont se trouver ainsi être, soit de très jeunes hommes sans expérience pratique, soit de vénérables vieillards entrés en service sous la Régence (faute de limite d'âge). Les jeunes officiers expérimentés et dynamiques, bourlinguant par mers et océans, se trouvant à bord de la marine marchande. C'est ainsi que l'idée d'un recrutement ouvert au savoir[3] et à l'expérience, voire au mérite, plus qu'à la naissance, fit peu à peu son chemin. Par les ordonnances de Castries en

1. En France, comme en Angleterre, la hiérarchie des grades et dignités ainsi que la structure des carrières ont été fixées dans les années 1670-90. La Marine française se divise en trois corps : le corps des galères, le corps de la plume (celui des gestionnaires, à sa tête : les intendants généraux de marine), le corps de l'épée (de haut en bas : officiers généraux, officiers supérieurs, officiers subalternes, officiers auxiliaires, gardes divers). Les officiers d'épée sont plus des exécutants que des décideurs ; et il manque à la tête de la Marine une Amirauté à l'anglaise, investie d'un pouvoir de décision et d'une expérience de la mer…

2. Les compagnies recrutent très irrégulièrement jusqu'en 1715 : 571 en 1683, 26 en 1686, 415 en 1692, 5 en 1712, 106 en 1713. Le nombre de gardes se stabilisant ensuite, mais autour d'effectifs limités : 20 à 30 par an.

3. M. Vergé-Franceschi note que les gardes de la marine apprennent plus les mathématiques — à terre — que la pratique de la navigation — sur mer ; et voit là une différence avec le schéma anglais qui explique ses succès tout au long du siècle. L. Hilaire-Pérez précise, elle, que la formation (qui s'étend sur 10 ans) combine enseignement théorique (assuré par les jésuites) et manœuvre militaire, mais qu'elle est peu poussée (beaucoup moins que celle des officiers de terre). Tout au moins jusqu'à Choiseul qui, par son ordonnance de 1765, impose une revalorisation de l'enseignement théorique des gardes, avec examen annuel.

1786, qui suppriment finalement les compagnies de gardes, le pouvoir royal décida de s'aligner sur la réglementation anglaise, et de subordonner la prétention au grade de lieutenant à une obligation de service de six ans passés en mer (!), y compris en temps de paix. Mais la mesure fut très mal reçue par des officiers qui estimaient ne devoir aller en mer « que pour combattre » (M. Vergé-Franceschi), et qui obtiennent une dispense de deux ans de navigation pour bons résultats en mathématiques ! Reste que le règlement de 1788 établit un concours annuel de recrutement, ce qui ouvrait ainsi décisivement la voie au mérite.

Tout autre est le profil du corps des officiers anglais, dont se dote la *Navy* à partir de 1688. Il est d'abord plus nombreux que celui de la Royale : fort de quelques 2 800 individus à la fin du XVIIIe siècle, il s'élève à plus du double de l'effectif français. Par ailleurs, même si la domination des nobles est écrasante parmi les officiers, aucune preuve de noblesse n'est exigée pour entrer dans le corps ; et « à quelques exceptions près, tous les futurs officiers de la *Navy* commencent leur carrière comme mousses ou matelots », écrit son historien, N. Rodger. En effet, l'aspirant-lieutenant de vaisseau ne peut se présenter à l'examen — obligatoire — que s'il a l'expérience de 6 ans de navigation (un siècle avant les Français), dont 2 ans dans la *Navy*. Le métier s'apprend donc sur mer, parfois très précocement (à 10-15 ans) ; la formation intellectuelle (essentiellement professionnelle : mathématiques et navigation) se faisant parallèlement entre les armements ou à bord des vaisseaux. Certes, le statut envié d'officier d'état-major[1] exige un niveau d'études, notamment en mathématiques, qui suppose des années de collège... et quelque talent ! Bref, si le corps des officiers anglais constitue une élite sociale, il est ouvert aux talents roturiers, à ces roturiers qui regardent la mer comme une source de promotion. Ainsi le capitaine Cook était-il fils de paysan avant de devenir mousse à bord d'un bateau marchand, puis matelot sur un bâtiment de la *Navy*. Par ailleurs, à l'inverse de la France, la noblesse manifeste beaucoup d'intérêt pour une fonction qui offre des ressources stables et surtout des perspectives de carrière. M. Vergé-Franceschi note en effet que « tout au long du siècle, la carrière de tous les officiers dépend des capitaines et des amiraux qui choisissent ceux des jeunes qu'il convient d'avancer » : c'est le système du « patronage » (N. Rodger). Pratique qui contribue à former des officiers de qualité, et possédant un esprit de corps. L. Hilaire-Pérez donne l'exemple de l'amiral de Boscawen qui en 1758 s'est constitué, pour prendre Louisbourg, une petite armée de 88 officiers presque tous originaires de Cornouaille comme lui. Cet esprit de corps s'étend à l'ensemble de l'équipage : capitaines et amiraux sont en effet également responsables du recrutement de leurs matelots. Ainsi la *Navy* était-elle forte d'un corps d'officiers plus important, mieux formé, plus solidaire, et aux compétences entretenues par une formation continue

1. Il existe dans la *Navy* deux catégories d'officiers : les officiers d'état-major (commissioned officers) et les officiers mariniers (warrant officers) qui ne reçoivent pas de commissions mais simples brevets. À bord d'un vaisseau, il n'y a que deux officiers d'état-major, dont le post-captain, capitaine du vaisseau. Au sommet de la hiérarchie, 3 amiraux, 3 vice-amiraux, et 3 contre-amiraux.

— celle que donnaient les commandements exercés dans la flotte de commerce en temps de paix.

Les matelots

D'après des travaux anglais utilisés par J. Meyer, le potentiel anglais serait en 1790 de 100 000 hommes ; celui de la France 78 000 ; celui de l'Espagne 50 000. N. Rodger proposant, lui, les chiffres de 80 000 Anglais dès 1688, de 130 000 pendant la guerre de Sept ans, de 150 000 durant la guerre d'Indépendance… et de 60 000 Français pendant cette dernière période. Déséquilibre donc, et qui se creuserait, entre la France et l'Angleterre. Qui sont ces hommes ? Ce sont de vrais marins issus de la grande pêche, du commerce maritime lointain[1], et du cabotage[2]. Pourquoi de si gros effectifs ? Du fait de l'augmentation des tonnages d'abord, ensuite et surtout en raison de l'augmentation du nombre et du calibre des canons. Comment sont-ils recrutés ?

L'Angleterre a recours à l'*impress service* (système de la « presse »). C'est un système de mobilisation plus lent que le système français, mais il permettait de faire appel à une population de gens de mer bien supérieure (équivalant à une mobilisation générale), et donc d'armer davantage de navires (pratiquement le maximum) — ce que les moyens financiers britanniques rendaient possible[3]. Il permettait d'une part de recruter des volontaires[4] (à peu près les 2/3 des équipages), d'autre part de racoler par la force, et enfin d'exercer un contrôle sur les marins (*seamen*) déserteurs ou récalcitrants. L'*impress service* sévit dans chaque comté ou district centré sur un port, par l'envoi sur le terrain de commissions dirigées par des capitaines ou des lieutenants : c'est le *press gang* qui sème la terreur dans les quartiers populaires par temps de guerre. Traditionnellement les auberges représentaient des lieux familiers de recrutement où la boisson — l'*ale* et la bière — aidait à convaincre les plus récalcitrants ! Ces marins passent généralement d'un vaisseau à un autre pendant des années. Les régions qui fournissent le plus d'effectifs sont le Devon, Londres, Cork, la Cornouaille, etc… Mais les gens de mer n'y suffisent pas, il faut donc attirer des volontaires non marins, les gens de

1. Les matelots hollandais parviennent à un chiffre d'environ 50 000, grâce aux lourds effectifs de la marine de commerce et de la flotte de pêche – recrutés par un système de volontariat bien payé.
2. Ce qui pose la question de savoir comment , en temps de guerre, pouvaient continuer les activités de la pêche et du commerce –qui, même ralenties, exigeaient d'importants effectifs. La solution fut vite trouvée : on eut recours aux marins (par l'attrait des salaires ou des primes), voire aux navires, étrangers. Ainsi les Anglais n'hésitèrent-ils pas à réquisitionner les matelots américains, raflés sur les navires marchands des États-Unis entre 1793 et 1815 !
3. En revanche, la France et l'Espagne n'armaient que des escadres particulières, et ne mettaient en service qu'une partie des navires et des hommes disponibles : une flotte de combat complète ne fut réunie que deux fois par la France : en 1690, sous le commandement de Tourville ; et pendant la guerre d'Indépendance américaine.
4. Qui suffisent à la *Navy* en temps de paix.

l'intérieur (*landmen*)[1]. N. Rodger a pu constater que *landmen* et *seamen (able* ou *ordinary* = professionnels*)* sont originaires des mêmes régions : ce qui atteste l'existence de relations entre populations littorales et populations de l'intérieur, ou encore entre le monde des officiers et les candidats potentiels des régions de l'intérieur (qui se trouvent sur leurs terres, par exemple). L'*impress* recrute aussi des étrangers, des prisonniers pour dettes, et des vagabonds (5 % des effectifs totaux pendant la guerre de Sept ans).

La résistance contre ce système est allée se renforçant pendant tout le siècle, à mesure que la répression se durcissait : ainsi les commandants de bord prirent-ils l'habitude de retenir les salaires pour éviter les désertions (jusqu'à l'interdiction de cette pratique en 1758). Une proclamation royale de juillet 1690 constatant déjà que « *divers marins et gens de mer ont récemment quitté leur domicile habituel et se sont réfugiés en des lieux clandestins, essayant ainsi d'échapper au service de leurs Majestés* » donnait l'ordre à l'ensemble des autorités locales « *de s'assurer de leurs personnes quand ils les trouveront, ainsi que des vagabonds et inconnus qui peuvent être soupçonnés d'être des marins et gens de mer... afin qu'ils soient enrôlés* », et requerrait que « *toute personne soupçonnée de cacher... des marins... soient conduites en prison...* ». Les autorités urbaines, comme les armateurs de Bristol, plaidèrent pour sa suppression, prônant un système de volontariat à la hollandaise. Mais encore eut-il fallu, pour qu'il fonctionnât, que les conditions de service se fissent moins dures. Le Parlement fut inondé de requêtes en faveur d'une méthode rationnelle de conscription : ainsi la campagne de Temple Luttrell en 1777, pour un temps de service limité, une augmentation des salaires, des récompenses et une pension. Mais il faudra les sévères mutineries de 1797 pour qu'on en vînt à des améliorations ; et le *press gang* ne disparaîtra qu'au milieu du siècle suivant.

Les plus gros problèmes d'effectifs se posaient toutefois hors de la métropole, surtout aux Antilles où les épidémies et les désertions fréquentes faisaient des coupes claires dans les équipages : les Anglais n'hésitaient pas alors à faire des rafles dans les équipages nord-américains qui fréquentaient les ports des îles. En effet, il ne fallait pas sacrifier les besoins concurrents de la course et de la flotte marchande, et il fallait pallier la faiblesse de la croissance démographique blanche aux Antilles. On l'a signalé plus haut, l'inconvénient majeur du système était sa lenteur, ce qui donnait à la France un réel avantage en début de conflit (cf. la prise de Minorque en 1756). Les Anglais ont alors eu l'idée de faire usage de la réserve que constituent les navires stationnaires, dits en commission. Ce sont des vaisseaux de ligne qui restent en attente dans les ports-arsenaux : ils disposent de tous leurs officiers et d'une bonne partie de leurs équipages qui demeurent à bord ; leur maintenance est régulièrement assurée ; mais ils ne sortent pas en mer ! En fait, tout se passe comme si la *Navy* était en permanence en état de mobilisation partielle grâce à une flotte de réserve, qui a pu jouer le rôle d'une flotte de dissuasion, comme lors de la crise des

1. Pour un *seaman*, on compterait 4 ou 5 *landmen*. On ne peut guère compter sur les hommes des ports, le plus grand nombre étant occupés sur les chantiers navals.

Malouines en 1770. Après coup, les Anglais décidèrent de porter le nombre de navires stationnaires à 21, et de doubler leurs équipages. Le problème, souligne N. Rodger, étant que le recours aux stationnaires comme force de dissuasion, au risque d'entraîner une guerre, suppose une prise de décision politique rapide : ce qui n'a pas eu lieu au milieu des années 1770 face à la rébellion américaine. Ce n'est qu'en août 1777 que la mobilisation générale fut lancée alors que la France et l'Espagne unissaient leurs forces...

Le système français des « classes » présentait l'avantage de fournir des effectifs immédiatement disponibles. Dès 1693 d'ailleurs, les officiers britanniques vantaient l'inscription maritime à la française ; et Walpole, en 1740, pensa à l'introduire en Angleterre. D'origine colbertiste, ce système fut expérimenté dès le début du règne personnel de Louis XIV — le besoin de recenser les gens de mer susceptibles d'être recrutés pour la Royale s'étant fait sentir depuis le règne d'Henri IV. Il fut créé en trois principales étapes. Le 22 septembre 1668, furent décidés le recensement et l'enrôlement des gens de mer ; le 4 septembre 1669, on passa à la répartition des inscrits maritimes par évêché. Et le 13 juillet 1670, fut institué le système des « classes » — à savoir un service par roulement de tous les gens de mer (marins, pêcheurs, ouvriers travaillant pour la Marine — navigants ou non) sur les vaisseaux du roi, avec peine de mort ou condamnation aux galères pour les déserteurs[1]. Les matelots de la classe appelée ne pourraient être employés sur un navire de commerce. Les provinces littorales seraient divisées en quartiers maritimes, où, pour chacun d'eux, un commissaire aux classes tiendrait le rôle des officiers mariniers, matelots, gens de mer. Ceux-ci seraient divisés en quatre classes en Guyenne, Bretagne-Normandie et Picardie (ils serviraient donc une année sur quatre) ; et en trois classes en Poitou, Saintonge, Aunis, îles de Ré et d'Oléron, Languedoc, Provence (ils serviraient une année sur trois). Les commissaires établiraient un « état-civil » complet des gens de mer : un rôle serait affiché à la porte de l'église paroissiale. L. Hilaire-Pérez fait remarquer que ce système était indissociable des politiques de normalisation de l'assistance et de la mise au travail des pauvres à l'âge classique : en compensation de ces contraintes, les marins étaient exemptés de diverses charges, et leurs familles recevaient une solde. Ainsi Seignelay encouragea-t-il le recours aux mendiants, qui étaient destinés aux hôpitaux-généraux.

Quelles ont été les réactions des gens de mer devant ce qui était un service militaire obligatoire, totalement inédit ? Violentes manifestations, émeutes... à Rochefort, au Havre, à Dieppe. En revanche, en Bretagne, la perspective de toucher une demi-solde en cas de non-emploi assura le succès du système : en 1673, Colbert aurait recensé 20 000 Bretons. Chiffre qui paraît toutefois quelque peu excessif eu égard aux effectifs totaux réunis — environ 50 000 sous Colbert. Ces effectifs n'arrivaient cependant qu'aux 2/3 environ de ceux de l'Angleterre, du fait des résistances et des fuites, de l'exil des protestants, mais aussi des lenteurs

1. Le système des « classes » est ensuite précisé par toute une série d'ordonnances : mars 1671, août 1973, 1683, 1689 ; et par les textes d'application de 1692-1693.

administratives, et des difficultés de paiement. La Royale avait tellement manqué d'effectifs pendant la guerre de Hollande que Colbert avait pris des mesures extraordinaires : ainsi le versement des soldes à domicile pour éviter les débauches des retours, et inciter les épouses à faire partir leur mari. Une caisse des invalides avait été également créée en septembre 1673 ; ainsi que des hôtels d'invalides à Rochefort et Toulon. Or les effectifs étaient difficilement extensibles sauf à gêner la marine de commerce : ainsi des levées massives de matelots dépassant les 4 000 hommes pour l'escadre de Brest faites à chaque printemps entre 1689 et 1693 contribuèrent-elles à « assécher » dangereusement le réservoir de main-d'œuvre disponible à Saint-Malo pour les armateurs privés. Mais le pouvoir royal donnait désormais priorité à la guerre d'escadre sur l'armement marchand et terre-neuvier, comme sur l'armement corsaire. En temps de guerre, la marine de Louis XIV aura finalement recours à toutes les classes… voire aux rafles. Hélas, les problèmes sont encore plus aigus au XVIIIe siècle, à mesure où les escadres[1] s'étoffent, où l'artillerie requiert un personnel plus important ; et où les résistances semblent se développer[2]. Selon les estimations de T. J. A. Le Goff[3], le « stock » de matelots oscillerait en France de 1660 à 1815 entre 50 000 et 60 000 (et encore : compte tenu des novices et autres, à la fin du siècle[4]). Dans le même temps, le « stock » anglais évoluait de quelques 80 000 à 110/120 000. L'augmentation importante du tonnage marchand n'avait en effet pas entraîné en France une croissance parallèle du nombre de marins. Ce qui faisait principalement reposer l'équipage d'un vaisseau sur l'emploi des meilleurs matelots du commerce. Les Anglais exploiteront cette faiblesse numérique, comme le montre par exemple la « *rafle de Boscawen* » qui, en pleine paix à l'été 1755, met la main sur quelques 300 navires de commerce et bateaux de pêche de Terre-Neuve dans différents ports, exploit qui permit aux Anglais de capturer plusieurs milliers de matelots français ! Le handicap fut insurmontable pour la Royale, qui perdit ainsi le 1/10 de ses effectifs : elle serait ainsi privée pendant la guerre de Sept Ans d'équipages exercés ; en outre, dès les premières défaites, s'y ajoutèrent la mort et la captivité de matelots de valeur. À l'été 1759, l'amiral Hawke, commandant l'escadre de la Manche, fut informé par ses espions de la pénurie des gens de mer de Brest, et que « *l'on embarquait tous les pêcheurs d'Ouessant et du long de la côte, et tous les paysans*

1. Selon J. Meyer, si 20 000 hommes suffisaient à constituer une escadre à la fin du XVIIe siècle, il en faut 30 000 un siècle plus tard.
2. Timothy J. A. Le Goff, « Les gens de mer devant le système des classes (1755-1763) : résistance ou passivité ? », *Revue du Nord*, n°1, spécial hors-série, 1986.
3. Timothy J. A. Le Goff, « Offre et productivité de la main-d'œuvre dans les armements français au XVIIIe siècle », *Histoire, Économie et Société* n° 3, 1983.
4. Dès 1743, on doit recourir aux pêcheurs à pied ; en 1745, il devient aussi obligatoire d'embarquer un novice pour dix hommes d'équipage ; le classement des bateliers (des rivières) est étendu après la guerre de Succession d'Autriche (ce qui entraîne la résistance passive des bateliers de la Garonne pendant les guerres de Sept Ans et d'Indépendance) ; après 1750, le système intègre les garde-côtes ; enfin le privilège de l'exemption de classes à Dunkerque avait été mis à mal pendant la guerre de Succession d'Autriche…

laboureurs qu'on pouvait obtenir pour mettre à bord de leurs vaisseaux, mais on pensait généralement qu'on ne pourrait pas les armer n'ayant plus de gens de mer en France » : il prit alors en chasse l'escadre du comte de Conflans qui subit une terrible défaite aux Rochers des Cardinaux en baie de Quiberon. On connaît la suite : la flotte de Conflans perdit la plupart de ses 21 vaisseaux, le 20 novembre 1759, avec ses équipages. Ainsi « fondaient » (J. Meyer) les effectifs...[1] Ce qui était d'autant plus grave que l'état sanitaire des équipages se dégradait rapidement (scorbut contracté durant les longues traversées — 3 mois d'incubation ; typhus ramené des Îles). Le typhus provenait de l'entassement des hommes sur les vaisseaux de guerre (3 tonneaux par homme), bien supérieur à ce qu'il était sur les navires marchands (4 fois moins). La flotte de Dubois de la Motte, qui avait en 1757 assuré la défense de Louisbourg, dut rentrer à Brest avec des équipages décimés par une épidémie de typhus qui toucha 6 000 hommes et fit 4 000 morts, contaminant à son retour la population de Brest.

Quel bilan faire à la fin de la période ? Pour le dernier secrétaire d'État à la Marine, le comte de La Luzerne, dont J. Meyer[2] a utilisé le rapport secret qu'il avait adressé au roi le 23 octobre 1790, la dernière réforme du système des « classes » opérée par une ordonnance de 1784 a heureusement entraîné une augmentation sensible du nombre de matelots (de 12 % en moins de trois ans)... peut-être du fait qu'on a eu recours, sans le dire, à un système mixte se rapprochant de très près de la presse anglaise !

Quoi qu'il en soit, à considérer le siècle tout entier, la fragilité de ses effectifs condamnait la France à ne pouvoir mener que des guerres courtes, en jouant toutefois sur la rapidité de la mobilisation que lui permettait son système des « classes », alors que l'Angleterre prenait l'avantage dans une guerre longue et d'usure. Au moins la France aura-t-elle pu ainsi maintenir sa pression sur l'Angleterre pendant plus d'un siècle.

Les moyens de financement

Si la Marine est reconnue à la fin du XVIIe siècle en France comme étant indirectement un élément essentiel du système de défense du territoire, l'État reste aux mains des « terriens », et le rapport entre le budget de la Marine et celui de la Guerre passe de 1 à 4 en 1687 à 1 à 3 en 1751 (et encore en 1775).

---

1. On ajoutera que les Anglais se livrent, en particulier dans les années 1740-1780, à la rétention de prisonniers – stratégie jugée décisive pour l'issue des combats. T.J.A. Le Goff s'est livré à des calculs concernant les prisonniers français amenés dans les Îles britanniques : plus de 30 000 après la Succession d'Autriche, de 60 000 après la guerre de Sept Ans, presque 30 000 après l'Indépendance américaine. L. Hilaire-Pérez précisant que dans la période de la guerre de Sept Ans, les Anglais ont rendu peu de prisonniers, et de façon sélective : ils conservaient les plus utiles, souvent dans des conditions effroyables. A. Corbin les voyant massés sur les pontons de Plymouth ou de Portsmouth, mouroirs flottants qui confèrent au rivage « un nouveau relent mortifère »...
2. J. Meyer, « Les problèmes de la marine de guerre française aux XVIIe et XVIIIe siècles », *Revue du Nord*, n°1 spécial hors-série, 1986.

S'agissant de comparer les réalités françaises et anglaises, nous suivrons ici P. Butel[1] qui choisit de prendre l'exemple de la guerre de Sept Ans : pour la raison d'abord que les deux protagonistes abordent le conflit en situation relativement équilibrée ; et parce que, par ailleurs, la guerre aura coûté à la France environ 1,8 milliard de livres tournois !

Côté français, les dettes de la guerre précédente avaient été à peu près liquidées ; et la Marine disposait en 1751 de moyens trop fois supérieurs à ceux de 1740. Pour autant, le financement de la nouvelle guerre rendit nécessaire l'établissement d'un nouvel impôt, le second *vingtième*[2]. Pour les années 1756-59, le budget de la Marine passe, selon G. Le Bouédec, de 40 à 51 millions de livres tournois.

Mais les succès anglais de 1759 renversent la situation — sur fond de grave crise financière en France : en 1760, le secrétaire d'État à la Marine, Berryer, disposait de quelques 30 millions de livres, tandis que le budget de la *Navy* atteignait quelques 150 millions de livres ! La France se battait en effet également sur terre : ses finances en étaient d'autant plus affaiblies, et les crédits de la Marine rognés. Le successeur de Berryer, Choiseul, eut recours au prélèvement d'un « *don gratuit des vaisseaux* » : états provinciaux, chambres de commerce, villes, corps de métiers, fermiers et receveurs généraux furent sollicités pour financer la construction de vaisseaux de ligne. C'est ainsi que, dès 1762, les états de Languedoc offrirent au roi un vaisseau de 80 canons. Bel exemple de loyalisme monarchique, qui n'était toutefois guère en mesure de rétablir l'équilibre : en 1760, la France disposait de 50 vaisseaux, l'Angleterre de plus de 120, dont 40 construits pendant la guerre. À partir de 1761, Choiseul, qui concentrait désormais la totalité des pouvoirs militaires entre ses mains, guerre et marine, inspire une mobilisation financière de l'ensemble de la France sans précédent au service de la restauration de la Marine — œuvre que poursuivra son successeur et cousin Choiseul-Praslin.

C'est ainsi que les budgets de la Marine se trouvent fortement renforcés, pour atteindre, sous Louis XVI — très au fait des questions maritimes — pendant la guerre d'Amérique, 123 millions en 1780, et 184 millions en 1782 — contre 198 et 251 pour la *Navy*[3].

La supériorité financière de l'Angleterre ne résidait pas dans sa puissance fiscale[4], mais dans sa puissance de crédit, qui lui permettait de lever facilement des

1. P. Butel, *Européens et espaces maritimes (vers 1690-vers 1790)*, 1997.
2. En mai 1749, le *dixième* avait été supprimé à partir de janvier 1750... pour être immédiatement remplacé toutefois par le *vingtième* — prélèvement de 1/20 sur tous les revenus, privilégiés ou non. Vives protestations du clergé : Louis XV, en décembre 1751 doit en suspendre l'application aux biens du clergé. Mais en 1756, un second *vingtième* est décrété, mais, comme le précédent, il sera faussé et amenuisé. D'où un troisième *vingtième* en 1760... supprimé à la fin de la guerre en 1763. Il ne réapparaîtra qu'en juillet 1782 pour le temps de la guerre d'Indépendance américaine, et les trois années suivantes. Finalement supprimé en 1786.
3. Selon les chiffres donnés par G. Le Bouédec.
4. Bien que le rendement par tête de l'impôt soit très supérieur en Angleterre.

emprunts sur les places de Londres et d'Amsterdam. L'aménagement de la Dette Publique a permis de multiplier les emprunts à faible coût : le gouvernement anglais « consolidait » sa dette après chaque guerre, en transformant sa dette flottante — c'est-à-dire à court terme — en rentes perpétuelles ; tandis que, par ailleurs, il augmentait les impôts pour assurer le service de ses rentes. Par ailleurs, le marché de Londres, connaissant au XVIIIe siècle un fort développement, a pu servir au financement de la dette consolidée et de la dette flottante de l'État.. Ce mécanisme ingénieux avait fort bien été compris des Français, comme en témoigne ce mémoire de 1748 (cité par F. Crouzet[1]) : « *L'attention du gouvernement anglais à approprier des fonds pour répondre au paiement des intérêts de ses dettes, et l'établissement du fonds d'amortissement, sont les deux causes principales de la facilité que trouve la nation à l'intérieur comme au-dehors d'emprunter* ». Mais la France ne disposait pas de cette « *facilité d'emprunter* » : si elle aussi recourut à l'emprunt pour financer ses guerres, elle le fit dans une bien moindre mesure, comme le montre éloquemment ce tableau :

Pourcentage des dépenses supplémentaires couvertes par l'emprunt

Guerres	France	Angleterre
Succession d'Autriche	28 %	85 %
Sept Ans	65 %	81 %
Indépendance américaine	91 %	119 %

Source : F. Crouzet, *op. cit.*, 1985

Les 119 %, du temps de la guerre d'Amérique, s'expliquant par le fait qu'une partie des emprunts fut utilisée pour couvrir les dépenses ordinaires, notamment le service de la dette. Mais la facilité que l'Angleterre trouvait à emprunter ne dépendait pas seulement de sa capacité à payer les intérêts de sa dette : c'est d'abord la puissance du marché financier d'Amsterdam, qui, au moins jusqu'à la guerre d'Amérique, a contribué à donner à celle-ci une grande facilité d'emprunts. En France, ce fut le marché — très spéculatif — qui répondit aux emprunts : les taux — le coût du crédit — restèrent bien supérieurs à ceux d'outre-Manche où l'insularité faisait de toutes façons que les crédits navals ne pouvaient poser problème…

Les réflexions de Voltaire[2] empreintes d'une grande lucidité sur la « *supériorité continuelle* » des Anglais vont dans ce sens : « *Quelle est la raison de cette supériorité continuelle ? N'est-ce pas que les Anglais ont un besoin essentiel de la mer, dont les Français peuvent à toute force se passer, et que les nations réussissent toujours dans les*

1. François Crouzet, *De la supériorité de l'Angleterre sur la France*, 1985.
2. Voltaire, *Précis du siècle de Louis XV*, 1763.

choses qui leur sont absolument nécessaires ? N'est-ce pas aussi parce que la capitale d'Angleterre est un port de mer, et que Paris ne connait que les bateaux de la Seine ? ».

La « bataille de l'Atlantique » (P. Butel)

L'avantage stratégique des Anglais

Pour les Anglais, la flotte était la première et la dernière ligne de défense de leur territoire, tant métropolitain que colonial : c'était aussi le cordon ombilical reliant nécessairement les deux. Il leur fallait donc arracher à leurs rivaux la maîtrise des mers, c'est-à-dire prendre le contrôle des routes maritimes que ceux-ci empruntaient. Sur la route de l'aller, il fallait pouvoir surveiller les sorties d'Europe (Manche, Golfe de Gascogne), puis la traversée de l'Atlantique (autour de Madère, des Canaries), enfin l'arrivée sur l'arc antillais ou bien sur Terre-Neuve et le Saint-Laurent. Sur la route du retour, il importait de contrôler le canal des Bahamas (entre Cuba et la Floride), puis celui des alentours des Açores. Les Anglais multiplièrent à ces fins les bases navales : aux Antilles, à Terre-Neuve, ils aménagèrent des installations de carénage, d'approvisionnement en vivres et en armes. Ce que ne firent pas les Français, à Louisbourg par exemple — qui ne purent jamais maintenir une escadre pendant une longue période dans la région. Les Français en effet ne bénéficiaient pas, à l'inverse des Anglais, de colonies continentales proches, riches en *naval stores,* en vivres, et en hommes. En outre, les approvisionnements des îles reposaient sur un système peu efficace : les convois trop irréguliers n'assuraient pas un approvisionnement constant ; et, sur place, le coût des matériaux était beaucoup plus élevé que dans les arsenaux de la métropole[1]. Or lesdits matériaux étaient très éprouvés par le climat (bois des coques attaqué par les *tarets,* cordages d'autant plus vite usés qu'on manquait de goudron...), comme par les combats. On comprend qu'il était recommandé aux chefs d'escadre de ne pas prolonger leur séjour antillais ! En revanche, côté anglais, les bases de la Caraïbe, comme les ports de la métropole, étaient relativement bien approvisionnés grâce à un réseau d'entrepreneurs privés, pour la plupart des marchands nord-américains, les contractors. Dans chaque port, des contrats étaient passés en Angleterre, produit par produit, après mise en concurrence des *contractors.*

Mais, outre de leur réseau de bases navales, les Anglais disposaient également de l'escadre de la Manche, créée conformément à la stratégie définie à l'été 1746 par l'amiral Anson, futur premier Lord de l'Amirauté de 1751 et 1762. En effet, au début de la guerre de Succession d'France, les Anglais n'avaient pu intercepter efficacement les convois français de l'Atlantique : cinq gros convois purent traverser l'Atlantique en 1745 et 1746. Plutôt que de voir là l'effet de la circulaire du

1. Déjà élevés ! Il fallait en effet acheminer sur Brest qui concentrait les armements, vivres et munitions navales depuis Bordeaux, Rochefort, La Rochelle et Nantes.

12 novembre 1745 adressée par Maurepas, aux juges consuls de Nantes et aux Chambres de commerce de La Rochelle et de Bordeaux, sur le nécessaire encadrement des navires marchands, il faut incriminer la mauvaise utilisation des forces navales anglaises, qui avaient été dispersées sur toutes les mers pour protéger le commerce. L'Amirauté britannique ne disposant plus que d'une escadre de 12 vaisseaux pour surveiller, depuis le sud-ouest d'Ouessant, au large de Brest, une zone trop étendue, allant de la pointe de la Bretagne à la côte charentaise (Rochefort). Ladite escadre, approvisionnée par l'arsenal de Plymouth, fut donc renforcée aux fins de pouvoir surveiller en permanence une vaste zone allant de Brest à la côte cantabrique : ainsi, dès le printemps 1747, furent concentrées des forces navales dans la Manche et le Golfe de Gascogne. Désormais, les Anglais avaient le contrôle de l'Atlantique. Ouessant était la pièce maîtresse du système : tous les navires marchands anglais doublaient l'île à l'aller comme au retour d'Amérique en toute sécurité, tandis que les trafics français se trouvaient bloqués ou interceptés. « *L'amiral Anson, avec quatorze navires anglais, a rencontré notre flotte vers le cap du Finistère et l'a attaquée... On nous a pris les six vaisseaux de guerre et le plus grand nombre des vaisseaux de la Compagnie des Indes*[1]. *On a fait monter notre perte à quarante millions...* », rapporte pour le mois de juin 1747 l'auteur de la *Chronique de la Régence et règne de Louis XV.* En outre, les Anglais pouvaient freiner l'envoi des renforts français aux îles et en Amérique du Nord ; et surtout, ils avaient la possibilité d'empêcher la jonction des flottes de guerre de Toulon et de Rochefort avec celle de Brest !

Ainsi l'avantage stratégique des Anglais eut-il comme effet, pendant quelques trente ans, l'isolement des colonies françaises, la sortie des ports français devenant de plus en plus difficile. Il faut attendre la guerre d'Amérique pour que, les Anglais devant approvisionner leurs troupes contre les *Insurgents,* ils ne puissent entretenir l'escadre de la Manche, et partant, bloquer les ports français...

La guerre d'escadre

La bataille navale d'escadres est une stratégie qui s'est trouvée codifiée au XVIIe siècle, au cours des guerres de Hollande : le combat en ligne de file. Jusque-là, les batailles navales n'étaient que mêlées confuses, avec abordages et utilisation de brulôts : on se battait sur mer comme on se battait sur terre. Désormais, les escadres se déploient en un front ininterrompu de vaisseaux de ligne destiné à opérer la destruction de l'ennemi par la puissance de leur artillerie de flanc. Rationalité de l'alignement, coordination des manœuvres : on a là le résultat d'un long apprentissage de la manœuvre et du respect d'une discipline sévère. Les deux lignes ennemies se font face et se bombardent (la longueur de tir n'excède pas 300 m), soit en tirant sur la coque (Anglais), soit en tirant sur les mâts et les voilures (Français et Hollandais). Le combat est rude, les batailles sont longues et indécises, d'autant plus que les lourds vaisseaux laissent peu de chance à la

1. Ce sont 25 vaisseaux qui étaient partis de Brest.

dislocation de la ligne, et que les frégates et autres bâtiments plus légers jouent la mobilité. À Béveziers, le combat de ligne atteint des dimensions colossales.

La « seconde guerre de Cent Ans » entre la France et l'Angleterre aurait débuté par ce que Jean Bérenger[1] a appelé une « erreur calculée » : la puissante marine de Louis XIV se trouve en effet curieusement absente de la Manche lorsque Guillaume d'Orange débarque à Torbay en novembre 1688, facilitant ainsi à cet ennemi mortel du Roi-très-chrétien l'installation sur le trône d'Angleterre. Le gouvernement français avait en effet décidé que l'escadre du Ponant devait hiverner à Toulon, et il était trop tard pour revenir sur une décision qui obéissait à la certitude que, suite à ce débarquement, l'Angleterre se retrouverait plongée dans une guerre civile qui la neutraliserait pour longtemps ! On pouvait donc se passer de faire donner la Royale. À cette occasion comme à d'autres d'ailleurs : D. Dessert[2] constate en effet qu'on n'a jamais vraiment songé en France à utiliser les forces de haute mer pour détruire les forces de l'adversaire.

Ainsi le plus grand succès français de la guerre de la Ligue d'Augsbourg, la victoire de Tourville à Bévéziers, ne fut-elle pas exploitée. Le 10 juillet 1690, Tourville avec ses 75 vaisseaux et ses 4 600 canons[3], remportait une écrasante victoire sur les Anglo-Hollandais, qui perdirent 17 bâtiments (dont 1 anglais) et 2 000 hommes — la chute du vent et le renversement de la marée les sauvant de la destruction totale. Or ce succès tactique qui eût pu être une victoire décisive ne fut pas exploité : aucune poursuite ne fut tentée — dans la Tamise par exemple, comme l'avait fait Ruyter en 1667 —, on se contenta d'incendier quelques vaisseaux à Tynemouth. Erreur stratégique. Les Français avaient la maîtrise de la Manche, ils avaient la possibilité de débarquer : mais Tourville ne disposait d'aucun corps de débarquement, ni d'instructions précises ! A-t-il manqué d'esprit offensif ? Pontchartrain l'a insinué. Assailli de problèmes sanitaires et sans possibilité de ravitaillement, Tourville rentre à Brest le 17 août après avoir maintenu sa flotte en mer plus de deux mois — exploit considéré comme impossible. La guerre continue donc, mais sans cette volonté politique qu'incarnait Seignelay, mort prématurément. Tourville repart à la manœuvre au printemps suivant, nanti d'instructions comminatoires : couvrir le débarquement d'un corps expéditionnaire en Angleterre, et attaquer l'adversaire, même plus nombreux. Ulcéré par les insinuations dont il est victime, Tourville appareille avec 44 vaisseaux contre 99. Le combat s'engage le 29 mai au large de la pointe de Barfleur : la bataille est furieuse, les Anglais sont repoussés avec de lourdes pertes, pas un seul navire français n'a coulé. Succès tactique. Mais la flotte de Tourville, très endommagée, est hors d'état de reprendre le combat : il ordonne le repli sur

1. Jean Bérenger, « Stratégies et guerres navales dans le conflit franco-britannique du XVIIIe siècle », *L'Information Historique*, mars 1997, 59.

2. Daniel Dessert, *La Royale. Vaisseaux et marins du Roi-Soleil*, 1996.

3. Grâce à la jonction réussie des flottes de Toulon, de Rochefort, et de Brest. 59 vaisseaux seulement côté anglo-hollandais, mais supériorité de l'artillerie.

Brest. Une quinzaine de vaisseaux, les plus endommagés, ne purent y parvenir, et allèrent s'échouer à Cherbourg dans la rade de La Hougue, où les brûlots anglais les incendièrent : ce fut le « *brasier de La Hougue* ». Défaite, mais non désastre, qui aura toutefois raison de la guerre d'escadres[1] : la marine française va s'orienter désormais vers la guerre de course, et déserter la Manche…

Durant la guerre de Succession d'Espagne, la guerre d'escadres n'eut donc que peu d'importance. La bataille de Velez-Malaga en 1704 fut à nouveau un succès tactique doublé d'un échec stratégique, en ce qu'elle ne fut pas plus exploitée que Béveziers. C'est ainsi qu'en ne cherchant pas à écraser la flotte anglaise, afin de reprendre Gibraltar occupée par les Anglais l'année précédente, la Royale livrait la Méditerranée à la *Navy*. Certes, malgré les restrictions budgétaires drastiques qui affectent la marine française après 1713, celle-ci réussit assez bien à remplir une tâche nouvelle : protéger les communications entre l'Europe et l'Amérique espagnole — en dépit tout de même de deux échecs spectaculaires, l'incendie de la flotte des Indes dans la rade de Vigo, et l'irruption de la flotte anglaise dans le port de Carthagène.

La guerre de Succession d'Autriche, qui mobilise les armées sur le continent (elle ne devient maritime qu'en 1744, lorsque la France et l'Angleterre s'affrontent directement), ne permet pas un effort naval français d'envergure[2], alors malheureusement que les menaces anglaises se précisent sur les côtes, en Bretagne, mais aussi en Amérique. Louisbourg tombe le 19 juin 1745 ; et Lorient doit essuyer une tentative de débarquement à l'automne 1746. Si les convois mis au point par Maurepas pour protéger les navires marchands — préoccupation essentielle, côté français — tiennent le choc au début du conflit (1745-1746), la nouvelle stratégie mise au point par l'amiral Anson en 1747 freina considérablement et le passage des navires marchands, et l'envoi de renforts aux Antilles et en Amérique du Nord. Anéantissement de l'escadre de La Jonquière, gouverneur du Canada, au large de la Galice (cap Ortegal) en mai 1747, malgré le passage réussi d'une partie du convoi vers le Canada ; revers également pour les convois se dirigeant vers les Îles en juillet et en octobre 1747. Le bilan de la guerre est lourd pour les Français : la Royale a perdu 23 vaisseaux, mais surtout beaucoup de matelots. La suprématie navale britannique est patente, fin 1747 — et pas seulement dans l'Atlantique.

1. À noter quand même le coup sévère porté en juin 1693 par Tourville à la Compagnie anglaise du Levant par la prise du « convoi de Smyrne » au large de Lagos, sur les côtes portugaises : 4 vaisseaux et une centaine de navires marchands sont détruits. Pour les Anglais c'est un désastre financier qui se monte à 30 millions de livres. Beau résultat mais qu'on eût pu atteindre à moindres frais, d'autant qu'il faut mener aussi une guerre terrestre : tel est le raisonnement de Pontchartrain… À noter aussi que le type d'attaque mené par Tourville a été proche de la guerre de course.

2. Dans les eaux européennes, la seule véritable bataille navale se déroule devant Toulon en février 1744, lorsque l'escadre française aide une escadre espagnole bloquée dans le port à forcer le blocus anglais.

La guerre de Sept Ans, caractérisée, elle, par des engagements navals importants, porte cette suprématie à son apogée. Elle est en effet marquée par deux défaites navales décisives pour la France, en l'« année terrible » 1759. Tout avait (mal) commencé dès l'été 1755 avec la *« rafle de Boscawen »*. Au printemps 1756, si Minorque est prise par les Français, Gibraltar reste anglais ; et ce n'était là qu'une opération isolée. La cible centrale est le Canada. En 1755 et 1756, celui-ci reçoit des renforts importants : en 1757, Louisbourg (rendue aux Français à la paix d'Aix-la-Chapelle) rejette une attaque anglaise. Mais tout change cette année-là : William Pitt (1708-1778) arrive à la Guerre à Londres, déterminé à détruire la puissance maritime française ; et Anson empêche les renforts de traverser l'Atlantique. Un blocus rapproché paralyse ainsi les côtes françaises et gène les convois vers le Canada ; des attaques de diversion visent notamment Cherbourg et Saint-Malo. En juillet 1758, Louisbourg capitule devant les 15 000 hommes de Boscawen : rien n'empêche plus les Anglais de remonter le Saint-Laurent. Québec, privé de renforts, se rend le 18 septembre 1759 : la perte du Canada est au bout du chemin. Ne pouvant venir à bout de l'ennemi aux colonies, Choiseul avait décidé d'abandonner le Canada à son sort pour concentrer tous ses efforts sur un plan de débarquement en Angleterre : ce qui supposait la maîtrise momentanée de la Manche, et par conséquent la concentration de la flotte française à Brest. Hélas ! D'abord, l'escadre de Toulon (commandée par de Laclue-Sabran) est accrochée par Boscawen au passage de Gibraltar : elle est dispersée, et les vaisseaux qui se réfugient dans la baie de Lagos sont incendiés par les Anglais (17 août). Ensuite, l'escadre de Brest (commandée par Conflans) est malmenée à son tour : se dirigeant vers le golfe du Morbihan pour y rejoindre les forces du duc d'Aiguillon, elle est rattrapée en pleine tempête par Hawke, au sud de Belle-Isle, aux Rochers des Cardinaux, le 20 novembre 1759, où elle doit affronter le combat de ligne. Les ¾ de l'escadre française sont sauvés, mais les Anglais gardent la maîtrise des mers : ils tiennent les côtes, les ports et le commerce français à leur merci jusqu'à la fin des hostilités. La valeur du commandement anglais (plus que la supériorité numérique) a fait la différence, une fois de plus. À la paix de Paris, en 1763, en dépit d'un sursaut tenté par Choiseul pour la construction de nouveaux vaisseaux, la Royale ne dispose plus que de 40 vaisseaux et de 10 frégates. Et Voltaire de se lamenter ainsi dans son *Précis du siècle de Louis XV* : *« À peine une flotte était-elle en mer qu'elle était prise ou détruite ; on construisait, on armait des vaisseaux à la hâte : c'était travailler pour l'Angleterre, dont ils devenaient bientôt la proie… »*

Pour autant, en 1776, la politique de Choiseul, puis de Sartine, est en passe de porter ses fruits : officiers entraînés, équipages de qualité, navires suffisamment nombreux. Dans la guerre d'Amérique qui commençait — l'Angleterre étant pour la première fois sans alliés sur le continent — la Royale semblait être capable, à condition d'utiliser l'aide espagnole (Convention d'Aranjuez, 12 avril 1779), de se mesurer à une *Navy*, que la course américaine embusquée dans la Caraïbe allait priver de bâtiments, et qui serait dans l'impossibilité de maintenir son escadre de la Manche, en raison des besoins du théâtre d'opérations américain

(50 000 hommes). Justement, la campagne de 1778 ayant été décevante en Amérique (l'escadre de d'Estaing ne parvînt pas à dégager New York), le secrétaire d'État français aux Affaires étrangères, Vergennes, décida de consacrer la campagne de 1779 à une vaste opération navale franco-espagnole, basée sur la supériorité numérique des deux flottes[1]. Pour le dire avec L. Hilaire-Pérez, « la guerre d'Indépendance américaine était placée sous le signe de l'affrontement des thalassocraties ».

Après de longues discussions entre Paris et Madrid, fut adopté un plan compliqué, qui avait toutes les chances d'échouer ! L'escadre de Brest (d'Orvilliers) irait chercher la flotte espagnole à La Corogne, l'amènerait à Brest, entrerait dans la Manche afin de neutraliser la *Navy* pendant les quelques jours nécessaires au débarquement d'un corps expéditionnaire rassemblé près de Bayeux et à Saint-Malo (de Vaux) dans le comté de Cornouailles. Mais les retards accumulés firent qu'après une brillante démonstration dans la Manche, la flotte combinée décida... de ne rien entreprendre ! Et c'est ainsi que la guerre d'escadres fut surtout marquée par des opérations dans les Antilles, qui servirent de base aux escadres françaises opérant en Amérique du Nord. En 1782, les Français firent des préparatifs pour conquérir la Jamaïque sur les ordres de Castries, mais l'amiral de Grasse (revenu de la Chesapeake), escortant un grand convoi de la Martinique à Saint-Domingue, fut attaqué au sud de la Guadeloupe par l'amiral Rodney : le combat des Saintes (12 avril 1782) fut inégal, et se solda par de lourdes pertes des deux côtés, mais surtout pour la Royale. Comme le montre P. Villiers[2], il fut révélateur au demeurant des deux stratégies mises en place concomitamment par les Français à partir de 1779 : d'une part, escorte des convois avec lutte contre la course anglaise ; action des escadres en vue d'affaiblir les armées anglaises, d'autre part. Selon M. Acerra, l'affrontement des Saintes avait par ailleurs initié une nouvelle tactique, fondée sur la rupture de la ligne adverse par une avant-garde, laquelle, une fois la brèche faite, devait mitrailler des deux bords les vaisseaux adverses, jusqu'à isolement des navires et confrontation deux à deux. C'est un retour au duel naval qu'avait déjà marqué le face-à-face entre les frégates *la Belle-Poule* et *l'Aréthuse* le 17 juin 1778, au large d'Ouessant. Ce renouvellement des tactiques navales au seuil des années 1780 apparaît vite de nature à accentuer l'horreur des combats, et à contribuer au « pathétique des rivages » (A. Corbin[3]), auquel le génie d'un J.M. William Turner (1775-1851), en matière de peinture des batailles navales, ne contribuera pas peu...

1. En avril 1781, on comptait 94 vaisseaux anglais, 70 français et 54 espagnols. Pour autant, la coopération entre la France et l'Espagne resta faible.
2. Patrick Villiers, « La stratégie de la Marine française de l'arrivée de Sartine à la victoire de la Chesapeake », *Les marines de guerre*, Colloque C. H.I.M. 1984, Paris Sorbonne.
3. Alain Corbin, *Le Territoire du vide*, 1988.

Les tentatives françaises d'invasion de l'Angleterre

Ou les tentatives françaises de stratégie périphérique, sur fond de conflits politiques internes à l'Angleterre. En effet, il s'agissait pour le roi de France de neutraliser l'Angleterre en favorisant la restauration des Stuarts, en soutenant les « Jacobites » — en particulier les Écossais, et les Irlandais (catholiques, et restés fidèles à Jacques II). Le « Roi-Très-Chrétien » a donc essayé, avec une certaine constance, de réinstaller sur son trône, d'abord Jacques II, puis son fils le Prétendant ; enfin, au XVIIIe siècle, Charles-Edouard Stuart — le fameux *Bonnie Prince Charlie* des légendes populaires. Il s'agissait alors de monter des opérations combinées, où l'appui de la Royale était exigé tant pour l'escorte de convois français, que pour l'envoi de secours aux Jacobites révoltés en Irlande, puis en Écosse, voire pour débarquer en Angleterre même dans l'espoir d'un soulèvement de Londres en faveur des Stuarts. C'est ainsi que les projets de débarquement ont marqué toute la période, y compris, comme on l'a vu, pendant la guerre d'Amérique.

Les quatre premières campagnes de la guerre de la Ligue d'Augsbourg, sont dominées par ce type d'opérations. En mars 1689, un corps expéditionnaire de 5 000 hommes met le cap sur l'Irlande. La flotte d'escorte est commandée par Chateaurenault : il transporte à bon port l'expédition, sans que la *Navy* ait été capable de lui faire échec ; mais — excès de prudence, mauvais temps, ou mauvaise volonté de certains capitaines tel Gabaret — il laisse échapper une escadre anglaise au sud-ouest de l'Irlande à Bantry Bay le 11 mai : la mer d'Irlande restait sous contrôle de la *Navy*. En mai 1690, Chatcaurenault, après avoir emmené des renforts à Lauzun en Irlande, rentre immédiatement à Brest : Guillaume III fait amener une armée et remporte la victoire de La Boyne (1er juillet). En 1691, bien que quatre convois soient passés en Irlande, la capitulation de Limerick règle la question : 12 000 Franco-Irlandais partent pour l'exil sur le continent. En 1692, le plan d'Usson de Bonrepaus communiqué à Tourville prévoyait de concentrer les deux flottes à Brest et d'attaquer l'adversaire avant la concentration des troupes alliées pour permettre le passage des troupes de débarquement — qui devaient marcher sur Londres. Le « *désastre de La Hougue* » (mai 1692) mit fin aux grandes opérations et donna une impulsion décisive à la guerre de course.

L'*Acte d'Union* de 1707, qui mit fin au système d'union personnelle entre l'Angleterre et l'Écosse, réveilla le nationalisme écossais — or le « jacobisme » était resté intact dans nombre de clans. C'est ainsi qu'en pleine guerre de Succession d'Espagne, Guillaume et Marie durent affronter un grave soulèvement en Écosse soutenu par les Français ! Le fougueux compagnon de Jean Bart, Claude Forbin (qui avait poursuivi le commerce ennemi jusqu'en Baltique et dans l'Arctique en 1706-07), conduisit en 1708, jusqu'en Écosse, à travers les escadres anglaises, un Jacques II qui n'osa pas débarquer. Lorsque, après l'avènement de George Ier de Hanovre, les Jacobites se soulevèrent à nouveau en 1715, les secours à partir des ports français furent annulés, par suite du rapprochement diplomatique entre Paris et Londres.

Il faudra attendre la fin de la « trêve » de trente ans, le début de la guerre de Succession d'Autriche, pour que soient réactualisés les projets de débarquement en Angleterre. En 1743, Louis XV envisagea d'y procéder sans avertissement ni déclaration de guerre. Sur le papier, le plan était admirable. Tandis qu'on soutiendrait une diversion dans les Highlands écossais (3 000 hommes), un corps expéditionnaire de 10 000 hommes, sous le commandement du maréchal Maurice de Saxe opérerait un débarquement dans le Kent. Roquefeuil quitterait Brest avec une escadre de 22 vaisseaux et attirerait la *Navy* au large de l'île de Wight pour permettre au maréchal de traverser le Pas-de-Calais. Or Roquefeuil échappa de justesse à une escadre anglaise, et ne dut son salut qu'à l'obscurité. Seconde tentative en mars 1744 : cette fois, la tempête dispersa la flotte du maréchal au large de Dunkerque.

Versailles, alors, se découragea. Jusqu'à ce que Choiseul, en 1759, en pleine guerre de Sept Ans, estimât que, plutôt que frapper l'adversaire en Amérique, il serait plus simple et plus efficace de l'attaquer directement chez lui, avec l'aide éventuellement des Jacobites — alors que la bataille de Culloden en 1746, avait définitivement brisé les capacités militaires des Highlanders. Était-ce réaliste ? Mackenzie Douglas avait présenté, au début de 1759, des projets de soulèvement de l'Écosse appuyé par une descente française à Glasgow, mais le prince Charles-Edouard était découragé, et les Jacobites de la diaspora, comme ceux d'Écosse, très divisés. Le 14 juillet 1759, Choiseul n'en exposa pas moins son plan au roi : débarquer à Portsmouth des troupes venues du Havre, tout en opérant une diversion à Glasgow avec une flotte partie de Brest. Cette expédition comprendrait 337 bateaux, transportant 48 000 hommes. Les Jacobites seraient tenus à l'écart du projet, qui fut d'ailleurs remanié à plusieurs reprises, la *Navy* croisant au large des grands ports français. On connaît la suite : les deux désastres de Lagos et des îles Cardinaux...

Après la signature d'un traité d'amitié franco-américain et l'entrée en guerre de la France aux côtés des *Insurgents*, la campagne de 1778 ayant été décevante, Vergennes pensa lui aussi qu'une invasion de l'Angleterre permettrait la conclusion d'une paix rapide et victorieuse : des troupes furent concentrées près de Saint-Malo et de Bayeux... et le projet fut abandonné !

Il appert finalement que le débarquement en Angleterre n'aura été possible qu'à deux reprises : en 1691, après la victoire de Béveziers ; et en 1779, bien que la flotte britannique n'ait pas été battue. Malheureusement pour les Français, dans le premier cas, aucun débarquement n'était prévu ; dans le second, aucune volonté offensive ne s'était fait jour. On pourrait presque dire de cette « Arlésienne » ce que Gambetta dira de la « Revanche » contre l'Allemagne : « *y penser toujours, ne le faire jamais* » ! Le plaisant étant que l'Ancien Régime léguerait ce fantasme aux stratèges de la Révolution et de l'Empire...

Les colonies américaines dans les guerres européennes

Si les rivalités coloniales ne sont pas au cœur des problèmes diplomatiques européens au XVIIIe siècle, elles sont un enjeu essentiel, du fait de l'essor du commerce atlantique et de l'utilisation de l'arme navale, des affrontements franco-anglais. Il y va de la domination par l'une ou l'autre puissance de l'Atlantique. C'est ainsi que sur fond de tensions croissantes entre colons français et colons anglais au XVIIIe siècle, les combats vont se dérouler en permanence en Amérique du Nord, et se doubler de nombreux affrontements dans la Caraïbe.

La guerre de la Ligue d'Augsbourg donna une dimension nouvelle aux tensions, du fait que désormais les colons anglais pouvaient se sentir soutenus par Londres. Pour autant, l'appui militaire de la métropole ne fut guère suffisant pour assurer la victoire des attaques anglo-américaines contre Québec, tant en 1694, qu'en 1708 pendant la guerre de Succession d'Espagne. La question de l'Acadie alimente cependant un contentieux permanent après Utrecht.

Les opérations militaires dans les colonies atlantiques pendant la guerre de Succession d'Autriche se réduisent à la prise de Louisbourg en Acadie — place forte qui verrouillait l'entrée du Saint-Laurent, peuplée de 4 000 Français en 1740, centre actif de pêche à la morue et de contrebande à destination des colonies anglaises voisines. Louisbourg, dont les colons anglais du Massachusetts n'avaient de cesse de s'emparer, fut assiégée pendant 49 jours par une armée presque entièrement américaine de 4 000 hommes aidée par les vaisseaux anglais, avant de capituler le 19 juin 1745. La France décida de tout mettre en œuvre pour reprendre la forteresse. En vain. En 1746, l'expédition considérable du duc d'Anville (7 000 hommes et 15 vaisseaux) fut dispersée par la tempête, tandis que des épidémies décimaient soldats et équipages : seule la moitié de l'escadre parvînt à rejoindre le Canada, que le gouverneur, Pierre de la Jonquière, tenta en vain de reformer pour prendre Annapolis (Port-Royal). L'année suivante marqua un autre échec pour La Jonquière, dont l'escadre fut battue en mai au large de la Galice (cap Ortegal) : seuls quelques navires gagnèrent Québec. Toutes les tentatives sur les côtes de Nouvelle-Angleterre pour récupérer l'Acadie échouent : Louisbourg n'est récupérée en 1748 que grâce à la diplomatie.

En septembre 1748, un rapport de La Jonquière au roi établit qu'il suffirait de construire des forts dans la vallée de l'Ohio pour inquiéter Londres, qui mobiliserait alors flotte et armée au secours des Américains : on pourrait ainsi mettre un terme à l'expansion anglaise vers l'Ouest[1] et sauver le commerce français avec les Antilles, sans grands risques pour la Royale. C'est ainsi que, à l'initiative des gouverneurs du Canada, plusieurs expéditions sont montées en 1750 et 1751,

---

1. À partir de 1740, les traitants anglais de la fourrure en liaison avec les négociants de Philadelphie étendent en effet leurs activités vers la région de l'Ohio. Et par ailleurs, les autorités de Virginie et de Pennsylvanie, devant l'afflux d'immigrants, commencent à regarder au-delà des Appalaches pour y établir des colons. Or l'Ohio est une voie stratégique entre Canada et Louisiane pour les Français...

pour expulser colons et traitants anglais de la région ; et que les Français élèvent toute une série de forts, dont le Fort Duquesne (actuelle Pittsburgh) en 1754, au débouché de la principale voie de franchissement des Appalaches en venant de la Virginie. Les Anglais faisant de même, de nombreux incidents éclatent[1]. L'avantage semblant se dessiner du côté des Canadiens, Londres décide au début de l'année 1755 de dépêcher des renforts : les Français répondent par l'envoi d'un corps expéditionnaire dès le printemps. Ce qui conduit les protagonistes à la guerre de Sept Ans.

Durant cette guerre, la stratégie anglaise consista à attaquer la vallée du Saint-Laurent de trois côtés à la fois. À l'ouest, il s'agissait de s'emparer des forts et contrôler les Grands Lacs ; au centre, d'attaquer Montréal en remontant l'Hudson ; à l'est, de prendre Québec par une opération combinée terre-mer. Pitt envoya sur place 20 000 hommes qui s'ajoutèrent aux miliciens pour constituer une force de 50 000 hommes. Les Anglais avaient la maîtrise de la mer qui empêchait l'envoi de renforts et de vivres au Canada. La stratégie anglaise se déploya en trois campagnes (1758, 1759, 1760). Louisbourg capitula le 26 juillet 1758. En juin 1759, l'Anglais Wolfe arriva avec 270 navires et 9 000 hommes devant Québec, où Montcalm se retrancha avec 15 000 hommes : le désastre français n'avait rien d'inévitable, mais il eût lieu le 13 septembre du fait d'erreurs de commandement. En septembre 1760, Montréal capitulait à son tour. Le traité de Paris du 10 février 1763 marqua la fin du premier empire colonial français : la France se voit effacée politiquement du continent nord-américain, pour se replier sur les îles. L'Angleterre, qui occupait en 1763 toutes les colonies françaises d'Amérique, restitua en effet la plupart des Antilles, mais garda le Canada et toutes ses dépendances. Elle reçut aussi en Afrique, Saint-Louis et les comptoirs qui en dépendaient ; sans oublier qu'elle annexe la Floride ainsi que tous les territoires espagnols situés à l'est du Mississippi.

L'Angleterre, super-puissance coloniale atlantique, allait pourtant perdre la face à Saratoga le 17 octobre 1777 devant ces miliciens qu'étaient les *Insurgents* américains : ce qui décida Louis XVI en février 1778 à engager la France — dont Choiseul avait préparé la revanche — dans une lutte ouverte contre les Anglais. Lutte à laquelle participait officieusement depuis l'été 1777 avec quelques volontaires le jeune marquis de Lafayette qui avait secrètement rejoint l'Amérique en avril 1777, et rencontré Washington en août. L'idée de débarquer en Angleterre et d'attaquer au cœur du dispositif anglais ayant été abandonnée, les Français décident, à partir de 1780, d'agir à la périphérie et d'aider leurs alliés américains, en envoyant en Amérique un corps expéditionnaire de 8 000 hommes sous le commandement de Rochambeau chargé de se joindre à l'armée américaine commandée par le général Washington. Conformément aux instructions de Vergennes, les Français débarquèrent à Boston et attendirent les ordres des

1. Ainsi « *l'incident Jumonville* » en mai 1754, au cours duquel des soldats français envoyés au Fort Necessity pour sommer les Anglais de se retirer sont surpris par des miliciens virginiens dirigés par le jeune George Washington.

Américains : on lit en effet ceci dans une lettre « *de la main du Roi approuvé de Vergennes* », datée du 24 février 1780, que « *les troupes françaises seront purement auxiliaires, et à ce titre, n'agiront que sur les ordres du général Washington* ». Au mois de mai 1781, Washington et Rochambeau étaient convenus de marcher sur New York, quand Lafayette apprit que le général anglais Cornwallis remonté de Caroline sur la Virginie stationnait à Yorktown avec 7 500 hommes : ayant eu la confirmation, à la mi-août que l'amiral de Grasse mouillait dans la baie de la Chesapeake, Washington décida d'assiéger Yorktown. Cornwallis eut en face de lui plus de 8 000 *Insurgents,* et environ 11 000 Français (dont les 3 000 volontaires de Lafayette), sans pouvoir recevoir de secours par mer : Yorktown capitula le 20 octobre 1781. L'aide militaire et navale française avait été décisive...

La guerre de course

Elle se développe à grande échelle en France entre 1680 et 1720 contre le commerce anglais, « *lequel étant aussi grand et aussi riche en temps de guerre qu'en temps de paix, sera toujours un appât suffisant pour exciter (les Français) à équiper un grand nombre de vaisseaux particuliers pour cette entreprise. Au lieu que le peu de commerce qu'ils ont, particulièrement en Europe, ne vaut pas la peine qu'on se remue. Ils ne réussirent que trop bien dans leurs desseins...* ». Tel est le constat quelque peu amer fait par l'Amirauté anglaise du temps[1], qui laisserait entendre que Vauban a d'ores et déjà gagné son pari !

La guerre de course repose sur une liaison étroite entre des groupes d'armateurs et l'État qui prête ses grands navires aux armateurs privés, sur une association de la flotte royale et des armateurs privés : elle dépend donc de la stratégie choisie par l'État. G. Le Bouédec la définit comme « une guerre contre le potentiel industriel et commercial d'un autre pays : c'est une guerre du commerce au commerce, mais pas exclusivement. La course est une activité ambivalente à la charnière de l'économique et du politico-militaire... pour les négociants, c'est la continuation du commerce par d'autres moyens... pour l'État, c'est la continuation de la guerre par d'autres moyens que la seule guerre d'escadres ». Mais qu'il s'agisse de commerce ou de guerre — d'intérêts privés ou publics — aucun bâtiment ne peut armer en course sans l'approbation de l'État, par le biais de « lettres de marque » devenues sous Louis XIV « commissions en guerre », par lesquelles l'Amiral de France autorise les capitaines des navires marchands à attaquer tout vaisseau ennemi sans tomber dans l'illégalité de la piraterie. Ces commissions couvrent — en France comme en Angleterre — trois formes de course. Le bâtiment « *armé en course* » a pour seul objectif la saisie et la capture des navires marchands ennemis dans un rayon d'action limité (de la mer du Nord au Golfe de Gascogne). Les navires armés « *en guerre et marchandises* », le sont à la fois pour la course et le

1. Cité par J. S. Bromley, « The importance of Dunkirk reconsidered », *Course et piraterie*, XVe Colloque international d'Histoire maritime, 1975.

commerce vers les colonies: ils sont autorisés à courir contre le commerce ennemi et à faire des prises. Il y a enfin les navires armés « *en aventure* ».

La première forme de course s'assimile à la petite course côtière (celle des *private men of war*, en Angleterre), la moins glorieuse, qui utilise de petits bâtiments (10 à 120 tonneaux). Ceux-ci pratiquent des embuscades sur les côtes anglaises (ou françaises), s'attaquant aux bateaux qui pêchent le hareng et aux caboteurs qui transportent le bois et le charbon. À Dunkerque, cette course est une tradition depuis le XVIe siècle : ainsi les Dunkerquois s'attaquent-ils aux pêcheurs hollandais du Dogger bank ; ce fut d'abord une réplique à la course de Jersey dirigée contre le commerce français dans la Manche. Ainsi peut-on aussi rencontrer des Malouins qui multiplient les embuscades sur les côtes britanniques proches. Des Jacobites ont également souvent armé en course avec une commission de Jacques II. Les corsaires préféraient d'ailleurs faire payer des rançons aux capitaines des navires marchands plutôt que de faire des prises, car les cargaisons étaient de faible valeur et partant, difficiles à écouler. À partir de 1692, les chantiers navals développèrent la construction de bâtiments légers (brigantins et felouques) adaptés à ce type de course…

Les navires armés « *en guerre et marchandises* » pratiquent la grande course individuelle, ou course classique — c'est celle des *deep water ships of war* : elle est également financée par les négociants, qui arment à cet effet, des bâtiments de 150 à 300 tonneaux. C'est la nouvelle spécialité de Saint-Malo — voire aussi quelque peu de Dunkerque, et plus encore de Bayonne — qui, portée par la pêche à Terre-Neuve et le commerce des piastres, s'est lancée dans la grande course océanique sous Louis XIV, à un moment où les profits négociants (surtout l'armement terre-neuvier) étaient menacés sur mer. A. Lespagnol[1] a montré comment la « manufacture de pêcherie » de Terre-Neuve avait fourni plus de 3 000 hommes à la fin du XVIIe siècle, ainsi que les capitaux d'un commerce « triangulaire » entre Saint-Malo, Terre-Neuve, la Méditerranée, l'Europe du Nord-Ouest — sans oublier ceux qu'avait fourni le commerce de Cadix, autre activité malouine prospère. L'appui de l'État (prêt de vaisseaux royaux aux armateurs malouins) ne fut pas non plus ménagé, ainsi que celui de la Cour et des milieux nobiliaires. Les objectifs de cette course, en dehors des belles prises sur les vaisseaux de l'*East India Company*[2], ou du commerce de la Chesapeake, étant cependant surtout les navires de pêche à Terre-Neuve et au Spitzberg, ou les caboteurs de la Manche…

Enfin, les navires armés « *en aventure* » pratiquent la course d'escadrille, inventée par le milieu négociant malouin à partir de la doctrine de Vauban. Sébastien Le Prestre, marquis de Vauban (1633-1707), commissaire général des fortifications depuis 1678, chargé du commandement militaire des quatre évêchés

1. André Lespagnol, *Entre l'argent et la gloire. La course malouine au temps de Louis XIV*, 1995.
2. Comme le coup de Dugay-Trouin sur trois navires de l'East India Cy richement chargés de toiles des Indes en 1695, qui rapporta un profit de 2 000 % !

bas-bretons (Dol, Saint-Malo, Saint-Brieuc, Tréguier) pendant la guerre de la Ligue d'Augsbourg, entreprit d'opposer à la tentative de débarquement anglais sur Brest en juin 1694, une résistance efficace. Il rédigea, l'année suivante, deux rapports — dont l'un sur la course, le *Mémoire concernant la caprerie*[1]. Dans ce dernier rapport[2], Vauban, conseillait au roi de réduire la guerre d'escadres au profit de la guerre de course, laquelle permettrait d'éloigner l'affrontement franco-anglais des côtes anglaises (truffées de corsaires anglais), et d'un combat de ligne favorable à la *Navy*. C'est ainsi, qu'en réponse aux sollicitations de Seignelay, interpellé par les impératifs financiers et économiques, l'armateur malouin Jean Magon de La Lande en vint à élaborer un projet de « course mixte » qui allait constituer — à la suite des suggestions de Pontchartrain en 1695 et sur fond du désastre de La Hougue — la doctrine de Vauban. La course mixte allait faire « la fortune et la renommée malouines » (L. Hilaire-Pérez) ; et devenir « le pivot de la stratégie navale française jusqu'en 1715 » ; et par là « promouvoir dans le négoce les valeurs aristocratiques de gloire et d'honneur, symbolisées par les hauts faits de Duguay-Trouin ». La course, dans sa « dérive » militaire, utilise de grosses frégates, voire des vaisseaux de 50 canons ; constitue des escadrilles de 4 à 5 unités, permettant le combat avec l'escorte des convois marchands ; et peut étendre le théâtre de ses opérations aux Orcades, au Spitzberg, à l'Islande. Ses objectifs sont stratégiques : détruire les flottes de pêche à la baleine, capturer des convois marchands venant de Moscovie, des Indes, de Smyrne ou de Cadix. Elle peut à ces fins utiliser les vaisseaux et les marins du roi : c'est ainsi que l'État, après La Hougue, accélère ses prêts de navires aux armateurs privés — entre 1693 et 1697, 12 à 17 navires de guerre en moyenne chaque année. Les résultats de cette militarisation de la course — qui se traduit évidemment par une logique de combat naval peu habituelle aux armements corsaires privés[3] — furent à la hauteur des efforts déployés : on compte quelques 140 à 150 prises annuelles entre 1690 et 1697 pour un produit net de 30 millions de livres ; 10 000 prises de 1695 à 1717. Cette guerre au commerce s'étendit à tous les théâtres d'opérations pendant la guerre de la Ligue d'Augsbourg (dans les Caraïbes en particulier) ; et le processus d'intégration se poursuivit dans la guerre de Succession d'Espagne qui vit décliner très fortement la petite course. Tandis que la grande aboutissait à des résultats importants, voire spectaculaires. Le 11 mai 1707, à Béveziers, le Dunkerquois Claude Forbin prit deux vaisseaux sur 4, et 22 navires marchands anglais sur 56. En octobre 1707, Duguay-Trouin et Forbin attaquèrent au cap Lizard un convoi de troupes anglais qui faisait route vers Lisbonne : ils capturèrent 4 vaisseaux d'escorte sur 5, et 15 navires de commerce

1. Le mot caprerie vient du néerlandais : kaaper = capre. Capre signifie, soit bâtiment de course, soit corsaire. Caprerie signifie donc la course — et le terme dénote tout ce que la chose doit aux Néerlandais...
2. Dont quelques extraits sont commentés plus loin.
3. Le choix des capitaines fait alors débat. Les actionnaires privés se méfient des officiers de la Royale, dont ils craignent la propension à rechercher plus le combat que le profit. De l'autre côté, l'entrée des capitaines corsaires dans la marine crée également des tensions : peu d'entre eux faisaient l'unanimité...

sur 130. Enfin, en 1711, ce fut l'expédition menée par Dugay-Trouin sur Rio-de-Janeiro, qui priva les Anglais de nombreux bâtiments. On verra là réponse au *Cruisers and Convoys Act* (1707) qui garantissait au négoce anglais une meilleure défense de la flotte de commerce sur les itinéraires les plus fréquentés. Ainsi les Français étaient-ils amenés à élargir leur rayon d'action : les espaces maritimes de conflit s'en trouvaient fortement dilatés...

Ce furent « les plus belles années de la guerre de course » (L. Hilaire-Pérez). Pour autant, cette guerre de course dénotait les difficultés de la France à dominer la guerre d'escadres, et renforçait en quelque sorte sa fragilité navale. En effet, cette forme de guerre supposait la mobilisation massive du capitalisme commercial, or la course malouine va, dès le début du XVIIIe siècle, se porter vers des placements plus rentables, dans les compagnies de commerce par exemple ; alors que la puissance du réarmement naval anglais se fait sentir dès les années 1720 (comme le révèle le bref conflit avec l'Espagne — 1717-1720). La *Navy* ne tarde pas à pouvoir menacer une flotte de commerce française, modeste encore en 1715, mais qui double son tonnage en 25 ans : de sorte que le commerce français est devenu vulnérable à son tour à partir de la guerre de Succession d'France. La guerre au commerce a donc progressivement transformé l'usage des forces navales, en contraignant les États à consacrer une partie de leur marine à la protection de leur commerce : c'est le système des convois. On sait que lors de la guerre de Succession d'France, le gouvernement français, à l'instigation de Maurepas, rend obligatoire, à partir de 1745, l'organisation en convois du grand cabotage, du commerce du Levant et du commerce colonial. Mais la protection de ce dernier se limita aux liaisons en droiture vers les Antilles, au détriment des activités de Traite et de pêche à la morue. En outre, ce système des convois fut malheureusement impossible à organiser par la France durant la guerre de Sept Ans. Certes, après la terrible année 1757, le nombre de prises anglaises chuta : mais ce fut en raison de l'effondrement de l'armement au commerce français qui ne pouvait plus compter sur une quelconque protection dans un océan totalement dominé par la *Navy* ! Le recours aux neutres fut alors la solution incontournable, malgré l'opposition des Anglais. Les Français purent rétablir le système des convois durant la guerre d'Amérique : décidé en octobre 1778 par Sartine, il fut mis en place courant 1779. Les bateaux de commerce voyageraient en convois de 20 voiles, escortées par une frégate et une corvette. Au cas où les retards s'accumuleraient, on constituerait un grand convoi qui bénéficierait de la protection de l'armée navale se rendant aux Antilles[1]. Sartine se rallia également à une stratégie offensive. Dès le début de la guerre d'Amérique, la France accueillit des corsaires américains, comme John Paul Jones, qui racheta et réarma à Lorient de vieux bâtiments de la Compagnie des Indes, tel *Le Bonhomme*

1. Bien entendu, les Hollandais — c'était une tradition — et les Anglais, eurent aussi recours aux convois escortés. Ces derniers se montrèrent d'abord réticents : ils attribuaient aux convois un effet de saturation du marché avec baisse des prix à la vente et contrecoup inflationniste à l'achat. Mais le nombre des captures durant la guerre de Succession d'Autriche (500 par an) les convainquit...

Richard, qui s'attaqua aux navires anglais navigant au large des côtes britanniques. À partir de 1780, les frégates croisant le long des côtes eurent pour mission de pourchasser les corsaires anglais : c'est ainsi que *La Belle Poule* fit merveille en 1781 ! Le temps était en effet venu où la course n'était plus rentable pour les particuliers : dès la guerre de Sept Ans, le Malouin Magon de La Blinais refusait d'armer en course, faute de profit espéré suffisant. En fait, la course a tué la course ! La gagnante étant la course de guerre, celle qui a fait de la guerre une guerre totale visant à mettre à genoux l'adversaire.

Les résultats finalement médiocres de la Royale s'expliquent largement par la dispersion des efforts de la France, contrainte qu'elle était à combattre tant sur le continent qu'outre-mer, alors que l'Angleterre pouvait investir en priorité dans sa marine de guerre, qui assurait finalement sa sécurité. La seule fois où elle fut vaincue ce fut lors de la guerre d'Amérique où elle se trouva doublement isolée. Non seulement, elle ne trouva aucun allié sur le continent à opposer à la France ; mais en outre, les autres puissances formèrent contre elle une Ligue des Neutres qui s'évertua à faire respecter la liberté des mers ! En outre, d'une part les Anglais durent faire face à la course américaine qui leur mit à mal plus de 3 000 navires, mais ils ne purent maintenir leur escadre de la Manche. Enfin, la politique navale anglaise manqua de fermeté tant à l'Amirauté qu'au niveau des officiers supérieurs... Au demeurant, la seule guerre victorieuse menée par la France contre l'Angleterre s'avéra largement inutile, la posture française reposant sur l'illusion que la puissance de l'Angleterre était fondée sur ses colonies américaines. Pour la France, le bénéfice économique fut à peu près nul, le bénéfice diplomatique relatif, et les charges financières catastrophiques pour l'État. Au total, la victoire française, apparente, non seulement n'avait pas réussi à battre en brèche l'hégémonie navale anglaise, mais elle posait en creux la question de la vocation maritime de la France, qui avait pourtant besoin d'une flotte de guerre pour protéger ses colonies et son commerce, et défendre ses côtes...

Plaidoyer pour la guerre de course du marquis de Vauban, novembre 1695

À la fin de l'année 1695, la France est en guerre depuis sept ans contre la Ligue d'Augsbourg — coalition continentale qui s'est formée contre la politique expansionniste de Louis XIV et à laquelle s'est jointe l'Angleterre — et, malgré certains « *succès* », les « *efforts que nous avons pu faire jusqu'à présent* » n'ont pu réduire « *les ennemis à demander la paix* ». L'ingénieur militaire du roi, le spécialiste des techniques de fortification et de siège qui, en 1694, a obtenu un commandement en Bretagne pour repousser un débarquement anglais, le prolixe auteur de rapports au roi qu'est Sébastien Le Prestre, marquis de Vauban, entend dans son *Mémoire concernant la caprerie* convaincre ledit roi de l'urgence où l'on est de changer de stratégie contre les « *véritables ennemis* » de la France que sont Anglais et Néerlandais. Il convient de les attaquer au cœur de ce qui fait leur force, à savoir leur commerce maritime à dimension planétaire, en leur faisant une guerre de course sur mer.

Document

Extraits du Mémoire concernant la caprerie de Vauban

« Ainsi la France doit considérer les Anglais et les Hollandais comme ses véritables ennemis qui, non contents de la guerroyer ouvertement et à toute outrance par terre et par mer, lui suscitent tous les autres ennemis qu'ils peuvent par le moyen de leur argent. Or cet argent ne vient pas de leur pays, nous savons qu'il n'y a que celui que le commerce y attire (...).

C'est en un mot de là que vient tout le mal que nous souffrons, et c'est ce mal qu'il faut combattre et contre lequel il faut employer toute la force et l'industrie possibles, mais d'une manière intelligente et capable de le pousser à bout : ce qui arrivera dans peu si (...) on prend sur cela un parti convenable qui ne se trouve point dans la guerre de terre. Elle ne saurait faire cet effet, car bien que nos armées aient souvent triomphé des leurs, les succès n'ont point donné d'atteinte à leur commerce, parce qu'ils en font peu par terre et que ce peu est hors de notre portée. Ce ne sera point par la guerre en corps d'armées, vu que quelques efforts que nous ayons pu faire jusqu'à présent, les forces qu'ils nous ont opposées ont toujours été égales ou supérieures aux nôtres, et pour cela leur commerce n'a pas cessé d'aller son train. Ce ne sera pas non plus par nos conquêtes, puisque nous sommes réduits à la défensive, heureux si nous pouvons empêcher qu'ils en fassent sur nous (...).

Ce ne peut donc être que par la course qui est une guerre de mer subtile et dérobée, dont les coups seront d'autant plus à craindre pour eux qu'ils vont droit à leur couper le nerf de la guerre, ce qui nous doit être infiniment avantageux, puisque d'un côté il est impossible qu'ils puissent éviter la ruine de leur commerce, que par des frais immenses qui les épuiseront sans y pouvoir que très faiblement remédier, et que d'autre (côté) ils ne pourront nous rendre la pareille, puisque nous n'en avons que peu ou point d'étranger (...).

Il n'y a qu'a voir la carte de l'Europe et bien examiner les situations et propriétés des différents États qui la composent, spécialement de ceux qui approchent ou environnent ce royaume, par rapport à nos côtes et à nos ports de mer (...). On trouvera que la France a des avantages pour la Course qui surpassent en tout et partout ceux de ses voisins (...) parce que tout le commerce de ses ennemis passe et repasse à portée de ses côtes et de ses ports les plus considérables (...).

Dunkerque n'est pas moins bien situé pour courir sur le commerce d'Angleterre et d'Écosse, des Pays-Bas catholiques, de la Hollande, de Danemark, Suède, Norvège, Moscovie et Groenland, et sur toutes les pêches de harengs, de morues et de baleines qui se font dans ces parages, aussi bien que sur le commerce de la Méditerranée, de l'Espagne, de l'Afrique et des Indes orientales et occidentales qui échappe aux corsaires de Brest et de Saint-Malo, soit qu'il passe par la Manche ou par le nord de l'Écosse. Le Havre, Saint-Malo et Brest peuvent aussi investir par leurs corsaires l'Angleterre, l'Écosse et l'Irlande, par la Manche, par l'ouest de l'Irlande et le nord de l'Écosse, (...).

La France a encore plusieurs autres ports propices à la course où on la peut très bien faire, tels que sont Dieppe et Honfleur dans la Manche, Port-Louis, Nantes, La Rochelle, Rochefort, Bayonne dans l'Océan, et plusieurs autres moindres dans l'une et l'autre mer dans lesquels on ne laisserait pas d'armer. Enfin ce royaume contient de quoi bâtir tous les vaisseaux desquels on peut avoir besoin et dont il y a déjà grande quantité d'officiers qui ne demandent pas mieux que d'y être employés, et beaucoup de gens capables de fournir aux armements quand ils y verront apparence de gain et d'honneur.

Nous savons qu'on l'a déjà faite et qu'on la fait actuellement, mais avec peu de succès par rapport à ce qu'on pourrait faire ; de plus, parce que ce n'est que par les faibles efforts de quelques particuliers, peu intelligents et de peu de moyens, qui ne sont pas soutenus et qui se trouvent le plus souvent mal avoir aventuré leurs biens, et qui n'ont pas la force de se relever quand la course ne réussit pas dès les premiers voyages, ou que leurs vaisseaux sont pris par les garde-côtes ennemis qui sont forts, et bons voiliers, et qui pendant toutes les campagnes dernières n'ont été combattus d'aucun des nôtres, ce qui joint au peu de protection qu'ils reçoivent, et aux vexations et chicanes qu'on leur a fait souffrir dans les adjudications des prises, et par les grands droits que les fermiers ont exigés d'eux, les a tellement rebutés que j'ai vu ceux de Saint-Malo et de Dunkerque résolus à désarmer absolument et de ne la plus faire. Tout cela ne vient que de ce qu'on n'a pas assez connu les avantages de la situation de ce royaume, et les bons effets que la course protégée et bien menée peut y produire, et enfin de ce qu'on s'est fait une fausse idée du mérite des armées navales, qui n'a point du tout répondu à ce que le Roi en avait espéré, et n'y répondra jamais tant que la ligue d'à présent subsistera, parce que vraisemblablement ils seront toujours plus forts à la mer que nous. Il faut donc se réduire à faire la Course comme au moyen le plus possible, le plus aisé, le moins cher, le moins hasardeux et le moins à charge à l'État, d'autant même que les pertes n'en retomberont que peu ou point sur le Roi, qui n'hasardera presque rien; à quoi il faut ajouter qu'elle enrichira le royaume, fera quantité de bons officiers au Roi et réduira dans pets ses ennemis à demander la paix à des conditions beaucoup plus raisonnables qu'ut n'oserait l'espérer.

Source: *Vauban. Sa ramille et ses écrits. Ses Oisivetés et sa correspondance,* édité par le colonel de Rochas d'Aiglon, 2 vol. Paris 1910, t. I, p. 454-461.

Commentaire

Vauban plaide donc ici pour une « *guerre subtile et dérobée* », c'est-à-dire indirecte, une guerre de subversion pratiquée par des « *francs-tireurs* » (que seraient ainsi les corsaires) faisant aux Anglais ce qu'on appellera plus tard une guerre économique, une guerre totale.

Après avoir passé en revue les difficultés rencontrées par une France (cf. : « *tout le mal que nous souffrons* ») « *réduite à la défensive* » face à des ennemis « *supérieurs* », Vauban énumère les différentes raisons qui devraient conduire les Français à utiliser la course : « *ce mal qu'il faut combattre… ce ne peut-être que par la course* ». Enfin, et c'est l'enjeu principal de son *Mémoire,* Vauban entend démontrer au roi qu'il faut faire glisser la course d'une logique commerciale à une logique militaire, en faire une stratégie militaire alternative, en mettant au point une nouvelle course, la course d'escadrille, reposant sur une logistique mixte mêlant intérêts publics — ceux du Roi — et intérêts privés — ceux des armateurs et des corsaires.

« Tout le mal que nous souffrons »

Une guerre sur tous les fronts

« *Anglais et Hollandais… non contents de la guerroyer ouvertement… par terre et par mer, lui suscitent tous les ennemis qu'ils peuvent par le moyen de leur argent* » : la France est donc attaquée tous azimuts par une coalition européenne à la solde des Anglo-Hollandais.

Guerre terrestre contre les puissances continentales stipendiées par les financiers d'Amsterdam et de Londres. Pour protéger l'Alsace, Louis XIV fait procéder au sac du Palatinat dans l'hiver 1688-1689 — destruction méthodique obéissant à la tactique de la « *terre brûlée* » — tant « *regretté* » par Voltaire. Combats également en Hainaut en 1692, au Brabant en 1693.

Guerre sur mer « *en corps d'armées* » contre les escadres anglo-hollandaises. Cette guerre sur mer est à double facette. Elle se déroule dans la Manche (Béveziers 1690, Barfleur-La Hougue 1692), et s'alimente particulièrement de tentatives d'invasion de l'Angleterre. Mais elle présente aussi une dimension coloniale en ce que la guerre que les Anglais entreprennent est une guerre pour la suprématie en Amérique: pour la morue, les fourrures, les sucres et l'indigo ;

et contre l'encerclement de leurs colonies continentales par le Canada et la Louisiane. Ainsi les attaques anglo-américaines contre Québec en 1690 ; les combats aux Antilles également.

Guerre commerciale de course en mer, où s'illustrent le corsaire — devenu capitaine de vaisseau — Jean Bart, mais aussi le vice-amiral Tourville en 1693, à la tête d'une puissante escadre, contre le « *convoi de Smyrne* », au large de Lagos (avec Bart). Et raids malouins dans la zone caraïbe…

Une France condamnée à la défensive du fait de la supériorité ennemie

Il s'agit de la supériorité financière que procure à l'ennemi l'activité commerciale maritime : « *cet argent ne vient pas de leur pays… il n'y a que celui que le commerce y attire* » en provenance des quatre continents, grâce à la puissance de leur flotte de commerce, à l'omniprésence de leurs comptoirs, et à leur habileté de commerçants.

S'agit-il aussi de supériorité militaire ? En matière de guerre navale, il faut évidemment évoquer le « *brasier de La Hougue* ». Mais est-elle quantitative ? On pensera à la disjonction entre forces du Levant et forces du Ponant ; et aux 3 142 canons opposés aux 8 980 des ennemis à Barfleur-La Hougue. Est-elle qualitative ? Tourville, que n'a pas rejoint d'Estrées à temps, perd 15 vaisseaux entre Cherbourg et La Hougue, dont le vaisseau-amiral, *Le Soleil-Royal*, le plus beau et le plus célèbre de la Royale ! Mais Tourville l'avait emporté à Béveziers deux ans plus tôt. Saint-Simon sauva sa réputation et le roi fit un Maréchal de France de celui qui prit une revanche éclatante à la bataille de Lagos en juin 1693.

Qu'en-est-il de la défensive ? Seignelay est mort en 1690. Louis de Pontchartrain lui a succédé à la Marine, celui-ci est peu convaincu de l'utilité des escadres, tant les victoires navales ne lui paraissent d'aucune utilité sur le déroulement de la guerre. Son petit-fils, Maurepas, fera plus tard un bon mot à ses dépens : « *Savez-vous ce qu'est un combat naval ? On manœuvre, on se tire des coups de canons, puis chacune des deux armées navales se retire, et la mer n'en reste pas moins salée* ». On sait que la victoire de Tourville à *Béveziers* en 1690 est restée inexploitée. Et, pendant toute l'année 1691, les navires ne servent à rien, ayant pour ordre de protéger les côtes du royaume et de n'engager le combat que contre un ennemi inférieur en nombre. Le choix de la défensive est fait dès avant Barfleur, donc : ce que Vauban approuve en disant s'estimer « *heureux si nous pouvons empêcher que (les ennemis) fassent (des conquêtes) sur nous* ».

Un rapport de force plus défavorable qu'il n'y paraît

Des succès terrestres en effet, que concède d'ailleurs Vauban : Fleurus (1690), Steinkerque en Hainaut (1692), Neerwinden au Brabant (1693) ; mais qui s'avèrent non décisifs.

Des succès maritimes également, que Vauban occulte, en laissant penser que les « *quelques efforts que nous ayons pu faire* » n'ont abouti à rien. Pourtant Béveziers est une grande victoire navale française — certes, simplement tactique et non exploitée. On rappellera quand même qu'à cette date, la France dispose, grâce à Colbert et à Seignelay, de la première marine de guerre européenne : 130 vaisseaux et frégates en 1688, qui peut, si le Levant parvient à se joindre au Ponant, équivaloir les forces navales, conjointes dans cette guerre, de l'Angleterre et des Provinces-Unies. Ce qui est justement le cas à Béveziers, où les canons français étaient en nombre supérieur. Il y a également le coup de main de Tourville sur Lagos, trois ans plus tard — notamment grâce à l'effort de reconstruction de la marine entrepris après La Hougue… La France dispose aussi de bons officiers : les vice-amiraux Châteaurenault et Tourville.

Mais le problème est que « *les succès n'ont point donné d'atteinte à leur commerce* », tonne Vauban, « *parce qu'ils en font peu par terre* » : la guerre terrestre ne peut donc inverser le rapport de force ; et que leur commerce maritime « *n'a pas laissé d'aller son train* », malgré nos « *efforts* » en matière de guerre navale ! « *On s'est fait une fausse idée du mérite des armées navales* », conclut-il : les batailles navales n'empêchent pas les navires de commerce de naviguer. Sans oublier qu'elles sont extrêmement coûteuses. Il faut donc trouver l'arme-miracle qui puisse « *couper le nerf de la guerre* » aux ennemis qu'est leur commerce !

« Ce mal qu'il faut combattre... ce ne peut être que par la course »

« On n'a pas assez connu les avantages de la situation de ce royaume »

Selon Vauban, la position géographique de la France, qui la fragilise face à une guerre de terre et de mer conventionnelle[1], la prédispose à la course. « *Il n'y a qu'à voir la carte de l'Europe et bien examiner les situations et propriétés des différents États qui la composent, spécialement ceux qui approchent ou environnent le royaume, par rapport à nos côtes et à nos ports de mer... La France a des avantages pour la course qui surpassent... ceux des voisins* »

En effet, d'une part, ses côtes sont à portée des grandes routes commerciales : tous les navires de l'Europe du Nord doivent les longer pour cingler vers l'Amérique, l'Afrique, les Indes ; de même que tous ceux de l'Europe du Sud qui mettent le cap sur les pays du Nord. Certes, les ennemis peuvent chercher à passer « *par la Manche ou par le nord de l'Écosse* », pour échapper aux corsaires de Brest et de Saint-Malo, trop éloignés de leurs cibles potentielles : mais alors, ils se heurtent à ceux de Dunkerque !

D'autre part, la France dispose d'un autre atout : ses ports. En particulier, Dunkerque, patrie de Jean Bart, et dont Vauban a fait une place forte. Dunkerque est en effet situé sur le détroit assez étroit qui sépare la Manche de la mer du Nord : ses corsaires sont ainsi à pied d'œuvre pour intercepter tous les trafics marchands, qu'ils viennent du Nord ou du Sud ! Puis l'auteur, après avoir longuement insisté sur Dunkerque, énumère toute une liste de ports : d'abord ceux qui pratiquent déjà la course (Le Havre, Brest et Saint-Malo) ; puis ceux qui pourraient la pratiquer, aussi bien dans la Manche que sur l'Atlantique, de Dieppe à Bayonne[2] ; enfin, ceux, « *moindres* », qui pourraient se doter d'arsenaux et de chantiers navals.

Par ailleurs, le territoire du royaume dispose aussi de ressources naturelles et humaines insuffisamment exploitées. Le bois de ses forêts — notamment celle de Tronçais[3] — ainsi que le chanvre, pour « *bâtir tous les vaisseaux* » ; mais aussi une grande quantité d'officiers de marine en puissance, inemployés qu'ils sont, vu la sourdine mise à la guerre d'escadre après La Hougue. Enfin, Vauban n'oublie pas les armateurs (en puissance, ou non) — voire les corsaires — qu'il conviendrait d'« appâter » par le « *gain* » et l'« *honneur* » — gains que Vauban voit rognés par diverses ponctions (comme « *les droits que les fermiers ont exigés d'eux* »), alors que les risques ne donnent lieu qu'à « *peu de protection* », et qu'ils « *ne sont pas soutenus* ».

« Les coups (de la course) vont droit à leur couper le nerf de la guerre »

Car « *il est impossible qu'ils (les ennemis) puissent éviter la ruine de leur commerce* », considéré comme une machine de guerre, en ce qu'il fait leur richesse, et donc leur puissance navale, ainsi que leur efficacité diplomatique. S'attaquer à leur commerce, c'est donc les attaquer au cœur de leur force, c'est donc les priver des moyens de financer la guerre (la leur, et celle de leurs alliés) — et donc de la faire ! Et donc au final, les ennemis en seront « *réduits dans*

---

1. Les frontières terrestres de la France sont longues, et bordent des puissances au moins menaçantes — d'où, certes la « *ceinture de fer* » construite par Vauban... Par ailleurs, les côtes françaises sont à portée de boulets des puissances maritimes que sont l'Angleterre et les Provinces-Unies...
2. À noter que, outre Dunkerque, Bayonne, Rochefort, Brest ont été fortifiées par Vauban. D'autres ports, comme La Rochelle, ont été remaniés dans ce sens.
3. Rappelons l'ordonnance de Colbert de 1669 sur la production du bois de marine — notamment l'obligation de maintenir en futaie la totalité des forêts proches des rivages ou d'un cours d'eau (accès facilité aux chantiers navals). La taille des vaisseaux nécessitant de 1 000 à 40 000 m^3 de bois, on comprend que les forêts aient été moins inexploitées que véritablement « saignées » surtout près des rivières !...

peu... à demander la paix à des conditions beaucoup plus raisonnables qu'on n'oserait l'espérer ».

Ainsi Vauban préconise-t-il de reprendre l'offensive sur mer, en s'attaquant aux sources de la puissance des ennemis, au moyen de la course. « *Stratégie du faible* », fondée plus sur la ruse (cf. l'idée de guerre « *subtile* ») que sur la force, et qui permet d'éviter l'affrontement direct en des batailles ruineuses en hommes et en bâtiments...

Entreprise dont la réussite est « *doublement* » certaine. D'une part, parce que les ennemis font peu de commerce par voie de terre; et qu'ils ne pourront que « *très faiblement remédier* » financièrement aux dégâts faits à leur commerce maritime. D'autre part, « *ils ne pourront nous rendre la pareille, puisque nous n'en avons que peu ou pas d'étranger* » ![1] . Certes ; on sait en effet que le commerce maritime français ne « décolle » qu'après 1715...

« On l'a déjà faite et on la fait actuellement, mais avec peu de succès »

Effectivement, on pense aux exploits de Jean Bart depuis 1676 — année où, comme l'indiquent ses Lettres de noblesse datées d'août 1694, « *commandant une frégate royale armée en course et montée de dix pièces de canon, il prit une frégate hollandaise... qui servait de convoi* ». Même schéma l'année suivante, où il s'empara de « *seize navires marchands* ». « *Fameux exploits* » qui lui valurent donc d'être anobli par le roi[2] — suite à la récupération de blés norvégiens destinés à la France mais interceptés par un amiral néerlandais. On sent bien ainsi le caractère exceptionnel de cette course-là...

Certes, Louis XIV avait, dès 1688, décrété par ordonnance qu'« *afin d'exciter un plus grand nombre de gens à courir contre les ennemis de l'État, on leur confiera des vaisseaux au-dessous de 44 canons* ». Mais il avait involontairement freiné la course en recrutant la main-d'œuvre des ports pour la guerre d'escadre (ordonnance de 1689). Certes, Pontchartrain, acquis à la guerre de course, avait, dès 1693, proposé aux armateurs et aux corsaires, bâtiments et canons à prix avantageux ; et lancé en juillet 1695 une souscription pour l'armement en course d'une escadrille de 6 bâtiments ; et enfin, décidé d'employer des escadres à la protection des navires qui pratiquent la course...

Mais l'essentiel n'est pas là : l'essentiel, c'est la course privée, petite course côtière ou grande course classique — chère aux Malouins notamment — celle que mènent, selon Vauban, ces « *quelques particuliers... de peu de moyens* », « *pas soutenus* » (contrairement aux grands corsaires), et que le mauvais rapport risques/gains[3] détourne de cette activité, au point d'exprimer devant l'auteur qui s'en porte témoin leur volonté de « *désarmer absolument et de ne plus la faire* ». Vauban pointe donc, tant la crise de la course privée à finalités commerciales, que l'exceptionnalité de la course de guerre à finalités militaires. Exceptionnalité à laquelle il faut remédier au plus vite.

Des « bons effets que la course protégée et bien menée peut produire »

Faire de la course une stratégie militaire alternative

Il conviendrait désormais de mener « *une guerre de mer subtile et dérobée* ». Comment ? En utilisant systématiquement la course, et en la transformant en moyen stratégique, en la militarisant. En constituant des escadrilles de 4 à 5 unités (grosses frégates, voire vaisseaux de 50 canons) ; en définissant des objectifs stratégiques (détruire les flottes de pêche; capturer des convois marchands) ; en étendant le plus possible le théâtre des opérations, de façon à éloigner

---

1. Faiblesse de la France, qui fait en l'occurrence sa force !
2. Comme le sera Duguay-Trouin en 1709.
3. Vauban regrette d'une part que les garde-côtes français ne se soient pas lançés contre les garde-côtes ennemis ; et d'autre part, que les prises soient mises aux enchères, et soumises à « grands droits » de la part des fermiers généraux.

l'affrontement des côtes anglaises (truffées de garde-côtes). Bref, Vauban plaide pour la course d'escadrille : c'est-à-dire pour une guerre économique, de nature à affaiblir économiquement l'ennemi -directement et indirectement, et à réduire son effort de guerre. Sachant qu'il va trouver une écoute favorable chez le secrétaire à la Marine, Louis de Pontchartrain.

Mettre en place un système d'« économie mixte » (A. Lespagnol)

Il s'agirait de constituer en quelque sorte des vaisseaux corsaires, de privatiser la Royale : c'est-à-dire de déployer des vaisseaux et des frégates, prêtés par le roi, mais armés par des négociants, et commandés par des corsaires, qui attaqueront pour leur propre compte, mais au nom du roi (cf. les « *lettres de marque* »), des navires marchands ennemis. L. Hilaire-Pérez donne l'exemple — pour l'année 1695, justement — de trois vaisseaux corsaires malouins qui participent à l'escadre du chevalier de Nesmond pour intercepter un convoi de troupes anglaises à destination de l'Espagne...

Cette guerre de subversion serait ainsi, plaide Vauban, « *la moins à charge pour l'État, d'autant même que les pertes n'en retomberont point sur le Roi* ». Elle aurait même vocation à « *enrichir le royaume* ». En effet, la guerre au commerce qu'elle fait, permet de saisir des marchandises. Elle permet aussi de mettre la main sur des navires, et sur des matelots.

Elle serait aussi l'occasion de donner « *quantité de bons officiers au roi* » : on pense aux carences de la Royale à cet égard, surtout par comparaison avec la *Navy*. L'expérience et le talent des « *francs-tireurs* » auraient ainsi vocation à corriger les faiblesses du corps des officiers de marine ! Les mérites d'un Jean Bart, simple maître de pêche au départ, n'en ont-ils pas fait un chef d'escadre ? Pour autant, il conviendra d'accorder le comportement des capitaines corsaires à la logique de la guerre navale, ainsi que de veiller à empêcher leur contamination par des valeurs aristocratiques peu productives.

« Réduire les ennemis à demander la paix à des conditions raisonnables » ?

Vauban a-t-il été entendu par le Roi ? De 1695 à 1697, les grandes escadres françaises sont absentes des mers, et la guerre de course est en plein essor. Elle devient « *le pivot de la stratégie navale française jusqu'en 1715* » (L. Hilaire-Pérez). Ce qui a permis d'éviter les combats de ligne et de s'éloigner des côtes anglaises. Par ailleurs, Pontchartrain et le roi se sont mis à préférer les officiers roturiers sortis de la course aux officiers de marine issus des compagnies de gardes.

Mais la guerre de course a-t-elle enrichi le royaume ? On dénombre 4 200 prises entre 1693 et 1697, qui, incontestablement, ont affaibli les Anglo-Hollandais dans une guerre d'usure. Mais celles-ci n'ont fait que couvrir les dépenses de guerre de la France (800 millions de livres).

Enfin, la stratégie de Vauban a-t-elle permis à la France d'obtenir « *des conditions... raisonnables* » ? La paix de Ryswick est, sur le continent, une paix de compromis, dont le résultat essentiel est d'assurer l'Alsace à Louis XIV en échange de Nice. En revanche, outre-mer, le traité est plus avantageux : si la France doit rendre Terre-Neuve et la baie d'Hudson à l'Angleterre, et reconnaître Guillaume III, l'Espagne cède en toute propriété à la France la partie occidentale de Saint-Domingue ! Malheureusement, l'essor du commerce maritime français avec la « *perle des Antilles* », tout au long du siècle à venir, rendrait « *inconvenable* » à terme le « *parti* » de Vauban...

La force commerciale de la France ferait désormais sa faiblesse dans l'Atlantique, du fait de l'hégémonie croissante de la *Navy* !

Chapitre V
L'Atlantique, un monde racialisé en voie d'implosion

En Europe, des populations atlantiques plus ou moins marginales de gens de mer et du négoce

La fréquentation de la mer — celle du vide et du lointain... — a toujours fabriqué de l'altérité sociale et culturelle. Au XVIIIe siècle, le hiatus avec les « gens de terre » se creuse sous l'action de l'État qui, avide de mieux connaître le territoire et ses peuples, de dénombrer les hommes pour mieux prélever les richesses, s'acharne à contrôler les mobilités, à fixer les hommes et à figer les identités. Or les identités maritimes, marquées au sceau du mouvement, de la migration et de l'instabilité, tournées vers le grand large, se prêtent mal à ce processus et maintiennent une distinction, qui n'est cependant pas aussi uniforme et extérieure à la société globale que le perçoivent les administrateurs du prince...

« Les citoyens du large » (A. Cabantous[1])

Une identité maritime ?

Les gens de mer, c'est-à-dire les gens embarqués ou navigants, arrachés qu'ils sont perpétuellement à la terre, acculés en permanence à vivre ensemble en marge de la société, forment des communautés auxquelles « le sceau de la mer » (A. Cabantous) donne une cohésion forte, une structure grégaire, ainsi que le sentiment (positif) de leur altérité. Populations maritimes[2], ce sont, naturellement, des populations littorales ; mais leur implantation sur les littoraux présente une grande diversité, laquelle est fonction de la variété des sites favorables — naturels ou aménagés. L'habitat maritime peut être ainsi dispersé ou groupé, rural ou urbain ; il peut aussi être éloigné de la mer. En outre, ports et villages littoraux ne sont pas peuplés que de gens de mer : leur nombre est inversement proportionnel à

1. Alain Cabantous, *Les citoyens du large. Les identités maritimes en France (XVIIe-XIXe siècles)*, 1995. En reprenant cette expression, on suivra ici la définition que l'historien donne des gens de mer, à savoir les navigants dont le navire et la mer sont le lieu de travail exclusif. Selon G. Le Bouédec, ils étaient dans l'Europe atlantique du début du XVIIe siècle environ 350 000 hommes ; et environ 500 000 deux siècles plus tard.
2. Le groupe des populations maritimes est beaucoup plus large que celui des gens de mer. On y trouve en sus tous ceux, de haut en bas de la pyramide sociale, dont l'état dépend des activités maritimes : officiers divers, capitaines à terre, personnel chargé de l'entretien du port et du chargement/ déchargement des bateaux, personnel de gardiennage, sans oublier les « spécialistes » de la construction navale. On pourrait y ajouter la sphère des métiers issus des effets industrialisants des activités maritimes : filière textile et filière métallurgique nécessaires à la construction navale, mais aussi industries du traitement des produits importés

la taille de l'agglomération. Dans les villages de la Flandre à la Bretagne, les marins représentent la moitié de la population ; mais dans les villes littorales de Flandre ou de Picardie, ils ne forment que 10 à 20 % des résidents. Les gens de mer constituent donc une société minoritaire, y compris sur les littoraux...

La vie des gens de mer est rythmée par le mouvement et le temps de l'espace qu'est la mer, par les contraintes qu'impose la mer : ses marées, ses courants et ses vents ; le déplacement des bancs de poissons ; le temps des traversées et des campagnes ; la mort qu'elle sème au cours de ses tempêtes ou des guerres navales... La mer impose son calendrier qui n'est pas celui — agricole, religieux, ou même démographique — des gens de la terre. C'est un calendrier marqué par l'absence masculine, laquelle pèse d'abord sur la démographie. Il appert en effet que les contraintes de leur métier et la récurrence des guerres imposent aux gens de mer une démographie « dépendante » : la nuptialité (largement endogame dans les îles et les zones isolées, homogame ailleurs) est souvent tardive, la mortalité est souvent précoce[1], ils sont souvent célibataires, les couples sont souvent sans enfants, les enfants nés le plus souvent à la fin de l'automne ou au cœur de l'hiver sont tués en nombre par le brouillard et l'humidité[2], les autres sont dangereusement mis en nourrissage[3]. C'est pourquoi, conclut L. Hilaire-Pérez, en France comme ailleurs, les marins manquent. Ce qui explique que la mer puise des hommes dans tous les milieux socio-professionnels, urbains et ruraux. Ce qui explique surtout qu'aux voyages sur mer, s'ajoutent d'un bout du littoral européen à l'autre, des migrations à toutes les échelles, qui aggravent encore l'absence et la déterritorialisation de populations entières... et la féminisation des populations maritimes.

C'est en effet l'épouse du marin — quand épouse il y a — qui fait le rattachement de celui-ci au territoire : c'est donc le pilier de ces communautés maritimes. Celle dont la vie est faite d'attente, de solitude et de deuil, est un agent économique essentiel : elle travaille aux champs, elle participe aux travaux que requiert la pêche, elle tient commerce en ville, elle gère les biens pendant l'absence du mari. C'est aussi un agent socio-culturel : elle est gardienne du foyer familial et passeure des valeurs chrétiennes. Les gens de mer ne devraient-ils pas la pérennité de leur mode de vie à la gent féminine ?

---

1. À Dunkerque et à Fécamp, 60 % des gens de mer meurent avant l'âge de 40 ans, contre le 1/3 pour les autres actifs : la mortalité masculine entre 15 et 40 ans est trois fois supérieure à la mortalité féminine. D'après A. Cabantous, ce sont les escales, africaines et antillaises, qui tuent le plus, à coups de fièvres et épidémies diverses ; mais le scorbut et la dysenterie déciment aussi les équipages des négriers nantais, avec des taux de mortalité très voisins de ceux des Noirs transportés (de l'ordre de 16-17 %).

2. Entre Dunkerque et Le Havre, le calendrier des naissances épouse les rythmes de la mer : les conceptions ont généralement lieu avant les campagnes de la pêche hauturière, entre janvier et mars, plus rarement à l'époque des retours en septembre avant le grand cabotage. Le 1/3 voire la moitié des bébés meurent avant l'âge de 1 mois.

3. Selon A. Cabantous (*Dix mille marins face à l'océan. Les populations maritimes de Dunkerque au Havre aux XVIIe et XVIIIe siècles*, 1991), 20 % des foyers maritimes se trouveraient sans enfant vivant au cours du XVIIIe siècle.

Pour autant, le monde des gens de mer apparait pluriel dans ses comportements, démographiques et autres. Les matelots se marient plus tard ou restent célibataires, la nuptialité ainsi que la fécondité des pêcheurs apparaissent plus précoces et importantes. Il en va de leurs attitudes respectives vis-à-vis de la religion et des valeurs qu'elle sous-tend. Malgré la difficulté à respecter le calendrier liturgique, la sensibilité religieuse est assez nette dans le monde de la pêche[1], plus que dans celui du commerce, et avec elle une certaine conception de la famille et du mariage. Ce sont les recettes de la pêche qui financent les fondations pieuses qui se multiplient pendant les guerres ou lors des violentes tempêtes, quand la mer rejette les corps des défunts « trépassés » dont il faut soulager les âmes. La mort hante les esprits, car la mort rôde en permanence sur la mer, frappant au hasard, comme le montrent si froidement les danses macabres sculptées sur les murs des ossuaires bretons, comme l'expriment aussi prières et ex-votos, pélerinages aussi — pris en charge par les confréries de pêcheurs, de Dunkerque à Bordeaux en passant par Auray, et placées sous le patronage de saint Pierre, sainte Anne ou encore saint Michel, et surtout Notre-Dame. Ces confréries marquent l'attachement de tous les gens de mer, pêcheurs et marins, aux formes de contrôle et de sociabilité du temps, mais elles sont à la fois des structures d'intégration et de distinction entre des groupes avant tout clivés par des critères hiérarchiques et économiques.

Des communautés étanches ?

L. Hilaire-Pérez reprend d'abord la typologie établie par M. Rediker[2] qui distingue dans ce monde de la mer trois niveaux hiérarchiques : celui du commandement (capitaines, maîtres de pêche, officiers en second), celui des « spécialistes » (mariniers, saleurs, tonneliers, charpentiers de marine..), et celui de l'obéissance (simples pêcheurs, matelots[3] et hommes à tout faire). Hiérarchie impliquant une division du travail et une discipline qui rappelleraient celles des premières manufactures, avec les tensions collectives qui les accompagnent ; mais qui peut-être surtout renvoie aux modes de fonctionnement de la société globale avec ses solidarités horizontales « unifiant les hommes de labeur » (L. Hilaire-Pérez) et ses tensions verticales.

Tensions verticales alimentées par des clivages économiques de plus en plus marqués : les écarts de rémunération vont en effet croissant, tant entre les capitaines et leurs hommes dans le monde du commerce, qu'entre un maître de barque et le simple pêcheur dans le monde de la pêche. Avec les effets socio-culturels qu'on peut imaginer… A. Cabantous note que leurs inventaires après décès placent les maîtres de pêche et les officiers au-dessus des maîtres-artisans et des boutiquiers ;

1. Mais très variable selon les régions : la différence est grande par exemple entre les pêcheurs bretons et ceux de Boulogne, les uns assistent aux offices le dimanche, les autres partent en mer.
2. Marcus Rediker, *Between the Devil and the Dark Blue Sea. Merchants, Seamen, Pirates and the Anglo-American Maritime World*, 1987.
3. Les matelots comptent pour 1/3 voire la moitié des effectifs navigants.

quant aux capitaines, ils peuvent posséder une ou plusieurs parts du navire qu'ils commandent. On retrouve en outre ici la distinction pêcheurs/marins : les premiers accèdent difficilement à l'armement dans les flottes locales et donc à l'ascension sociale que représente l'apprentissage du négoce à laquelle peuvent au contraire prétendre capitaines[1] et même matelots à l'affut d'une aventure maritime lucrative lointaine.

On en viendra donc, avec A. Cabantous, à un dernier critère de distinction, celui de la mobilité plus ou moins forte des gens de mer. Il permet de regrouper les mondes de la pêche, de la navigation de rivière et du petit cabotage ; et de les opposer au monde des voyages au plus ou moins long cours, jusqu'à Terre-Neuve, jusqu'aux Antilles, jusqu'en Extrême-Orient peut-être. Dans le premier cas, le recrutement est de nature familiale ou locale, les équipages tournent peu et forment de véritables communautés de bord dont les liens sont forts, la vie maritime saisonnière préserve une vie à terre, agricole et familiale. Dans le second cas, c'est le cosmopolitisme et la variabilité qui président au recrutement d'équipages qui partent pour une ou deux années (et qui peuvent repartir ensuite en cabotage) : « loin d'être des communautés façonnées par des années de voyages et de périls vécus ensemble, les équipages n'étaient qu'associations temporaires et hétérogènes, peu ouvertes aux solidarités si fortes dans d'autres professions », note P. Butel à propos des équipages bordelais[2].

Finalement, on pourrait distinguer avec L. Hilaire-Pérez, trois identités maritimes. Celle des pêcheurs, plus attachés à la terre et à ses valeurs, plus pétris par la culture de la soumission. Celle des matelots, des « *manœuvres de la mer* »[3] bons à tout faire, plus concernés par le mouvement et l'ailleurs, plus inscrits dans des postures de refus et de violence physique[4]. Celle des capitaines, venus de la mer et de ses gens[5], mais aspirant à s'en démarquer et à s'inscrire dans la notabilité urbaine

1. Le capitaine, s'il est d'abord bon marin, est aussi homme de commerce : il doit posséder les savoir-faire qu'exigent prospection, vente, gestion des cargaisons, et tenue des livres de compte. Mais, en France, la distance est grande entre le niveau d'instruction d'un capitaine au long cours, et celui d'un capitaine (un maître) au petit cabotage : 20 à 25 % des maîtres ne savent pas signer… Chez les pêcheurs, le taux d'analphabétisme dépasse 50 %.
2. Dont, comme dans le cas du Havre, les matelots, commandés par des cadres bordelais, sont essentiellement forains.
3. Selon *L'Encyclopédie méthodique* de 1783.
4. On pense ici aux fameuses mutineries — dont le mythe s'est trop souvent emparé — étudiées pour l'Angleterre par M. Rediker, et pour la France par A. Cabantous (*La Vergue et les fers. Mutins et déserteurs dans la Marine d'Ancien Régime, XVIIe-XVIIIe siècle*, 1984). Les différences semblent l'emporter sur les ressemblances : les mutineries françaises sont moins fréquentes, moins violentes, plus spontanées, moins solidaires, moins identitaires, moins « révolutionnaires » enfin, que celles qu'étudie M. Rediker et qu'il voit marquées du sceau du combat de classes. À noter aussi que les révoltes sont moins fréquentes que les désertions.
5. Eventuellement de la « sous-catégorie » des pilotes, ce sont des « spécialistes » à mi-chemin entre matelots et capitaines, selon qu'ils sont hauturiers ou locaux.

et terrienne. Trois mondes donc, sans passerelles ni contacts véritables entre eux : trois mondes fermés les uns aux autres. Seul le dernier apparaissant — en particulier dans des ports français comme Dunkerque et surtout Le Havre — ouvert vers le haut, vers le monde du négoce. Les deux autres apparaissant au contraire menacés dans leurs identités par les transformations économiques de la fin du XVIIIe siècle, et tirés vers le bas. Les pêcheurs tendent alors au repli, sur leurs quartiers, sur leurs traditions, sur leurs solidarités. Les matelots, eux, tentant d'échapper à la prolétarisation, cèdent de plus en plus à terre à la violence verbale et physique, à coups de rixes qui disent la force de leur corps marqué de signes de leur différence. Passé le temps du regard dépréciatif et moralisateur, les élites « terriennes » des Lumières poseront sur ce peuple de la mer englobé dans une marginalité sauvage et primitive un regard « anthropologique » qui lui imposera une autre altérité que la sienne et le privera d'« une part de sa citoyenneté » (L. Hilaire-Pérez).

Culture et identité du monde du négoce maritime

Un monde cosmopolite de réseaux

Au point de contact entre territoire et espace maritime, participant de ces deux mondes, sédentaires mais vivant au rythme des arrivées et des départs de navires, des armements et des naufrages, on rencontre les communautés négociantes. Les négociants des ports sont au XVIIIe siècle — à suivre K. Morgan sur Bristol, ou J. Meyer sur Nantes — les grands marchands[1] qui font « *commerce de mer* » en gros et à l'échelle internationale, intervenant dans des domaines aussi divers que l'armement, la construction navale, les assurances maritimes, le cabotage, l'import-export, la banque, l'entrepôt, etc. Ce sont des « brasseurs d'affaires autour d'un axe central maritime » (G. Le Bouédec), qui sont souvent aussi propriétaires de plantations outre-mer. Cette élite riche au moins d'un demi-million de livres tournois (ou l'équivalent en livres sterling) vient de la bourgeoisie « *à talents* », ou de celle de la rente, ou encore du patriciat urbain des anoblis : ils seraient entre 2 000 et 2 500 en France selon J. Meyer, plus de 1 100 à Londres à la fin du siècle, seulement 160 à Bristol où s'est produite une extrême concentration des activités au cours du XVIIIe entre les mains d'une minorité de *merchants.* Chaque port a enrichi un noyau initial de petits bourgeois originaires des fonds d'estuaires de l'arrière-pays, d'une immigration plus ou moins large, que consolide une double stratégie homogamique et endogamique : ainsi, au second XVIIe siècle, le négoce malouin s'est-il alimenté aux sources bretonnes et normandes ; à La Rochelle, Lorient ou Nantes, l'immigration régionale se développant plutôt au XVIIIe.

1. Le terme « négociant » définit à la fin de XVIIIe siècle, selon Olivier Pétré-Grenouilleau (*L'Argent de la Traite. Milieu négrier, capitalisme et développement : un modèle*, 1996) presque moins un métier qu'un statut social. Il est devenu un titre.

Partout en Europe, dès le XVIe siècle, les ports avaient en outre accueilli des colonies étrangères, qualifiées par F. Braudel[1] de « minorités conquérantes » : en France, elles furent d'abord espagnoles, néerlandaises, irlando-jacobites ; puis allemandes et suisses, qui renforcèrent les minorités protestantes (La Rochelle) ou juives (Bordeaux, Bayonne). Les relations croissantes de Bordeaux avec les Néerlandais, puis au XVIIIe siècle surtout avec les Hanséates (Hambourg et Dantzig surtout), ne sont évidemment pas étrangères à la présence de ces communautés étrangères. À Londres au XVIIIe siècle, affluent sépharades, puis huguenots, ainsi que Néerlandais, attirés ici, tout comme dans d'autres villes marchandes anglaises, plutôt désormais par le désir de se trouver au cœur de l'économie-monde européenne — pour le dire avec F. Braudel. Sur les 542 négociants que compterait la City en 1744, ils sont 180 à porter des noms d'origine étrangère, à être installés dans des quartiers particuliers — sans toutefois vivre en milieu fermé : ainsi affinités religieuses ou/et stratégies matrimoniales rapprochent-elles tous les protestants en de puissants réseaux aux ramifications internationales. On les retrouve par ailleurs associés dans les ¾ des maisons de commerce londoniennes, on les compte même parmi les directeurs de la Banque d'Angleterre. Les réseaux protestants européens ont ainsi largement contribué au financement de l'essor commercial britannique, de même que les sépharades en lien, eux, avec les pays hispaniques et avec Amsterdam. À Lisbonne, dominent par ailleurs les Anglais et les Néerlandais ; à Cadix, les Français. S'agissant des négociants français, à l'étranger ils épousent des Françaises[2], mais sur le sol national ils s'unissent volontiers aux filles du négoce étranger : les mariages mixtes ayant vocation à intégrer les réseaux de relations professionnelles dans les réseaux de parenté. S'agissant des maisons étrangères installées en France, par exemple, elles tendent, elles, à combiner mariages d'intégration et mariages nationaux — ce qui, en retour, ouvre les régnicoles au négoce étranger. Ainsi ces colonies étrangères de négociants, véritables « communautés de l'échange », ont-elles fait la fortune des grands ports atlantiques et des mers septentrionales, et sont-elles la cheville ouvrière de l'européanisation du commerce national. Etrangères mais parfaitement agrégées au milieu négociant local, ces colonies en renforcent ainsi la spécificité identitaire.

« L'éducation négociante, entre spécificité et intégration »[3]

Cette internationalisation des réseaux du commerce maritime pose la question de la formation professionnelle des négociants, contraints de posséder une grande

1. Fernand Braudel, *Civilisation matérielle*, *op. cit.*
2. Conformément à la loi française qui interdit les mariages mixtes, au motif qu'ils pourraient attacher le négociant au pays d'accueil. Ce qui serait contraire aux intérêts mercantilistes de la France ! P. Butel voit ainsi les négociants bordelais protestants, à l'exemple de la famille Nairac, installer un membre de leur famille à Amsterdam par exemple, puis le marier à la fille d'un commissionnaire français ; tout en s'implantant dans le milieu des commissionnaires hollandais à Bordeaux.
3. Daniel Roche, *La France des Lumières*, 1993.

variété de compétences : ils doivent en effet savoir tant leur langue que celles des autres et les écrire[1], posséder des rudiments de droit, de géographie et de navigation, manier le calcul et la comptabilité, et évidemment connaître les produits dont ils sont susceptibles de faire commerce — et dont le nombre et la diversité s'accroissent au cours du siècle. Le savoir négociant est respect de la morale de l'intérêt : il s'agit d'apprendre à gagner de l'argent et à tenir aux clients également le langage de leurs intérêts. Les manuels de commerce sont à cet égard de bien moindre secours que les leçons de l'expérience pratique, l'apprentissage du métier sur le terrain. C'est en voyant qu'apprend le négociant, dont le savoir est un savoir d'observation, de vigilance, et d'expertise, dans un domaine, géographique et sectoriel, spécialisé. Un savoir acquis lentement, par degrés, en moyenne de quinze à trente ans.

Mais la frontière du mépris entre le collège et le commerce se réduisant depuis la fin du XVIIe siècle, l'éducation du jeune peut commencer (rapidement !) au collège, mais plus sûrement dans les nouvelles pensions ou institutions d'élite qui se multiplient dans toute l'Europe après 1740, et qui offrent un enseignement spécialisé. La formation essentielle, professionnelle, reste cependant la formation sur le terrain, « par le commerce et pour le commerce » (D. Roche), c'est-à-dire dans le comptoir familial ou celui d'un négociant étranger installé dans la ville, mais le plus souvent à l'étranger[2]. En effet, depuis la publication du *Parfait négociant* par Jérôme Savary en 1675, le voyage est en lui-même jugé comme formateur, de l'esprit mais aussi du corps : c'est une expérience de la fatigue, de l'éloignement, de la différence... des autres. Et c'est le moyen d'intégrer le jeune au réseau marchand construit par sa famille. Ce voyage éducatif à l'étranger peut, s'agissant notamment des jeunes Bordelais étudiés par P. Butel, prendre trois formes. La plus fréquente est celle du séjour dans les comptoirs du Nord, des Provinces-Unies, des ports hanséatiques ou d'Angleterre ; ou encore, s'agissant des Malouins, d'Andalousie : les jeunes gens[3] y arrivent avec un statut d'apprentis et vont exercer le métier de commissionnaires. Les plus fortunés ont souvent la chance d'accomplir leur « Grand Tour » d'Europe, qui mène les jeunes Français à Londres, puis à Amsterdam, puis à Hambourg. Plus formateur encore, le voyage lointain : l'aventure antillaise pour les Bordelais ; le passage aux Caraïbes, ou en Amérique du Nord, voire en Afrique de l'Ouest, pour les Londoniens, ou ceux de Glasgow et de Bristol. Au terme de ce long apprentissage, le voyage est aussi, pour le négociant installé, moyen de « formation continue », aux fins premières de prospecter et

1. L'internationalisation du commerce exige en effet l'échange d'une correspondance commerciale considérable, dans les langues du commerce que sont le français, le néerlandais et le portugais : les bases s'acquièrent dans les manuels de correspondance commerciale.

2. Chez les Malouins, à l'apprentissage au comptoir et au voyage s'ajoute l'expérience de la navigation, comme pilote puis capitaine sur un vaisseau marchand.

3. A. Lespagnol et P. Butel voient partir de Saint-Malo ou de Bordeaux des jeunes gens qui n'ont souvent pas 15 ans... et pour une durée qui peut aller de 10 à 15 ans (à Saint-Malo) jusqu'au mariage.

conserver la clientèle, d'activer les réseaux. Enfin, cet outil de formation qu'est le voyage est aussi utilisé de l'autre côté de l'Atlantique par les familles de colons, soucieuses d'assurer à leurs enfants, non pas tant une formation professionnelle, qu'une bonne éducation : celle en vigueur dans la « bonne » société…

Une identité négociante ?

Le négociant du XVIIIe siècle, une figure de l'entre-deux, écartelé entre les valeurs culturelles des élites traditionnelles et l'esprit d'entreprise et de lucre du monde marchand ? On lui prêtera plutôt une vive conscience d'appartenance à un milieu distinct de la société globale, soudé par son identité maritime et sa culture propre, et ouvert à tous les talents. Ce qui en fait une figure de l'altérité, mais d'une altérité qui combinerait de mieux en mieux — sous l'effet de la confrontation avec la société globale — affaires d'un côté, culture et sociabilité mondaine de l'autre. Ainsi, selon D. Roche, les négociants français se retrouvent-ils après 1730-1750 au premier rang pour l'accumulation du capital culturel : tant pour les acquis scolaires que pour la possession de livres — concernant la finance et le commerce, mais plus encore les lettres (romans, théâtre) et la philosophie, le droit, l'histoire et la géographie, les sciences et les techniques, voire les arts.

Convient-il alors de parler de « culture négociante » à la fin du XVIIIe siècle ? La réponse passe par le constat d'existence de plusieurs modèles nationaux. En Angleterre, la pratique du commerce ne fait pas déroger l'aristocratie, les liens (sociaux et culturels) sont étroits entre le *landed interest* et le *monneyed interest*, l'« immersion du négoce au sein des élites » (L. Hilaire-Pérez) est une constante depuis le XVIe siècle. Le monde du négoce, investi de la reconnaissance sociale nécessaire, n'est donc pas tenté par l'aristotropisme, et peut garder son autonomie culturelle. Dans l'espace germanique, Hambourg est un cas particulier, dans le sens où, comme en Angleterre, le négociant est « reconnu ». Hambourg offre alors « l'exemple de ce que peut être l'épanouissement d'une authentique culture négociante » (G. Le Bouédec), avec ses loges, ses sociétés de lecture, ses cafés (15 en 1750, 32 en 1810), ses clubs, ses cercles ; mais aussi avec son Académie du Négoce, qui dit ainsi la rencontre avec des institutions culturelles traditionnelles, voire la « fusion des différentes cultures en une seule, celle de l'*Aufklärung*[1] ». Dans le cas des Provinces-Unies, où patriciat urbain et négoce se confondaient au XVIIe siècle, c'est celui-ci qui, au siècle suivant, prend résolument ses distances autour d'une culture « moderne » propre à éveiller la curiosité et l'esprit d'ouverture, et qui rayonne à partir des sociétés savantes et des cabinets de lecture. Le cas de la France — monarchie terrienne où le négoce est économiquement marginal[2] — est presque inverse. Ici, les académies locales ne s'ouvrent longtemps aux négociants qu'en cas de réussite éclatante et d'honorabilité acquise loin de la marchandise. Il est alors

1. Jochen Hoock, « Le marchand dans la société allemande à l'époque moderne », in F. Angiolini et D. Roche, *Cultures et formations négociantes dans l'Europe moderne*, 1994.

2. Comme en Castille.

deux formes de sociabilité nouvelle où s'affirme progressivement au XVIIIe siècle la « culture négociante » : les ateliers de la franc-maçonnerie ; et les sociétés de pensée, chambres de lecture et « musées »[1] — dont la géographie dans les deux cas est assez nettement littorale et portuaire. Autant de lieux, où l'on peut travailler, converser, lire la presse des journaux et des revues, débattre, qui accueillent minorités et étrangers, et qui sont des foyers actifs du mouvement des Lumières.

Mais cette culture négociante est-elle « authentique », ou bien, comme le pense O. Pétré-Grenouilleau, est-elle en trompe-l'œil — c'est-à-dire faussement progressiste ? Entrer dans une loge ou une société de pensée en France, n'est-ce pas seulement revêtir les habits de l'homme cultivé et du notable, et pouvoir accéder ainsi à la reconnaissance sociale ? Par exemple, les prises de position du négoce lorientais en faveur des *Insurgents* américains sont-elles cohérentes avec celles qu'il développe contre la suppression de la Traite au début de l'année 1790 ? Eclairé et libéral, le négociant n'en est pas moins résolu à *« écouter sa raison »*[2], c'est-à-dire ses intérêts patrimoniaux ! En France particulièrement, il ne s'en laisse pas moins également séduire par le placement foncier (de même qu'à Londres !), l'achat de charges anoblissantes et le mariage en noblesse, voire les fonctions politiques (de même qu'à Londres). Partout, le monde du négoce constitue une élite sociale de son temps : il en adopte « naturellement » les comportements — la consommation ostentatoire notamment. La culture des négociants est donc moins une culture négociante qu'une culture notabiliaire particulière, parmi les autres...

En Amérique, des populations dominantes et dominées largement issues de l'immigration afro-européenne

L'expansion nord-européenne outre-Atlantique aux XVIIe et XVIIIe siècles, et corrélativement, l'exploitation économique des territoires bordiers, se sont accompagnées de l'essor en Amérique septentrionale et centrale d'un peuplement blanc et noir, basé sur l'immigration européenne et la Traite africaine, et du développement d'une société coloniale et esclavagiste — sur fond d'élimination des populations autochtones.

La disparition des Amérindiens

Ce que J. Meyer[3] qualifie de « plus grande catastrophe humaine de la période moderne » s'amorce avec les Grandes Découvertes, en Amérique ibérique. La Caraïbe, qui comptait peut-être un million d'Indiens en 1492, n'en comptait plus

1. D. Roche, *Les Républicains des Lettres, gens de culture et Lumières au XVIIIe siècle*, 1988. L'historien indique que le monde de la marchandise en général représente 36 % des membres des loges maçonniques contre 5 % dans les académies.
2. Comme l'écrit un député de Lorient le 15 février 1790 suite au débat à l'Assemblée Nationale sur la question de la Traite, cité par G. Le Bouédec.
3. Jean Meyer, *L'Europe et la conquête du monde, XVIe-XVIIIe siècle*, 1995.

que quelque… 60 000 en 1507, 30 000 en 1530 ; le territoire du Canada est passé de 11 millions d'Indiens en 1619, à 1 million vers 1600. S'agit-il d'incriminer la brutalité et la sauvagerie des *conquistadores* ? On a commencé par là. Tant on ne peut nier les massacres de la *conquista,* ni minimiser les « excès » du système espagnol d'exploitation minière. Mais l'agent essentiel de la destruction des sociétés indigènes a été l'« énorme choc viral et microbien, qui a failli détruire entièrement l'humanité amérindienne » (J. Meyer), totalement impréparée, tant sur le plan psychologique qu'immunologique[1], à le supporter ; et facilité la conquête espagnole. L'Europe, longtemps menacée par les pestes asiatiques via la Méditerranée, a en effet exporté à son tour grippe, variole, ainsi que typhus, choléra, peste, oreillons, rougeole, varicelle, via l'Atlantique : J. Meyer risque alors la qualification de « génocide microbien amérindien »[2]. C'est ainsi que l'« unification microbienne du monde » (E. Leroy Ladurie), amorcée à la fin de l'empire romain, se parachèverait vers 1850. Pour autant, les défenses immunitaires nécessaires à la survie ayant été progressivement acquises par les indigènes, les épidémies se firent progressivement moins meurtrières, et le XVIIIe siècle américain connut ainsi une certaine remontée démographique. Selon le naturaliste et voyageur berlinois Alexander von Humboldt (1769-1859), le Canada aurait vu augmenter sa population totale de 40 % entre 1750 et 1800 : le nombre d'Indiens atteignant, au début du XIXe siècle, le chiffre de 3,7 millions, soit trois plus que deux siècles plus tôt. Par ailleurs, dans le Brésil qui Canada un véritable « boom » minier entre la fin du XVIIe et le milieu du XVIIIe siècle et une forte poussée démographique[3], l'historien F. Mauro[4] a estimé que le nombre d'Indiens pouvait être de l'ordre de 800 000 âmes à la fin du XVIIIe siècle.

On retrouve bien évidemment les effets destructeurs du « choc viral et microbien » en Amérique du Nord ; lequel facilita également grandement la pénétration anglaise et française. Au nord du Rio Grande, on pouvait compter près de 2 millions d'Indiens avant la conquête européenne : le Québec actuel aurait eu 100 000 habitants ; la Nouvelle-Angleterre 30 000. En Amérique française, G. Havard et C.Vidal[5] notent que le choc microbien aurait éradiqué 90 % de la

---

1. Les Indiens vivaient dans un continent isolé, et dont la relative salubrité — aux latitudes tempérées, notamment — était en partie liée à la faiblesse de l'élevage.
2. Rappelons toutefois que l'acception actuelle de la notion de génocide suppose la mort avec intention de la donner. Or J. Meyer ajoute plus loin : « L'Europe et le monde, c'est l'Europe foudroyant sans le savoir l'Amérique… ». Avant de conclure sur l'idée de « génocide involontaire »… À noter que, à l'inverse, la chance européenne fut que l'Amérique n'ait pas possédé de maladie microbienne efficace en climat tempéré –à la question près de la syphilis, qui fait toujours l'objet de débats entre tenants de la « théorie colombienne » et « unicistes » (qui croient pouvoir affirmer l'omniprésence de la maladie bien avant 1492).
3. Du fait essentiellement de l'importation d'esclaves africains.
4. Frédéric Mauro, *Le Brésil du XVe à la fin du XVIIIe siècle*, 1997.
5. Gilles Havard et Cécile Vidal, *Histoire de l'Amérique française*, 2003.

population : « *les maladies des Européens se communiquent facilement aux Indiens* », écrivait un missionnaire français en 1717…

L'Amérique française

Au Canada qu'il voulait transformer en province royale, en colonie de peuplement et d'exploitation, Colbert conçut le projet — dont il confia la réalisation au premier intendant, Jean Talon — d'associer Français et Indiens à la construction de la colonie. Mais la variole, et l'eau-de-vie — troquée contre peaux et fourrures — décimèrent les tribus, au moins autant que les lourdes pertes subies dans des combats contre la Confédération iroquoise (cinq tribus, depuis le XVIe siècle)[1] et d'autres Indiens alliés des Anglais. Pour autant, comme le soulignent G. Havard et C. Vidal, si la Nouvelle-France n'a disparu qu'à la fin du XVIIIe siècle, c'est que son existence a reposé sur le maintien d'une politique d'« alliance avec les autochtones » : la correspondance entre Versailles et les capitales coloniales montre clairement que les Hurons, les Illinois, les Chactas, les Outaouais, les Alibamons… bien qu'affaiblis par les épidémies, jouèrent un rôle essentiel sur l'échiquier géo-politique nord-américain. Un chroniqueur de la fin du XVIIe siècle — quand les hostilités reprennent avec les Iroquois et que la menace des colonies anglaises se fait plus pressante — écrit que « *les Indiens sont le soutien et le bouclier* » de la Nouvelle-France. Nombreux sont les témoignages qui montrent que pas plus la colonie louisianaise que les postes isolés de la vallée du Mississippi et des Grands Lacs n'auraient survécu au XVIIIe siècle sans les Indiens. Un officier souligne au milieu du siècle qu'« *il est certain que sans le secours des chevreuils, des gibiers, des ours que les sauvages fournissent à Détroit (Grands Lacs), la plupart des habitants du fort et des campagnes passeraient l'année sans viande* ». Sauvages ? À défaut évidemment de leur reconnaître des droits particuliers, Louis XIV recommande en 1681 de « *traiter avec douceur* » ces « *enfants* », ces « *nations alliées* ». Terminologie qui plaçait les autochtones et leur territoire dans une position intermédiaire entre le statut accordé à une province — qui bénéficiait d'une certaine autonomie et de privilèges — et celui dont disposait un État souverain. Ainsi l'État colonial conciliait-il la souveraineté française (théorique) avec la reconnaissance de l'autonomie des Indiens au sein de l'Empire. Reste que la France avait également des ennemis parmi les Indiens : outre les Iroquois, les Renards (Grands Lacs), ou encore les Natchez (Louisiane) — qui se soulèvent en 1729. Ainsi, même si les rapports franco-indiens furent le plus souvent fondés sur

1. Les Indiens d'Amérique septentrionale appartiennent à deux grandes familles linguistiques, les Algonquiens (Mohicans de la vallée de l'Hudson, Delawares, Nanticock, Micmacs, Illinois…) — incomplètement sédentarisés, et qui dominaient autrefois la région entre Grands Lacs et Atlantique) ; et les Iroquoiens (Hurons, Eriés, Pétuns…) — agriculteurs et guerriers redoutables, chassés de l'Hudson par les autres, installés dans le futur État de New York. Entre les deux groupes : une rivalité séculaire (contrôle du commerce des fourrures, notamment) — encore avivée évidemment par la présence des Européens, et par les rivalités d'iceux. Européens qui leur fournissent des armes (outre l'eau-de-vie) en échange de leurs fourrures…

l'alliance, il y eut aussi des guerres franco-indiennes, « à caractère systématique, sinon génocidaire » (G. Havard-C. Vidal).

L'Amérique anglaise

En Amérique anglaise, l'héritage de la colonisation de l'Irlande — à savoir l'échec de l'assimilation — a servi de laboratoire désenchanté de la relation à l'Autre — le « *Sauvage* » —, et a constitué le terreau du « différencialisme » britannique. Les sociétés coloniales britanniques se sont en partie construites sur l'idée de l'égalité de tous devant la loi : ce qui impliquait la disparition des hiérarchies, mais aussi des différences culturelles — ce qui excluait par définition les autochtones qu'on était persuadé de ne pouvoir éduquer. Il s'agissait en effet de constituer des communautés homogènes[1]. Se sont ajoutés à cette donne idéologique, l'immigration massive et la faim de terres des colons, qui ont mené, dès les débuts des colonies, à des guerres répétées contre les Indiens, les « peaux-rouges », en forme de massacres systématiques — génocidaires ? En Virginie (1622, puis 1644), en Nouvelle-Angleterre en 1636-1637, puis à nouveau en 1675-1676, en Caroline du Sud en 1715... et même en Pennsylvanie, où les rapports avec les Indiens avaient longtemps été fraternels et égalitaires, en 1763. Partout, les premiers contacts entre Indiens et Européens avaient été pacifiques, mais ils cessèrent de l'être dès qu'il s'agit de la possession du sol. Certaines colonies définirent une politique de négociation avec les Indiens et d'achat des terres ; d'autres laissèrent les colons régler leurs affaires avec les tribus. Les chartes royales concédées par le roi d'Angleterre au Maryland et à la Pennsylvanie laissèrent les responsabilités de la négociation aux propriétaires. Ainsi William Penn — ce pacifiste qui estimait que la terre appartenait aux Indiens, et qu'elle devait leur être payée — envoya-t-il des délégués nouer amitié avec les Delaware avant même son arrivée en 1682. Dans les Treize colonies, le modèle des bonnes relations avec les Indiens fut longtemps celui défini par Penn, au point que Rousseau vit là une preuve supplémentaire de la bonté naturelle de l'homme. Mais, sous la pression des colons non quakers établis sur la « Frontière », la Pennsylvanie abandonna ses principes. Le propre fils du fondateur, désirant acquérir des terres appartenant aux Delaware, s'en empara sans la moindre négociation... avec l'appui des Iroquois tout-puissants dans la zone : les Delaware, ulcérés, se tournèrent alors vers les Français en conflit avec les Anglo-américains depuis 1755 ! De toutes les façons, les Européens qui voulaient s'approprier — vite — la terre, justifiaient leurs appétits, d'une part en prétendant que les indigènes avaient plus de terres qu'ils n'en avaient besoin, d'autre part en

1. Dans la perception française (officielle), au contraire, le pouvoir venait d'« en haut » qui garantissait l'unité du Tout, le « Tout » était constitué par tous ceux qui reconnaissaient l'autorité et la légitimité du roi : il était alors beaucoup plus facile d'intégrer des ethnies étrangères. Ainsi, si Anglais et Français se retrouvaient dans une commune négation de l'« Autre » en tant qu'autre, et dans une commune volonté d'assujettissement, la Nouvelle-France intégrait les Indiens dans son système politico-culturel, quand les colonies anglaises les excluaient...

soulignant que ces chasseurs, nomades de surcroît, ignoraient la propriété privée — situation tout à fait incompatible avec les principes moraux et la philosophie progressiste individualiste des Lumières. Pour ces Européens, pétris en outre du mythe judéo-chrétien qui fait d'Adam et de ses descendants les propriétaires d'un sol qu'ils ont condamnés à faire fructifier par l'effort, les Indiens n'étaient que des parasites à éliminer. Ainsi les indigènes ne comprirent-ils rien aux accords passés avec les Blancs : ils n'y virent que cessions temporaires pour un droit de mise en culture. Mais ils déchantèrent vite, à la vue des défrichements, des installations d'habitats permanents, voire de postes fortifiés, ainsi que devant les appétits croissants de Blancs toujours plus nombreux. C'est ainsi qu'à l'aube du XIXe siècle, les Indiens des États-Unis d'Amérique, décimés par les épidémies et par les guerres, spoliés et repoussés à l'ouest des Appalaches, avaient pratiquement disparu du « cœur de l'Amérique » (de l'Hudson à la Chesapeake), si l'on excepte les premières « réserves » constituées depuis le milieu du siècle précédent dans le New York, le New Jersey et le Maryland...

L'essor du peuplement européen

Vers 1789, le peuplement blanc de l'Amérique serait, selon les chiffres avancés par J. Meyer, de l'ordre de quelques 7 500 000 personnes, soit 3 500 000 dans l'empire espagnol et dans les Antilles, un million au Brésil, et 3 500 000 dans les États-Unis. Effet conséquent (!) de l'immigration européenne : laquelle aurait été, au XVIIIe siècle, forte de plus de 1 500 000 âmes, dont un million issu des Îles britanniques, quelques 150 000 Allemands et un peu plus de 50 000 Néerlandais. On remarque au passage que les grands peuples émigrants ne sont pas tous — au sens politique du terme — et vice-versa : en tête des peuples migrateurs, depuis le XVIe siècle, on a certes les Espagnols (2 millions), talonnés par les Anglais (1,75 million) et les Portugais (1,5 million), mais les Français (de 100 à 200 000) sont dépassés par les peuples d'Europe centrale (300 à 500 000)...

L'immigration en Amérique du Nord anglaise

La population s'est ici beaucoup plus — et beaucoup plus rapidement — développée que celle de toute autre zone européenne outre-Atlantique... à la fascination de Malthus !

Grâce au flot continu de l'immigration, les Treize comptent en effet 200 000 habitants en 1688, 450 000 en 1713, 1 500 000 en 1750, 2 100 000 en 1774, et près de 4 millions en 1790. À cette dernière date, ils se répartissent ainsi : Nouvelle-Angleterre : ¼ du peuplement total ; Middle States : ¼ également ; États du Sud : ½ — les Noirs représentant 21 % du total. 74 % des Blancs sont issus de l'émigration des Îles britanniques (60 % d'Angleterre, 8 % d'Écosse, 6 % d'Ulster) ; 3,6 % sont des Irlandais ; 8, 6 % sont d'origine germanique ; 3,1 % sont des Néerlandais ; 0,7 % des Suédois ; 0,8 % des Espagnols... et 7 % d'origine inconnue. La diversité ethnique globale ne fait toutefois pas toujours la multinationalité au niveau local ou régional. Ainsi la Nouvelle-Angleterre resta-t-elle très majoritairement anglaise, et plus tournée que les autres vers la mer et ses ressources. Au contraire, en baie de Chesapeake, l'arrière-pays se fit plus cosmopolite : plus de 30 % des Européens n'y étaient pas anglais. Même chose dans les Middle states : dans les années 1770, le partage s'y faisait entre 1/3 des habitants d'origine anglaise, 1/3 d'origine allemande, et 1/3 d'Écossais-Irlandais (les *Scotch-Irish*). Ces groupes ne se mélangeaient pas, au demeurant.

Par ailleurs, aux effets démographiques de l'immigration, s'est combiné un exceptionnel excédent naturel[1], notamment en Nouvelle-Angleterre du fait de son dynamisme économique ; et, partout, du fait de la jeunesse des immigrants[2].

À l'arrivée en Amérique anglaise, les immigrants — attirés qu'ils étaient par l'appétit de terres nourricières, et peu portés par le souci d'étendre le royaume de Dieu aux Indiens — recevaient des droits sur une terre, à portée immédiate s'ils étaient immigrants libres, à terme pour les engagés *(servants)* à titre temporaire. En Virginie, au milieu du XVIIe siècle, 50 acres (20 ha) leur étaient attribués à la fin de cinq ou sept ans de service : en 1695, la Virginie comptait 45 000 Blancs libres, 6 000 engagés et 2 000 esclaves noirs. En 1635, Londres avait ainsi vu partir 5 000 engagés, dont 3 000 pour l'Amérique du Nord ; Bristol 10 000 de 1656 à 1686. Parmi les Britanniques, les *Scotch-Irish* de l'Ulster irlandais — Écossais protestants presbytériens émigrés en Irlande au XVIIe siècle — tînrent une place particulière dans l'émigration vers l'Amérique, vers la Virginie et le Maryland notamment, mais aussi dans l'ouest de la Pennsylvanie[3]: poussés qu'ils furent par des conditions de vie précaires, les exigences croissantes des propriétaires en matière de loyer de la terre, de mauvaises récoltes, sans oublier le rôle de toute une propagande en faveur de l'émigration vers le Nouveau Monde[4] ! En moins de trois ans, de 1771 à 1774, on compta 30 000 émigrants — contre 40 000 entre 1733 et 1750 — en provenance de l'Ulster. Ils furent souvent mal accueillis dans les ports

1. Il est le produit de l'endogamie, malgré la rareté des femmes. Face à la femme indienne, l'Anglo-Saxon, qui a souvent amené sa famille, manifeste une attitude ouvertement raciste. Rares furent les unions mixtes légales. Les villes anglo-saxonnes sont des villes blanches : rien de comparable aux villes coloniales espagnoles ou brésiliennes — à Bahia, en 1650, sur les 20 000 habitants, 8 000 seulement étaient blancs. En effet, l'Ibérique — qui pratique gaillardement les relations inter-raciales : le Brésil est le melting-pot inter-racial le plus caractérisé du monde — pas plus que le Français, n'a pas les préventions racistes du Britannique, il s'« acculturerait » même...
2. J. Meyer montre — s'agissant de l'Amérique en général — qu'après le temps initial du « modèle de survie » au départ de la colonisation, vient celui d'une croissance exponentielle. Qu'expliquent l'absence de vieillards, l'âge très bas au mariage, un établissement relativement facile pour les jeunes, l'abondance des terres, la libération des inhibitions sociales et sexuelles, le moindre poids des pressions économiques, voire une hygiène supérieure à celle de l'Europe...
3. Parfois en « squattant » des terres réservées aux Indiens : ce qui suscita des représailles de la part des tribus, et créa des difficultés au gouverneur de la province. Ainsi en 1748, une véritable armée de ces fermiers, les *Paxton boys*, vînt à Philadelphie réclamer une aide que les Quakers pacifistes n'étaient guère prêts à leur accorder.
4. À noter que les gains des armateurs étaient fort élevés : 20 % de bénéfice en moyenne — soit des taux supérieurs à ceux tirés du commerce des produits coloniaux !

coloniaux, et ainsi poussés à s'installer sur la « Frontière », à la limite des terres des tribus indiennes.

On l'aura compris, l'émigrant britannique — surtout l'engagé, évidemment — est jeune, masculin[1] et pauvre : la noblesse héréditaire (à part des cadets sans fortune, ou des nobles écossais) est absente de la pyramide sociale de ce qu'on appelait en Angleterre le « *pays de pauvres hommes* »[2] ! J. Meyer note combien il s'agit pour l'émigrant de gagner de l'argent, vite et à n'importe quel prix : l'argent qui, dans une société désencadrée où les codes européens sont relâchés, permet tout, et d'abord de devenir un propriétaire et de pouvoir léguer un statut social à ses enfants. Et il y parvient peu ou prou, parfois sous le regard sévère de voyageurs européens horrifiés ! « *L'homme n'est estimé qu'en fonction de ce qu'il gagne* », écrit en 1748 un Anglais du nom de Colden. Reste que les pauvres sont moins pauvres en Amérique qu'en Europe, et que la pauvreté y est plus un passage obligé qu'une fatalité pérenne. La distanciation (au sens premier du terme) y est ainsi moindre entre le haut et le bas de l'échelle sociale. Ainsi le petit peuple anglais ou irlandais rêve-t-il l'Amérique comme un pays de cocagne, sans y percevoir les duretés des comportements sociaux qui ne respectent que la réussite…

L'immigration française en Amérique

Face aux flux d'immigration espagnol, portugais, puis anglais, etc… l'immigration française vers l'Amérique reste modeste. J. Meyer l'estime pour les Antilles-Guyane entre 50 000 et 100 000 immigrants ; pour le Canada, entre 10 000 et 15 000. L'émigration vers les Antilles a donc été beaucoup plus forte, tout comme cependant les pertes dues à la mortalité. Les immigrants — ce sont surtout des engagés, mais tous sont généralement très pauvres, engagés comme libres — sont originaires d'abord d'Aquitaine, du Languedoc, de Provence, mais aussi de l'Ouest, du Centre, de la moitié nord du royaume...sauf des régions littorales proches. L'activité maritime intense à Bordeaux ne laisserait-elle aucune place à l'émigration outre-Alantique ?... Fondée par Champlain en 1608 (en même temps que Jamestown, la capitale de la Virginie), Québec, vingt-cinq ans plus tard, n'avait guère que 100 habitants, quand Boston en avait 4 000. En 1659, le Canada comptait 2 000 habitants, la Nouvelle-Angleterre 32 000, la Chesapeake 24 000 ! On peut retenir le chiffre de 6 000 immigrants vers le Canada pour le XVIIe siècle, et de 5 000 pour le XVIIIe — avec une pointe de 3 500 entre 1740 et 1750. Au total, c'est son excédent naturel — grâce à des taux élevés de nuptialité et de natalité, malgré une mortalité infantile forte et croissante — qui permet au Canada de passer de 20 000 habitants en 1713 à quelque 80 000 en 1763 ! Ces immigrants

1. On dénombre une femme pour six hommes, âgés le plus souvent de 15 à 24 ans.
2. Mais la *gentry* a pu se montrer séduite dans un premier temps par l'aventure militaire : à Jamestown en 1607, la moitié des 105 fondateurs étaient des fils de gentlemen. Pour autant, beaucoup de nobles rentrent au pays ; rares sont ceux qui restent et s'unissent à des familles marchandes prospères du tabac, des chantiers navals ou du négoce transocéanique. Et au XVIIIe, l'immigration nobiliaire se fait très rare…

sont essentiellement issus des provinces françaises littorales dynamiques (Bretagne, Normandie, Poitou, Aunis, Saintonge).

Tous les immigrants en Amérique ont en commun d'être très généralement dépourvus de toute qualification professionnelle : outre quelques artisans, c'est la population sans formation chassée par la misère qui s'embarque, sans famille généralement. Vagabonds, brigands, forçats, contrebandiers, prostituées, enfants trouvés, orphelins et orphelines de l'Hôpital général de Paris, protestants ayant juré d'abjurer... alimentent largement une migration contrainte de population jugée indésirable et en partie visée par les trois ordonnances de 1718-1719 qui réprimaient le vagabondage[1]. Pour autant, un voyageur suisse[2] à Saint-Domingue en 1785 estimait qu'il était « *faux que les colonies d'Amérique soient peuplées du rebut des métropoles comme on le croit assez communément dans l'éloignement des côtes. Autrefois on pouvait regarder l'Amérique comme l'égout de l'Europe. Mais la culture et l'établissement du commerce fixe ont tout changé.* »...

À considérer les deux Amériques du Nord, anglaise et française, la disproportion de peuplement est flagrante, que rend plus encore exceptionnelle la comparaison entre les chiffres de population des deux métropoles : plus de 21 millions d'habitants dans la France de 1700, et moins de 6 millions en Angleterre ! Dans l'ensemble, l'émigration française vers l'Amérique est restée limitée à des cas particuliers, ou à des initiatives privées ponctuelles. Pourquoi cette France si peuplée a-t-elle boudé l'Amérique ? Parce que la France est essentiellement celle du « royaume paysan » (D. Roche), dont les habitants ont peu ou prou accédé à la propriété de la terre, et qui tient en lisière la France du mouvement, des échanges, de la façade atlantique, du « royaume marchand » ? Le peuplement de l'Amérique du Nord française n'a en effet jamais mobilisé un fort courant d'opinion ; et l'État royal, dans son obsession du déclin démographique, s'est montré étranger à toute politique d'émigration massive. Certes, les neiges du Canada[3] n'étaient guère attractives par leurs ressources, à part les fourrures (dont la quête ne requiert guère de grands foyers de peuplement) : pas de tabac, pas de riz, pas d'indigo... et une vie maritime et forestière atone par rapport à celle de la Nouvelle-Angleterre. Mais les colonies françaises d'Amérique intertropicale restent également peu peuplées : en 1700 on ne compte que 16 000 Blancs dans les îles françaises, contre 30 000 dans les anglaises... chiffre à peine atteint en 1730 pour les îles françaises ! Les premiers colons avaient reçu gratuitement des concessions à défricher, mais la pauvreté du plus grand nombre fit tomber celles-ci aux mains des plus riches, ou dans celles de négociants européens et de flibustiers repentis ! C'est ainsi que,

1. À la même date (mars 1718), était votée par le Parlement anglais, une loi autorisant la déportation des bagnards vers les colonies.
2. Il s'agit en fait d un sujet du roi de France qui, auteur d'un texte subversif condamnant l'esclavage comme système, et soucieux d'échapper à la censure, intitula son ouvrage *Voyage d'un Suisse dans différentes colonies d'Amérique*.
3. Allusion à la formule dépréciative employée par Voltaire, dans sa lettre à M. de Moncrif datée de 1757, où le Canada se voyait réduit à « *quelques arpents de neige* ».

comme dans le cas anglais d'ailleurs, même si domine encore dans la Caraïbe jusqu'à la fin du XVIIe siècle une petite propriété autour de la culture du tabac où les engagés jouent un rôle essentiel, fait peu à peu souche une société de planteurs blancs cossus qui s'affirme tout au long du XVIIIe siècle...

Outre les estimations globales concernant le nombre d'immigrants français en Amérique, on dispose de quelques données plus précises sur ces ports « spécialisés » dans l'exportation des engagés, qui passent contractuellement au service d'un marchand ou d'un planteur pour 3 ans, que sont La Rochelle et Bordeaux. On prend au passage la mesure des difficultés croissantes, voire du blocage, que rencontre — tant auprès des armateurs que des planteurs, et même des migrants potentiels — l'opération de recrutement de ces engagés. On constate d'abord que les départs enregistrés dans les ports de France sont supérieurs aux débarquements réels en Amérique. C'est ainsi que, l'administration ayant constaté qu'1/3 à peine des engagés enregistrés au départ avaient effectivement débarqué, un arrêt royal du 15 février 1724 exigea qu'on fît signer des certificats de débarquement aux engagés. Les contrats d'engagement qui nous sont parvenus révèlent ensuite qu'à partir des années 1680, les engagés vers Saint-Domingue partent largement de La Rochelle ; mais qu'au premier XVIIIe siècle, c'est désormais Bordeaux — du fait du rang que le port occupe dans l'armement colonial — qui « truste » l'essentiel des départs vers l'Amérique française (8 500 engagés entre 1698 et 1774) — les îles en prenant la plus grande part. Par ailleurs, si au XVIIe siècle, le recours aux engagés a correspondu à des initiatives privées, suscité et organisé par les planteurs, les marchands, ou encore les capitaines de navires ; au siècle suivant, lesdits particuliers prennent leurs distances avec un système qui qui devient dès lors une institution d'État. Les planteurs considèrent en effet que les engagés — trop souvent « rebuts » de la société métropolitaine — ne font qu'accroître le nombre de marginaux ; et préfèrent accueillir des colons libres, aptes à s'insérer plus rapidement dans la société coloniale[1]. Quant aux marchands, ils rechignent à embarquer des émigrants, trouvant plus grand profit à ne charger que des marchandises pour solder les échanges avec les colons. C'est ainsi que, le 19 février 1698, dans le but de renforcer la population blanche de colonies menacées par l'Angleterre, Versailles ordonna que tout navire en partance pour les Antilles transporte un nombre d'engagés proportionnel à son tonnage : 3 pour les moins de 60 tonneaux, 6 pour les plus de 100. Tout engagé sachant un métier étant compté pour 2 ! En 1714, par ordonnance royale, l'obligation fut étendue aux navires faisant le commerce du Canada. Ces dispositions furent fort mal accueillies par les armateurs ; et quand la Louisiane devînt colonie de la Couronne en 1731, cette obligation se trouva supprimée : le pouvoir royal lui-même avait fini par donner la priorité au commerce ! En 1721, l'administration avait accepté de remplacer l'engagé par une taxe de soixante livres par tête manquante, mais les négociants voulaient la

1. Effectivement, le nombre de ceux-ci s'est régulièrement accru au cours du XVIIIe siècle : plus de 30 000 seraient ainsi partis de Bordeaux.

suppression pure et simple du système. Refusant de payer la taxe, ils fraudèrent en enregistrant des engagés fictifs qui n'avaient pas du tout l'intention de s'embarquer ! En effet, l'avènement de la grande plantation sucrière a totalement transformé la condition d'engagé en la rendant de moins en moins attractive : celui qui, après avoir travaillé gratuitement sur une exploitation agro-pastorale pour payer sa traversée, pouvait raisonnablement espérer s'installer, est devenu progressivement un ouvrier agricole à vie, en concurrence de surcroît avec les esclaves noirs — « l'engagé est un homme d'avant le sucre » (G. Le Bouédec)... On comprend ainsi pourquoi les départs enregistrés étaient supérieurs aux débarquements réels aux îles ; et pourquoi en 1724, l'administration demanda aux armateurs de fournir, s'ils ne payaient pas la taxe, un certificat de débarquement signé par l'engagé arrivé à destination ! Le pouvoir royal chercha alors à aménager lui-même l'institution : des soldats, des ouvriers de travaux publics (charpentiers, forgerons...), des officiers administrateurs, remplacèrent à bord des navires les engagés. Au lendemain de la guerre de Sept Ans, on put constater une légère reprise des départs (459 en 1764, 407 en 1764, 197 en 1766, 299 en 1767), mais celle-ci ne dura pas : le versement de la taxe des soixante livres devînt automatique, tout armateur l'acquittant se trouvant dispensé de tout embarquement. Ce désintérêt des « élites » atlantiques des deux rives pour l'institution ne put que favoriser l'engagement de « gens de métier », par ailleurs alléchés par la promesse de salaires nettement plus élevés qu'en métropole — surtout s'agissant des métiers les plus recherchés (tonneliers, charpentiers, menuisiers...) — payables en argent, et dont la moitié pour la première année était payable avant le départ du navire. Ainsi la composition sociale du groupe des engagés s'en trouva-t-elle quelque peu modifiée à la fin du siècle. Parmi les motivations au départ, on retiendra aussi les raisons familiales ou professionnelles : des engagés d'une même famille, d'un même village, ou d'un même métier, prenant le même navire pouvant retrouver ainsi aux îles un « pays » -ceci étant toutefois plus caractéristique de la migration libre.

Ainsi, chez les Français comme chez les Anglais, le peuplement blanc a-t-il moins obéi à une logique démographique, qu'à une logique économique. C'est en effet de main-d'œuvre que les colonies, manquant de capitaux, ont eu besoin, et de plus en plus. Pour autant, la désaffection des Blancs dans leur ensemble à l'égard du système des engagés dont la rentabilité est de plus en plus faible[1], ainsi que la conjoncture de guerre qui favorise les fuites, vont faire l'échec du système dans toute l'Amérique. Ce qu'a précipité l'arrivée du sucre, et des esclaves noirs...

1. En 1640, le prix du voyage vers les Antilles d'un engagé se monte à 30 livres tournois, auquel s'ajoute une prime de 30 l.t. au terme du contrat. En 1665, le voyage coûte 50 livres. Par comparaison, un esclave noir vaut en moyenne 200 livres. Mais à la fin du siècle, le prix de l'esclave — que le développement de la Traite négrière, vers 1680-1690, a fait chuter — était inférieur à celui de l'engagé compte tenu d'une longueur d'utilisation du temps de travail plus grande...

Le poids croissant des populations noires déportées et réduites en esclavage

Population des colonies	1670		1710 (1700 pour Chesapeake)		1730	
	Blancs	Noirs	Blancs	Noirs	Blancs	Noirs
Chesapeake	37 500	2 500	85 200	12 900	171 400	53 200
Caroline du Sud	4 800	5 000		20 000	20 000	39 200
Antilles anglaises	44 000	52 000	30 000	148 000		
Antilles françaises	8 200	10 800	21 100	74 000	29 800	167 000

Source : Paul Butel, *Européens et espaces maritimes*, 1997.

Et à considérer la population noire des seules Antilles anglaises et françaises : Antilles françaises vers 1730 : 150 000 1789 : 667 259 ; Antilles anglaises début du siècle : 120 000 1787 : 461 864.

Source : Gérard Le Bouédec, *Activités maritimes et sociétés littorales de l'Europe atlantique*, 1997

À considérer en outre la population noire des Antilles espagnoles, néerlandaises et danoises, l'ensemble serait ainsi passé d'environ 70 000 âmes en 1670 à environ 250 000 vers 1730-1740, et à 1,4 million dans les années 1770-1780 !

C'est à Saint-Domingue que l'évolution a été la plus rapide :

	1670	1710	1730	1770	1790
Esclaves	600	43 000	94 300	241 000	500 000
Blancs		8 000	10 400	19 000	30 000

Source : Paul Butel, *Européens et espaces maritimes*, 1997.

P. Butel indique qu'en 1730, l'île comptait 10 esclaves pour un Blanc ; en 1770, 13 esclaves ; en 1790, 17 esclaves pour un Blanc. Les avantages de l'esclavage noir sur la servitude blanche sont donc apparus de plus en plus clairement au fil du siècle. « *Les colonies pour la culture avaient besoin de bras et c'était en Afrique qu'on allait chercher les cultivateurs. Les nègres seuls pouvaient suffire aux travaux des pays chauds. On ne saurait s'en passer sans renoncer aux colonies* », explique un avocat nantais de Cap-Français (Saint-Domingue), un certain Listré, au début du XIXe siècle[1], qui ajoute : « *Il fallait communément pour la seule colonie de Saint-*

1. Dans la description qu'il fait d'une campagne de Traite à laquelle il a participé à bord d'un négrier nantais sur les côtes de l'Angola en 1777, c'est-à-dire dans sa jeunesse. On

Domingue un recrutement chaque année de 20 à 25 000 nègres, tant pour remplacer les mortalités que pour l'accroissement de la culture ». Le chevalier Louis de Jaucourt, rédacteur du plus grand nombre des articles de l'*Encyclopédie,* propose, lui, une autre approche de la question en affirmant que « *l'achat des nègres que font les Européens sur les côtes d'Afrique pour employer ces malheureux dans leurs colonies en qualité d'esclaves... est un négoce qui viole la religion, la morale, les lois naturelles, et tous les droits de la nature humaine... Que les colonies européennes soient plutôt détruites, que de faire tant de malheureux !* »[1]

La croissance de la population noire traduit-elle les flux d'une Traite[2], affectée selon O. Pétré-Grenouilleau d'une « instabilité congénitale »[3] (du fait des guerres qui interrompent le trafic) ? Les calculs de J. B. Williams[4] ont montré que la hausse des effectifs à la Jamaïque était de 2 109 par an de 1703 à 1778, alors que les navires négriers auraient débarqué une moyenne annuelle de 6 807 captifs. Ceux de S. Daget[5] — le pionnier du concept d'« Europe négrière » — pour les colonies françaises ne sont pas moins terribles : entre 1763 et 1775, les arrivées à Saint-Domingue se sont élevées à 102 474, alors que la croissance de la population servile n'a été que de 39 571. Calculs qui ont aussi montré que le taux de mortalité à bord des navires négriers aurait été, selon J.B. Williams, de 16 % — ramené toutefois à 13,6 % par S. Daget, voire 13 % selon C. Coquery-Vidrovitch[6] : « la mortalité noire, sur un négrier du XVIIIe siècle, correspond en gros à la mortalité de crise des populations européennes sédentaires de la même époque » (O. Pétré-Grenouilleau[7]). Quant à la mortalité des esclaves sur les « habitations » antillaises, elle est très difficile à mesurer : on retient généralement qu'il faut compter deux décès pour une naissance. P. Butel note qu'à Saint-Domingue, 1/3 des captifs mouraient dans les trois premières années de l'acquisition, et ½ au bout de huit ans : ce qui impliquait « la nécessité d'un renouvellement rapide » de la main-

peut supposer que, comme c'est très souvent le cas dans les familles nantaises, ce voyage participe de sa formation.

1. Lignes extraites de l'article « Traite » de L'*Encyclopédie.*
2. Citons l'historien des Traites négrières qu'est O. Pétré-Grenouilleau (*La Traite des Noirs*, 1997): « Traite des Noirs ne rime pas seulement avec Traite européenne et atlantique » ; celle-ci a en effet été pratiquée depuis l'Antiquité des Egyptiens aux Romains, pour s'affirmer sous l'égide des arabo-musulmans. « Le trafic s'organisa sur une grande échelle, et... l'image du Noir se dévalorisa très nettement... L'essor de la Traite musulmane est inséparable de celui du racisme... ». En 2001, l'historien américain David Eltis arrivait, pour la période 1519-1867, à un total de plus de 11 millions d'Africains déportés par l'Atlantique et de 9 599 000 esclaves introduits dans les Amériques : des chiffres retenus par O. Pétré-Grenouilleau, in *Les Traites négrières ; Essai d'histoire globale*, 2004.
3. Olivier Pétré-Grenouilleau, *Les Traites négrières. Essai d'histoire globale*, 2004.
4. J. B. Williams, *British colonial Policy and Trade Expansion* (1750-1830), 1976.
5. S. Daget, *La Traite des Noirs*, 1990.
6. Elle est effectivement moins importante que la mortalité touchant les équipages, qui doivent affronter les fièvres contractées pendant les longues escales africaines, voire aussi les affrontements avec les indigènes.
7. O. Pétré-Grenouilleau, *La Traite des Noirs*, 1997.

d'œuvre. Un propriétaire d'une centaine d'esclaves devait en acheter 8 ou 10 par an afin de maintenir sa production. Au bout du compte, les études de Ph. Curtin[1] permettent de penser que la déportation des Noirs a porté sur un effectif de 7 millions de captifs au cours du XVIIIe siècle, et que 6 millions d'esclaves auraient été achetés par les planteurs. Sur ce total, les arrivages antillais seraient de l'ordre de 3,2 à 3,5 millions[2] — bilan des arrivages à réévaluer d'environ 15 % pour connaître le niveau des embarquements. Mais l'évaluation du prélèvement africain total par la Traite atlantique est plus complexe : en effet, « la déportation effective d'une personne vivante a suscité la mort effective de cinq personnes, quelles qu'aient été les conditions de capture de la personne », fait observer S. Daget. Le rythme des déportations a-t-il été régulier ? Il s'est fortement accéléré à partir du milieu du XVIIe siècle[3] pour répondre aux besoins des planteurs[4]. Comme le note P. Butel, le mouvement de concentration des propriétés qui s'amorce alors, tant dans les îles françaises que dans les îles anglaises, rend nécessaire la constitution d'« ateliers » d'esclaves : à la Jamaïque, au milieu du XVIIIe siècle, une plantation de 450 ha appelle la constitution d'un « atelier » de 300 esclaves. La Traite s'est également spectaculairement accélérée à partir de la guerre d'Amérique, en raison des besoins accrus de Saint-Domingue : 30 000 arrivages annuels en 1787. Ces besoins accrus par la recherche désormais d'une productivité immédiate eurent d'emblée des effets plus mortifères que jamais ; ce qui malgré la hausse des prix entraîna l'envol des achats : à Saint-Domingue, dans les années 1780, la moyenne des prix s'établissait autour de 1 500 ou 2 000 livres.

Géographie négrière, nations et ports négriers

On peut délimiter quatre grandes aires négrières africaines : trois sur le littoral atlantique ; et une quatrième sur la façade sud-orientale (c'est l'espace de Traite de l'océan Indien dominé par les Portugais et les Arabes). Une première s'étend du Sénégal à la côte de l'Ivoire. La seconde est constituée par le golfe de Guinée, première région de Traite : à la fin du XVIIIe siècle, 55 à 60 % des captifs en sont

1. Philip Curtin, *The Rise and Fall of the Plantation Complex*, 1990, reed. 1998. O. Pétré-Grenouilleau parvient à des chiffres du même ordre : à savoir plus de 6,6 millions de captifs pour la période 1676-1800.
2. 1 401 300 dans les Antilles anglaises ; 1 348 400 dans les françaises ; 460 000 dans les néerlandaises ; 24 000 dans les danoises. En outre, on ajoutera 587 600 arrivages dans les colonies espagnoles ; 1 891 000 dans les portugaises ; 348 000 dans les Treize.
3. À considérer l'ensemble de la Traite atlantique, on compte, jusque vers 1650 : 8 000 captifs par an ; entre 1675 et 1700 : 24 000… 65 000 entre 1761 et 1780 et 82 500 entre 1781 et 1790.
4. Jusque-là les planteurs ne disposant pas encore d'un gros capital ne pouvaient acheter beaucoup d'esclaves, ils entendaient donc les conserver le plus longtemps possible en bon état, et ils encourageaient leur reproduction. En revanche, les engagés étaient beaucoup plus durement traités. En 1685, en France, Colbert fait publier le « *Code Noir* », qui vise à régler en 60 articles tous les aspects de la vie quotidienne des esclaves, considérés comme des « *biens meubles* » (article 44), mais devant avoir reçu le baptême (article 2 : « *Tous les esclaves qui seront dans nos îles seront baptisés et instruits dans la religion catholique* »).

issus — la Traite est ici aux mains des grandes nations négrières. La troisième s'étend sur les côtes congolaise et angolaise. Sur l'ensemble de ces trois zones, sévit la Traite anglaise — surtout sur la côte de l'Or, et plus au sud entre Lagos et le Niger. Sur la côte des Esclaves, l'Angleterre retrouve les trois autres nations négrières, que sont le Portugal, la France et la Hollande. Les Néerlandais au XVIIIe siècle sont surtout présents sur la côte de l'Ivoire et dans le golfe. Les Français sont implantés au Sénégal (où, d'après un avocat nantais du nom de Listré, « *l'on traite peu de nègres* »), sur la côte de l'Or, sur la côte des Esclaves au débouché du royaume des Ardres-Allada et de Juda-Ouidah (Bénin actuel), et plus au sud (2° de latitude sud) sur la côte d'Angola (où « *nous avons quatre ports... Mayumba, Loango, Malimbe et Kadiada... également ouverts à d'autres nations* », note encore Listré). Aux stratégies nationales, s'ajoutent celles, différentes et mouvantes, des ports de Traite européens : les négriers de Bristol, par exemple, se dirigent surtout vers la Virginie, ceux de Liverpool vers la Jamaïque, les Français vers Saint-Domingue. Mais on n'oubliera pas la contrebande, l'interlope, qui se développe à la grande satisfaction des planteurs heureux de pouvoir faire jouer la concurrence. C'est ainsi que certains lieux deviennent les plaques tournantes d'un trafic de redistribution : Curaçao et Saint-Eustache aux mains des Néerlandais, ou encore Saint-Thomas aux Danois.

Quoi qu'il en soit, jusqu'au début du XVIIIe siècle, la Traite est aux mains de compagnies à charte. Les Espagnols avaient mis en œuvre un système d'affermage de celle-ci sous forme de contrat d'*asiento.* Le bénéficiaire exclusif de ce contrat, à la suite d'un dépôt de candidature ou d'appel d'offre, se voyait confier l'approvisionnement des colonies espagnoles : le contrat prévoyait le nombre de captifs, la proportion par sexe, les lieux de Traite, les destinations. Le signataire du contrat pouvait vendre des licences de Traite à d'autres contractants. Ce marché ne pouvait évidemment pas laisser indifférents les marchands des autres pays, moins attirés par les profits négriers que par la possibilité de s'introduire officiellement dans le grand commerce des Indes occidentales ! Or, les Espagnols furent progressivement dans l'incapacité de fournir à leurs colonies les captifs nécessaires : ils firent donc vite appel à des concours extérieurs. Les premiers à en bénéficier furent les Flamands. Repris en 1532, l'*asiento* échut ensuite aux Génois, puis aux Portugais (de 1580 à 1640), aux Néerlandais (de 1640 à 1695), aux Français en 1702, enfin aux Anglais en 1713 pour trente ans[1]. Dans l'Europe mercantiliste, chaque nation intéressée par le trafic négrier — ou par ses effets induits — avait créé ses propres compagnies à charte. Les Néerlandais avaient pris de l'avance avec la création en 1625 de leur WIC : celle-ci contrôlait quelques points stratégiques africains, et disposait d'entrepôts de redistribution aux Antilles. Elle se fit la pourvoyeuse en esclaves des colons anglais et français, et le bénéficiaire indirect de l'*asiento* de 1662 à 1685. Sa réussite fit école : en Suède, au Danemark, au Brandebourg... et bien évidemment en Angleterre et en France, on créa des compagnies de même nature pour

1. Mais le bail étant renouvelé, il dure jusqu'en 1759.

s'émanciper de la tutelle hollandaise ! La *Royal African Company* (RAC) fut créée en 1672, elle perdit son monopole en 1698, mais elle perdura jusqu'au milieu du XVIIIe siècle : c'est elle qui reçut le contrat de l'*asiento* en 1713. Les expériences françaises furent plus décevantes : les compagnies apparaissent et disparaissent les unes après les autres. La *Compagnie Royale de Guinée* est celle qui reçut de 1702 à 1713 le contrat de l'*asiento.* Mais à cette date, elle avait déjà largement ouvert son monopole aux Nantais, contre une redevance de 15 à 30 livres par tête[1].

Entre 1716 et 1741, se succèdent les lettres patentes donnant autorisation à quelques ports (Rouen, La Rochelle, Bordeaux, Nantes, Saint-Malo, par celles du 16 janvier 1716 ; puis, ce sera Honfleur, puis Marseille et Dunkerque... etc), puis à tous les ports ayant accès au commerce des îles de pratiquer le trafic négrier. Certes, cette évolution vers un Exclusif de plus en plus partagé est momentanément stoppée par la nouvelle *Compagnie des Indes* : mais son monopole, décrété en septembre 1720, ne s'exerce effectivement qu'entre 1723 et 1726. Finalement, dès les années 1720, l'initiative privée l'emporte un peu partout, entraînant avec elle la prospérité du trafic négrier. À l'échelle du XVIIIe siècle, la France est au 3e rang des nations négrières, derrière le France et l'Angleterre ; au second derrière l'Angleterre, à ne considérer que le dernier tiers du siècle. Le trafic français est dominé par Nantes, mais il est moins concentré qu'en Angleterre, où Liverpool devient le premier port négrier mondial au second XVIIIe siècle (avec 80 % du trafic), loin devant Bristol, leader vers 1730 : en France, le leadership nantais devient moins écrasant au fil du siècle, avec 65 % des expéditions négrières entre 1713 et 1722, mais seulement 34 % entre 1783 et 1791. La guerre de Sept Ans a eu raison de sa suprématie, au profit de Saint-Malo, La Rochelle ou Le Havre, mais surtout de la rivale bordelaise qui réalise à la fin du XVIIIe siècle 10 % de la Traite française.

Navigations et tractations de la Traite

Les côtes africaines sont rectilignes du Sénégal à la Gambie, plus accidentées ensuite, ce qui en rend l'accès difficile ; à cela peut s'ajouter l'hostilité des populations locales : certains capitaines choisissent alors de ne pas s'approcher imprudemment des côtes, et de pratiquer la « *troque sous voile* ». Les esclaves qu'ils vont acheter sont bien souvent des prisonniers qu'ont fait les chefs d'« *une multitude de nations africaines avides* », dans le cadre d'une « *guerre sans relâche* » qu'ils se font précisément « *pour les acquérir* ». Ainsi s'exprime Justin Girod de Chantrans à la fin du siècle, le voyageur « suisse » déjà rencontré, choqué qu'il est par « *la Traite des nègres (qui) est bien la chose la plus monstrueuse... qui avilit ceux qui en font l'objet et ceux qui ont la turpitude de la tenter...* » et d'abord par « *l'esclavage, odieux en soi et*

1. En effet, quelque soit leur nation, ces compagnies éprouvent certaines difficultés : leurs coûts d'exploitation sont élevés, et la Traite leur revient plus cher qu'aux particuliers contrebandiers. Aussi cèdent-elles souvent , contre finance, une partie de leur monopole à des entrepreneurs privés.

contre nature ». Guillaume Bosman[1] , un employé de la WIC néerlandaise, notait aussi en 1705 : « *la plupart des esclaves qu'on nous amène sont des gens qui ont été faits prisonniers à la guerre, et que le vainqueur, regardant comme son butin, fait vendre pour en retirer du profit* ». S'y ajoutent tous ceux qui ont été « razziés » par d'autres Noirs... Listré raconte que les captifs « *arrivaient au comptoir avec une fourche au col ayant un long manche avec lequel on les conduisait qu'on appelait bois mayumbu. On sciait cette fourche et on lui substituait un collier de fer. Le soir on emmenait à bord tous les captifs* ».

Les modalités d'achat, ainsi que la fixation de la valeur du captif diffèrent d'un point à un autre de la côte. Au royaume de Loango[2], selon le témoignage d'un certain abbé Ployart, « *on compte par pièces*[3]» — et non par « *marchandise* »[4] — ; par ailleurs, la direction des opérations est confiée par les autorités locales à un « *mafouque* » et à ses courtiers : ce sont des intermédiaires auxquels le capitaine « *quand il a fermé sa Traite* » fait un présent. En effet, « *la fonction des courtiers ne se borne pas à faciliter le commerce des esclaves ; ils sont encore chargés de veiller à l'exécution des règlements établis par le Roi ou par le Mafouque ; et dont le plus important est qu'il ne sera pas vendu d'esclaves aux Européens que ceux qui ont été pris en guerre ou achetés de l'étranger...* ». Et, comme l'indique encore le Havrais S. Foäche, il faut, soit bien payer les courtiers, soit flatter ces imbéciles, qui en outre « *ne se rappellent jamais ce qu'ils ont reçu : ainsi on peut paraître généreux à bon marché* ». Sur les côtes de l'Angola, on retrouve *mafouque* et courtiers divers. En Sénégambie, les interlocuteurs des capitaines sont les *lançados*, communauté particulière de Luso-Africains — issue d'ex-contrebandiers portugais ayant fait souche — qui organisent les opérations de capture. Sur la côte des Esclaves, jusqu'au début du XVIIIe siècle, les négriers européens se sont adressés aux deux royaumes côtiers d'Allada (Ardres) et de Ouidah (Juda). À Ouidah, Guillaume Bosman indique qu'après que le marchand (hollandais, ici) a acquitté les « *Coutumes... À proportion de ce que les marchandises valaient là* », il avait « *entière liberté de négocier* ». Il semble en effet que cette coutume de Traite fasse fonction de droit à acquitter permettant de commencer véritablement les opérations, qui se terminent en outre par un cadeau. O. Pétré-Grenouilleau évalue cette *coutume* à 5/6 % de la valeur de la cargaison, mais pouvant atteindre jusqu'à 12 %. En tout

1. Qui finit sa carrière comme directeur de comptoir, et publia à Utrecht en 1704 un Voyage en Guinée.
2. Entre Gabon et Zaïre.
3. Ces « *pièces* » sont en fait des « *paquets* » qui comportent un assemblage de divers produits apportés d'Europe, qui représentent un certain poids, et qui correspondent à la valeur du « nègre ». C'est la fameuse « pacotille », constituée de textiles, de métaux, d'outils, de vins et spiritueux, d'armes, de produits de luxe, de cauris enfin qui fournissaient des instruments monétaires...
4. Comme l'indique l'abbé, toutes les « *marchandises* » ne se valent pas. Il est d'ailleurs, selon ce qu'en dit l'armateur havrais Stanislas Foäche dans un courrier daté de décembre 1765, des vendeurs d'esclaves plus ou moins difficiles : à Loango, justement , il indique que « *le commun suffit* ».

état de cause, comme le confie l'abbé Ployart, « *le commerce qui s'exerce sur les côtes avec les étrangers, n'intéresse... qu'un très petit nombre de particuliers, qu'on peut regarder comme les riches et les puissants du pays* ». « *Puissants du pays* » que le *London Magazine*, dans un article de 1740, accuse de maintenir « *les habitants de Guinée... dans un déplorable état d'esclavage* » : heureusement, « *en étant achetés ou plutôt rachetés à leurs tyrans indigènes... les Nègres sont portés à un plus haut degré de bonheur, quoi qu'ils ne le soient pas à l'absolue liberté* » ! On pense en particulier au roi d'Abomey qui — s'étant emparé du territoire du roi de Juda (Ouidah) où cohabitaient des forts anglais, portugais et français — convoquait chaque année les Blancs des forts ainsi que les négriers présents pour faire étalage de sa puissance mesurée à l'aune de sa cruauté : sa « fête des coutumes » était marquée par l'assassinat rituel de dizaines de prisonniers de guerre ![1]

Dans le cas de la Traite volante — ou cabotage de Traite — les captifs sont achetés en petit nombre, mais en différents points de la côte. G. Le Bouédec cite le cas (étudié par S. Daget) de la *Suzanne-Marguerite*, partie de La Rochelle en décembre 1774. Elle commence sa Traite au cap des Palmes du 13 au 26 mars : 9 captifs. À Ouidah, commence une longue négociation qui permet d'abord d'embarquer 62 esclaves (27 avril). Le 7 septembre, on en est à 330 captifs. Entre le 5 et le 18 octobre, le navire reçoit les 121 captifs qui mettent fin à plus de 6 mois d'ancrage à Ouidah : les premiers esclaves sont alors en cale depuis plus de sept mois. Encore une escale ; puis, enfin, le 4 décembre, le bâtiment lève l'ancre pour l'Amérique avec 820 nègres : le négrier avait acheté 1 020 unités, mais 200 étaient morts, malgré les bons traitements (!) qu'évoquent, tant l'armateur havrais, que le négrier Bosman. Il existe de toutes les façons une méthode de Traite moins inhumaine : celle qui consiste à cingler directement vers les forts et les comptoirs côtiers. Quarante-trois comptoirs fortifiés ont été en effet installés entre le Sénégal et l'Angola par les compagnies des nations négrières : occupés par moins de 3 000 personnes, ils constituent de véritables « kystes occidentaux » (G. Le Bouédec), redevables toutefois d'un « loyer » aux pouvoirs africains (!). Ce sont des centres de stockage aux dimensions parfois considérables — le *Cape Coast Castle* sur la Côte de l'Or avait une capacité de 1 000 captifs ! Au XVIIe siècle, les représentants des compagnies présents dans les forts achètent à l'avance des captifs moyennant une commission ou un prix déterminé. Au siècle suivant, on accepte de vendre aux particuliers, même étrangers : ainsi, à la veille de la guerre de Sept Ans, les Foäche du Havre achètent leurs captifs à un fort anglais. Cette Traite est la plus rapide, mais la plus onéreuse.

---

1. Le royaume d'Abomey devint le pouvoir local dominant dans la première moitié du XVIIIe siècle. Les règles de succession au trône — essentiellement le droit de primogéniture — firent que dix rois seulement régnèrent entre 1650 et 1889. Il demeura un petit royaume administré de près par un roi et sa cour, sans jamais s'étendre pour constituer un empire. Tous les esclaves capturés appartenaient au roi, et les navires négriers avaient interdiction d'accoster : la Traite se faisait loin de la côte, les captifs étaient emmenés à bord par barques.

La grande majorité d'entre eux portent entre 120 et 250 tonneaux. À la fin de la période, la demande croissante de Saint-Domingue rend plus fréquents chez les Français les 300/400 tonneaux. Les négriers français se font également plus rapides et plus solides (coques doublées de plaques de cuivre)... et de plus en plus couteux. Le navire de Traite a la réputation d'être un rafiot en fin de carrière, susceptible d'être vendu aux Antilles : en fait, le navire négrier est avant tout un navire marchand polyvalent, capable de se transformer en fonction de ce qu'il transporte. En effet, il a vocation à transporter à l'aller la « pacotille » vers l'Afrique, et au retour des îles des denrées coloniales. En fait, il suffit à tout navire de commerce d'avoir un entrepont entre le pont et la cale suffisamment haut (1,50 m)[1]; et une cale dont le volume permet d'entreposer vivres et eau nécessaires à la traversée d'un grand nombre d'hommes — c'est-à-dire à partir de 120 tonneaux.

La description de l'aménagement d'un navire négrier ne vaut donc que pour le voyage Afrique-Antilles. Un bâtiment de 250 tonneaux peut transporter en moyenne 600 captifs[2] avec un équipage de 45 hommes — en France, on compte 1 marin pour 10 captifs — et 140 000 litres d'eau pour un voyage de 2,5 mois. L'équipage est composé en partie de jeunes, novices ou pilotins, parfois fils d'armateurs ; en partie de déracinés, d'aventuriers en tous genres attirés par la solde. Mais on compte impérativement également quelques « spécialistes ». D'abord le capitaine, qui doit être aussi bien bon marin, que commerçant habile, que bon négociateur, que manieur d'hommes, que geôlier efficace... que « trompe-la-mort ». Il doit savoir tout mettre en œuvre pour préserver la cargaison. Il est donc « intéressé » par l'armateur au succès de l'expédition : participation au capital de l'expédition, primes, pourcentage sur les ventes, un ou plusieurs captifs à l'arrivée. Ainsi, s'il échappe à la mort, il revient riche. Le capitaine en second joue également un rôle important, en cas de décès du capitaine ; les officiers négriers sont instruits en matière de navigation, et tiennent aussi les comptes et les journaux de bord. Le chirurgien assure la direction sanitaire de la déportation, il s'occupe en Afrique de la sélection des captifs et de leur marquage, mais il est très désarmé devant le déclenchement des épidémies à bord. Du tonnelier, comme du cuisinier, dépend la survie de l'équipage et des captifs pendant les vingt mois que peut durer un voyage triangulaire[3] (ou plutôt une « Traite circuiteuse » (O. Pétré-Grenouilleau) en

1. On remarque sur le plancher de l'entrepont la présence (amovible) d'une rambarde élevée entre les deux gaillards : hérissée de pointes de défense, elle permet à l'équipage de s'y réfugier en cas de révolte, et de fusiller les « nègres » tentant de l'escalader. Équipements qui expliquent le surcoût de l'armement d'un négrier.

2. L'entassement est de 4 individus au mètre carré. Proportion obtenue en plaçant les individus sur le côté, tête-bêche — selon J. Boudriot, *Le navire négrier au XVIIIe siècle*, 1987.

3. À partir des côtes d'Afrique occidentale, un navire rapide, par temps favorable, peut rejoindre la Guadeloupe en 23 jours. Mais d'autres en mettent 90 ! Le voyage durant « normalement » 40 jours, exceptionnellement 90 ; il est plus court pour aller aux petites

fonction des conditions météorologiques (le piège étant les calmes équatoriaux, le redouté « pot-au-noir ») ; mais aussi du temps pris par les collectes et le cabotage de Traite, et donc de l'éloignement de la base africaine de départ.

La survie d'une cargaison passe donc par une bonne alimentation[1], mais aussi par l'aération régulière des captifs sur le pont supérieur, ainsi que des chants et des danses. Les captifs sont souvent terrorisés : par le déchaînement des éléments, en cas de mauvais temps, qui les rendent malades ; par l'ignorance de ce qui leur arrive ; par leur crainte d'être dévorés par les Blancs... C'est ainsi que des révoltes[2] sont toujours à craindre. Le Nantais Listré rapporte qu'« *on mettait même aux fers par précaution et sûreté, surtout ceux un peu âgés et plus expérimentés qu'on pouvait craindre et qui pouvaient inspirer la révolte à leurs camarades* ». Un autre Nantais, l'armateur Joseph Mosneron[3], confirme qu'« *il fallait redoubler de vigilance... être sur le qui-vive toute la nuit... Sur environ 20 bâtiments qui ont paru dans la rade de Bissau pendant (notre) séjour... , il n'y en a pas un seul qui ait été exempt de révoltes à son bord. On avait beau redoubler de précautions par les fers... tous ces obstacles étaient vaincus par le caractère féroce des esclaves...* ». Outre les révoltes, il y a les suicides...

De l'arrivée en Amérique

Celle-ci se déroule selon des scénarios beaucoup plus courts que ceux qui président au départ d'Afrique. Le navire doit d'abord se soumettre à des formalités fiscales et sanitaires : à cet égard, les capitaines devaient s'employer à « rafraîchir » au plus vite la cargaison. Puis, il s'agit de préparer la vente : celle-ci relève soit du capitaine uniquement, soit d'un commissionnaire que les armateurs entretiennent à demeure dans les principaux ports que sont Kingston (Jamaïque), Bridgetown (La Barbade), Cap-Français (Saint-Domingue), Saint-Pierre (Martinique). La vente est annoncée par divers moyens publicitaires. Elle se déroule à bord ou à terre. Elle peut durer huit à dix jours. Tout dépend de l'état de la cargaison et de la demande. Elle se fait par lot aux enchères, ou de gré à gré. Une « *pièce d'Inde* » (l'homme sain, robuste, sans aucune tare physique), achetée sur la côte de l'Or, 300 livres, à la fin du XVIIIe siècle, peut être adjugée à l'arrivée 2 500 livres. Le paiement peut se faire

---

Antilles : il faut ajouter une semaine au moins pour Saint-Domingue ou la côte de Virginie.

1. Listré nous renseigne : « Les nègres étaient nourris avec des fèves apportées de France dont on faisait de la soupe en les écrasant, qu'ils appelaient macoudia. On les mettait par plat de sept ou de dix. [...] De temps à autre on leur donnait encore du riz pour les rafraichir et même quelquefois du poisson lorsqu'on en péchait abondamment. »...

2. Elles sont rares : 155 cas connus au XVIIIe siècle sur plus de 3 000 expéditions françaises. Mais sont-elles toutes déclarées, notamment celles qui éclatent avant le départ d'Afrique, qui sont les plus nombreuses, et qui sont pratiquement les seules à conduire à la libération des captifs ? Il semble que les statistiques ne retiennent que celles qui atteignent un certain degré d'intensité. Nombre d'entre elles pouvant en outre être étouffées immédiatement...

3. Cf. O. Pétré-Grenouilleau, *Moi, Joseph Mosneron, armateur négrier nantais (1748-1833). Portrait culturel d'une bourgeoisie négociante au siècle des Lumières*, 1995.

au comptant, ou à crédit (parfois à très long terme : ce sont les fameuses « queues de retour » du capital) — en lettres de change ou en marchandises. En effet, la seconde priorité du capitaine, indique encore Listré, est de « *vendre de manière à avoir de quoi charger le bâtiment et l'envoyer en Grande-Bretagne... Il était assez rare de recevoir de l'argent [...] ce qui était d'ailleurs indifférent au capitaine qui préférait de la denrée pour se charger* » -s'agissant des négriers nantais, alors qu'à Bordeaux, le négoce peut se permettre d'attendre les lettres de change des colons. La vente se fait donc contre de l'argent, mais aussi contre du sucre ou du café, ce qui assure un profit supplémentaire au retour. Ce n'est qu'une fois arrivés en Europe et vendus, que les produits tropicaux sont convertis, après d'autres opérations tout aussi complexes, en espèces sonnantes et trébuchantes. Ainsi, pour O. Pétré-Grenouilleau, « fondé au niveau des investisseurs européens sur la division des risques et le recours à l'assurance, en Afrique sur des tractations spécialisées et parfois longues, en Amérique sur le troc, le système commercial négrier est à la fois complexe, pointu et archaïque... (Il) dénote la compétence commerciale dont doivent faire preuve négriers blancs et noirs, ainsi que le caractère limité de la pénétration européenne »[1]... On ajoutera qu'à ce commerce afro-américain, s'ajoute celui de ré-exportation americano-américain. Ainsi les Hollandais sont-ils passés maîtres dans la gestion de leurs entrepôts de Curaçao et de Saint-Eustache, comme les Anglais des leurs à la Jamaïque et à Antigua : de 1702 à 1777, un captif sur quatre est ré-exporté de la Jamaïque. Et les Américains de Boston s'y mettent à leur tour, en regardant, eux, du côté des Antilles françaises ! Ainsi s'est développé un fructueux commerce des captifs d'Amérique en Amérique.

Mais qu'en est-il globalement des profits de la Traite ? Comme l'indique O. Pétré-Grenouilleau, « les chiffres les plus extravagants ont couru, popularisant l'idée de bénéfices extraordinaires, dépassant les 100 % par expédition. En fait, bien que confortables pour l'époque, les profits annuels étaient assez réduits... et ils eurent tendance à diminuer ». Les profits négriers les plus élevés sont ceux qu'ont réalisés les Anglais, à hauteur de 10 %, grâce aux facilités de crédit dont ils auraient pu bénéficier pour financer leurs armements. Derrière eux, les Nantais n'auraient atteint que 4 à 6 % de profits annuels à la fin des années 1780[2], et encore de façon très irrégulière ; et les Néerlandais moins de 3 %. L'activité de la Traite, « à la rentabilité fort aléatoire... à l'origine de réussites spectaculaires et de retentissantes faillites » (O. Pétré-Grenouilleau), n'en reste pas moins malgré tout attractive à un moment où le commerce du sucre est moins intéressant : ce qui explique que d'autres ports français derrière Nantes se soient lancés dans l'aventure. Reste que les grands ports atlantiques européens souffrent des concurrences sur la côte africaine (y compris celle, à partir de 1750, de négriers américains !), des temps trop longs de collecte, des révoltes et des mortalités à bord. S'ajoutent à cela les lenteurs

1. Olivier Pétré-Grenouilleau, *L'Argent de la Traite. Milieu négrier, capitalisme et développement : un modèle*, 1996.
2. Rappelons que la pêche à la morue permettait jusqu'au milieu du siècle des profits de 60 %.

financières propres au trafic triangulaire : « queues de retour » du capital pour cause de règlements très différés des avances consenties aux planteurs. L'essentiel demande finalement quatre à six ans pour être récupéré, les dernières rentrées pouvant s'échelonner sur dix ans...

De profits de plus en plus aléatoires, condamnée par les morales protestantes et catholique et par les Lumières, jugée contraire à long terme aux intérêts économiques de l'Angleterre, la Traite négrière atlantique, au terme d'un long combat abolitionniste, est lentement abandonnée au siècle suivant : les échanges de populations entre la rive africaine de l'Atlantique et ses rives américaines s'en trouveraient progressivement stoppés...

En Amérique, des populations blanches et noires en quête de leur émancipation politique

La marche à l'indépendance des Treize

Des communautés hétérogènes...

Alors que les grands ports de la rive européenne animent avec le succès que l'on sait un commerce de type colonial avec les îles et les colonies du Sud de l'Amérique continentale anglaise, les colonies du Centre et du Nord développent, elles, dès la fin du XVIIe siècle, grâce à la logique des distances, une économie de type européen, autonome et ouverte sur les marchés antillais, voire sur ceux de l'Europe du Sud. Au XVIIIe siècle, la guerre de Sept Ans agit comme un révélateur du rôle commercial incontournable joué désormais par les Treize. En 1769, celles-ci réalisent 26 % de leurs exportations vers les Caraïbes et 30 % de leurs importations. Si le Sud exporte 80 % de ses productions de riz et de tabac vers l'Angleterre, la Nouvelle-Angleterre n'exporte qu'à hauteur de 18 % vers les ports anglais, mais de 64 % en direction des Antilles. Ces exportations américaines de bois, de blé, de maïs, ou de viandes et de poissons salés, voire de tabac, et d'esclaves (aux Antilles françaises), permettant de financer des importations croissantes en provenance de Grande-Bretagne, ainsi que des achats de mélasses françaises à la Martinique, beaucoup moins chères que les résidus anglais : en 1723, 16 distilleries new-yorkaises emploient le tafia martiniquais. Reste que le développement de l'économie profite surtout aux élites des plantations et des villes côtières : l'annexion de la Louisiane orientale en 1763 ouvrant de larges perspectives à l'Ouest, ses exclus se réfugient en nombre croissant à l'intérieur, dans les zones non défrichées, en contact avec les Indiens, et développent une culture de la « Frontière », à cent lieues de l'humanisme européen de l'Amérique atlantique.

Les Treize colonies atlantiques réunissent des communautés disparates ethniquement et culturellement[1]. Au sud, en Virginie par exemple, les grands

1. Dix-huit langues européennes sont encore parlées à New York au XVIIIe siècle.

planteurs de coton et de tabac, qui règnent sur de vastes « ateliers » d'esclaves, mènent une vie raffinée et cultivée « à l'européenne ». Les *middle colonies* mettent l'accent, elles, sur le travail et le savoir, sur le mérite et le talent, sur l'instruction, sur les bibliothèques et les universités (Princeton, 1747). On retrouve le goût pour l'étude dans les colonies du Nord (Harvard, 1636 ; Yale, 1701), mais dans le culte de l'ordre et de la morale (voire de la théologie) puritaine.

… Mais unies dans une commune détestation de la « tyrannie » anglaise

Si dès le début des années 1750, certains pasteurs dénoncent la « tyrannie » de la Couronne britannique, réaffirment le droit à la résistance et même à la rébellion, si un Benjamin Franklin (1706-1790) propose un plan d'union des colonies dès 1754, c'est la guerre de Sept Ans qui, là aussi, sert de « détonateur ». Les Treize sont territoires de la Couronne, qui cherche à maintenir sa tutelle, fiscale et commerciale, par le biais de ses gouverneurs qui se trouvent confrontés en permanence aux assemblées que leur charte reconnaissait aux colonies. Celles-ci n'ont cependant pas droit à une représentation quelconque au Parlement de Londres, lui qui adoptait de nombreuses lois les concernant, fiscales notamment ! Or, au lendemain de la guerre, la Couronne fit adopter par le Parlement un certain nombre de dispositions qui furent reçues comme autant de provocations par les Américains.

Dès 1763, le Parlement anglais interdit aux colons de s'installer au-delà des Appalaches, souhaitant par là prévenir toutes difficultés futures avec les Indiens. Les années suivantes, aux fins de combler la dette extérieure contractée pendant la guerre, les Anglais imaginèrent de nouveaux droits de douane : le *Sugar Act* en 1764 taxe les mélasses étrangères ; le *Stamp Act* en 1765 frappe d'un droit de timbre les actes officiels comme le moindre journal. Des représentants des Treize se réunirent alors à New York, formèrent le Congrès de la loi du Timbre, et organisèrent un mouvement d'opposition à cette loi : Londres décida, un an plus tard, d'abroger cette loi. Mais en 1767, furent encore imaginées des taxes nouvelles : sur le plomb, le verre, la peinture, le thé importés ! Et l'année suivante, 4 000 soldats anglais furent envoyés à Boston, avec obligation pour les colons de les héberger. Les incidents se multiplièrent entre colons et soldats : 5 Américains furnt tués en mars 1770 — c'est « le massacre de Boston ». Juristes et intellectuels se mirent alors en branle, multipliant pétitions et articles de journaux. Ainsi l'avocat constitutionnaliste de Boston, John Adams[1], martèle-t-il dans la *Boston Gazette* que les taxes, pour être légitimes, doivent être levées avec le consentement du peuple ; et qu'ainsi, faute de représentants américains au Parlement de Londres, le *Stamp Act* est invalide… Le 16 décembre 1773, quelques colons se déguisèrent en Indiens

1. John Adams (1735-1826), originaire du Massachusetts, qui sera deux fois vice-président des États-Unis aux côtés de George Washington de 1789 à 1797, avant de devenir le second président américain de 1797 à 1801. Il est considéré comme l'un des Pères fondateurs des États-Unis.

Mohawk, se glissèrent à bord des bateaux qui mouillaient dans le port de Boston, et jetèrent à la mer les caisses de thé qui attendaient d'être débarquées : l'épisode est resté dans l'histoire sous le nom de *Boston Tea Party*. La Couronne opposa au défi un certain nombre de mesures punitives que les Américains qualifièrent aussitôt d'*Intolerable Acts*, décidés qu'ils étaient à ne pas les tolérer ; et fit barrer l'estuaire du port de Boston par des navires de guerre.

Tandis que, l'année suivante, John Adams conceptualisait la résistance autour de deux thèmes nouveaux, la défense des « *libertés proprement américaines* » et l'« *unité indissociable* » des Américains ; et que Thomas Jefferson[1] publiait son *Aperçu sommaire des droits de l'Amérique britannique* ; Philadelphie accueillit au mois de septembre le premier *Congrès continental*, qui s'empressa de dénoncer les mesures prises par les Anglais contre Boston. Dans la nuit du 18 avril 1775, quelques 700 soldats anglais quittèrent discrètement Boston pour aller s'emparer d'armes et de munitions que des miliciens américains avaient cachées dans la ville voisine de Concord : les Anglais y trouvèrent en effet ce qu'ils cherchaient, mais les Américains les attendaient sur la route du retour. Bilan : plus de 270 soldats tués. Le mois suivant, un deuxième Congrès se réunit à Philadelphie : John Adams y soutînt l'idée de la séparation entre les Treize et la Couronne ; et il fut décidé de créer une armée (17 000 hommes) et d'en confier le commandement à George Washington. Au cours de l'hiver 1775-1776, les escarmouches se multiplièrent entre Anglais et désormais *Insurgents*. Au début de l'année 1776, John Adams publiait ses *Thoughts on Government*, qui inspireraient plusieurs constitutions d'états. Au mois de juin, cinq hommes, J. Adams, Thomas Jefferson, Benjamin Franklin[2], Roger Sherman et Robert Livingston, furent nommés par le Congrès membres du Comité de rédaction de la *Déclaration d'Indépendance des Treize États Unis d'Amérique*. Le 2 juillet, ce même Congrès déclarait que « *les colonies américaines étaient des États libres et indépendants* » ; et deux jours après, le 4 juillet, il votait à l'unanimité le texte dont Jefferson, s'inspirant de la philosophie jus-naturaliste de l'Anglais John Locke[3], avait été le principal rédacteur.

Une Déclaration *fédératrice imprégnée de l'esprit des Lumières*

La *Déclaration* est un instrument politique de combat qui s'assigne un triple objectif. Il s'agit tant de mobiliser les colons révoltés autour d'un texte court et simple, que de marquer clairement la rupture avec la métropole en dénonçant la « tyrannie » de la Couronne britannique, et enfin de présenter à l'Europe les objectifs des *Insurgents* afin de susciter un courant d'empathie.

---

1. Thomas Jefferson (1743-1826), né en Virginie dans une famille riche, philosophe, agronome, ingénieur, avocat... et futur troisième président des États-Unis de 1801 à 1809.
2. Benjamin Franklin (1706-1790), élevé dans une modeste famille de Boston, autodidacte, passionné par la politique et par les sciences (il a fondé la première société savante des Treize en 1743). En 1777, il s'en viendra à Versailles pour solliciter l'aide de la France.
3. John Locke, *Du Gouvernement Civil*, 1690.

Document

La Déclaration unanime des Treize États Unis d'Amérique (extraits)

« Lorsque dans le cours des événements humains, il devient nécessaire pour un peuple de dissoudre les liens politiques qui l'ont attaché à un autre et de prendre, parmi les puissances de la Terre, la place séparée et égale à laquelle les lois de la nature et du Dieu de la nature lui donnent droit, le respect dû à l'opinion de l'humanité oblige à déclarer les causes qui le déterminent à la séparation.

Nous tenons pour évidentes pour elles-mêmes les vérités suivantes : tous les hommes sont créés égaux ; ils sont doués par le Créateur de certains droits inaliénables ; parmi ces droits se trouvent la vie, la liberté et la recherche du bonheur. Les gouvernements sont établis parmi les hommes pour garantir ces droits, et leur juste pouvoir émane du consentement des gouvernés. Toutes les fois qu'une forme de gouvernement devient destructive de ce but, le peuple a le droit de la changer ou de l'abolir et d'établir un nouveau gouvernement, en le fondant sur les principes et en l'organisant en la forme qui lui paraîtront les plus propres à lui donner la sûreté et le bonheur (...) Mais lorsqu'une longue suite d'abus et d'usurpations, tendant invariablement au même but, marque le dessein de les soumettre au despotisme absolu, il est de leur droit, il est de leur devoir de rejeter un tel gouvernement et de pourvoir, par de nouvelles sauvegardes, à leur sécurité future. Telle a été la patience de ces Colonies, et telle est aujourd'hui la nécessité qui les force à changer leurs anciens systèmes de gouvernement. L'histoire du roi actuel de Grande-Bretagne est l'histoire d'une série d'injustices et d'usurpations répétées, qui toutes avaient pour but direct l'établissement d'une tyrannie absolue sur ces États. (suivent les griefs retenus à l'encontre du roi d'Angleterre).

Il a refusé sa sanction aux lois les plus salutaires et les plus nécessaires au bien public (..)

Il a convoqué des Assemblées législatives dans des lieux inusités, incommodes et éloignés des dépôts de leurs registres publics, dans la seule vue d'obtenir d'elles, par la fatigue, leur adhésion à ses mesures. À diverses reprises, il a dissous des Chambres de représentants parce qu'elles s'opposaient avec une mâle fermeté à ses empiétements sur les droits du peuple. Après ces dissolutions, il a refusé pendant longtemps de faire élire d'autres Chambres de représentants, et le pouvoir législatif, qui n'est pas susceptible d'anéantissement, est ainsi retourné au peuple tout entier pour être exercé par lui, l'État restant, dans l'intervalle, exposé à tous les dangers d'invasions du dehors et de convulsions au-dedans.

Il a cherché à mettre obstacle à l'accroissement de la population de ces États. Dans ce but, il a mis empêchement à l'exécution des lois pour la naturalisation des étrangers ; il a refusé d'en rendre d'autres pour encourager leur émigration dans ces contrées, et il a élevé les conditions pour les nouvelles acquisitions de terres. Il a entravé l'administration de la justice en refusant sa sanction à des lois pour l'établissement de pouvoirs judiciaires (...)

Il a créé une multitude d'emplois et envoyé dans ce pays des essaims de nouveaux employés pour vexer notre peuple et dévorer sa substance. Il a entretenu parmi nous, en temps de paix, des armées permanentes sans le consentement de nos législatures(..) Il s'est coalisé avec d'autres pour nous soumettre à une juridiction étrangère à nos Constitutions et non reconnue par nos lois, en donnant sa sanction à des actes de prétendue législation ayant pour objet : (...) de détruire notre commerce avec toutes les parties du monde ; de nous imposer des taxes sans notre consentement ; de nous priver dans plusieurs cas du bénéfice de la procédure par jurés ; de nous transporter au-delà des mers pour être jugés à raison de prétendus délits (...) ; de retirer nos chartes, d'abolir nos lois les plus précieuses et d'altérer dans leur essence les formes de nos gouvernements ; de suspendre nos propres législatures et de se déclarer lui-même investi du pouvoir de faire des lois obligatoires pour nous dans tous les cas quelconques.

Il a abdiqué le gouvernement de notre pays, en nous déclarant hors de sa protection et en nous faisant la guerre. Il a pillé nos mers, ravagé nos côtes, brûlé nos villes et massacré nos concitoyens(...) Il a excité parmi nous l'insurrection domestique, et il a cherché à attirer sur les habitants de nos frontières les Indiens, ces sauvages sans pitié, dont la manière bien connue de faire la guerre est de tout massacrer, sans distinction d'âge, de sexe ni de condition(..)

En conséquence, nous, les représentants des Grande-Bretagne d'Amérique, assemblés en Congrès général, prenant à témoin le Juge suprême de l'univers de la droiture de nos intentions, publions et déclarons solennellement au nom et par l'autorité du bon peuple de ces Colonies, que ces Colonies unies sont et ont le droit d'être des États libres et indépendants ; qu'elles sont dégagées de toute obéissance envers la Couronne de la Grande-Bretagne ; que tout lien politique entre elles et l'État de la Grande-Bretagne est et doit être entièrement dissous ; que, comme les États libres et indépendants, elles ont pleine autorité de faire la guerre, de conclure la paix, de contracter des alliances, de réglementer le commerce et de faire tous autres actes ou choses que les États indépendants ont droit de faire ; et pleins d'une ferme confiance dans la protection de la divine Providence, nous engageons mutuellement au soutien de cette Déclaration, nos vies, nos fortunes et notre bien le plus sacré, l'honneur ».

Source : http://usinfo.state.gov/usa/aboutusa/decfr.htmV

Éléments pour un commentaire

Le discours se développe selon trois axes successifs. C'est d'abord l'idée que les hommes « *naissent égaux* », et qu'ils ont été dotés par « *leur Créateur* » de « *droits inaliénables parmi lesquels la vie, la liberté, la recherche du bonheur* ». La raison d'être des « *gouvernements* » étant de protéger ces droits, tout gouvernement est de nature contractuelle ; et donc, en cas de non-respect par celui-ci dudit contrat, en cas de « *tyrannie* », « *le peuple* » est en droit de le déclarer rompu et de se révolter. Affirmation de principe qui permet en même temps de justifier *a posteriori* la révolte des Insurgents. Mais quel est ce « *peuple* » ? Qui est « *nous, représentants…* » ? Le discours limite les bénéfices de l'égalité au peuple des hommes (viri en latin) blancs[1]. Le second point fait état des griefs adressés à George III : véritable acte d'accusation, le texte dresse la liste de tous les méfaits du gouvernement britannique, les abus d'autorité, les actes d'ingérence, les atteintes aux droits élémentaires des hommes, l'extorsion de fonds… ! Autant de provocations qui n'ont pu que contraindre les colonies à la révolte. Enfin, la conclusion du discours se veut un appel à la mobilisation de tous — de tous les hommes de bonne volonté de part et d'autre de l'Atlantique — au service d'une juste lutte, celle d'un peuple uni en marche pour la défense de sa liberté et de son indépendance, pour la défense de son bon droit[2].

On sait quel écho ce texte rencontrera en Europe, en France tout particulièrement : ou l'effet-boomerang d'une pensée née sur la rive européenne de l'Atlantique (avec Locke, Montesquieu, Rousseau…), et qui vient y déstabiliser les vieilles (et moins vieilles[3]) monarchies, pas forcément obscurément terriennes, mais fermement coloniales. Et c'est d'abord la puissante Angleterre libérale, reine de l'Atlantique, qui se voit imposer une longue guerre, qu'elle perd, et qui accouche d'un nouvel État-fils rebelle de l'Europe : les relations transatlantiques à cette latitude en souffriront-elles ? Au contraire, et elles n'en deviennent désormais que plus « *égalitaires* » tant politiquement qu'économiquement[4].

1. On retiendra que, dans la version définitive du projet présenté au Congrès, un paragraphe accusant George III d'avoir fait la guerre à la nature humaine « en capturant et vendant des esclaves » a été retiré sur la protestation des colonies esclavagistes de Caroline du Sud et de Géorgie.
2. À noter que pendant la guerre d'Indépendance, les colons des Antilles anglaises, redoutant la rupture commerciales avec les Treize, restent fidèles à la Couronne.
3. La monarchie anglaise, profondément transformée elle-même par la *Glorious Revolution* de 1688, n'est de ce fait pas si ancienne !
4. En attendant que la « *special relation* » entre l'Angleterre et les États-Unis ne débouche un jour, au XXe siècle, sur une relation inégalitaire inversée.

De Saint-Domingue à Haïti, ou la première révolution noire

Des Antilles françaises à leur apogée

Des années 1720 à la fin des années 1780, le commerce extérieur français connait une dynamique qui le doit principalement à l'« américanisation » du trafic, centrée sur les Antilles : le trafic antillais de la France représente en 1788 42 % du trafic colonial transatlantique, Saint-Domingue concentrant à elle seule les ¾ des échanges coloniaux. La « perle des Antilles » comptait vers 1790, 1793 plantations de canne à sucre et 500 000 esclaves (soit une proportion de 14 esclaves pour un Blanc) — loin devant la Martinique (80 000 esclaves) et la Guadeloupe (89 000)... ou même la Jamaïque (256 000).

Mais, à l'inverse de la situation qui se dessine dans les îles anglaises, les colonies françaises ne voient pas se créer de classe intermédiaire de planteurs disposant d'un pouvoir d'achat élevé. À côté de la minorité possédante des « *Grands Blancs* », grands négociants de Saint-Domingue, et surtout grands planteurs souvent non-résidents qui confient la direction de leur domaine à des « *Blancs à gages* », se sont multipliés les « *Petits Blancs* »[1] que la baisse des prix du sucre dans les années 1715-25 a contraints à la faillite sauf à se reconvertir médiocrement dans la culture du café sur les hauteurs, les « mornes », et qui se sentent de plus en plus menacés par la montée — entravée toutefois par le préjugé racial — des affranchis, « *nègres affranchis* » et « *libres de couleur* »[2]. On note d'ailleurs des révoltes : en Martinique en 1717, à Saint-Domingue en 1722 — auxquelles succède le calme, ébranlé à nouveau par la guerre de Sept Ans[3].

La guerre d'Amérique accroît l'interlope entre Saint-Domingue et les Treize : à partir de l'arrêt d'août 1784, trois ports sont ouverts aux navires américains à Saint-Domingue, et quatre dans les Petites Antilles. En 1790, les Antilles françaises consomment 60 % du poisson séché, 1/4 des farines, et les 3/4 des farines exportés par les Américains. Le commerce « transaméricain » a été un facteur de développement essentiel du sentiment anticolonial.

Des révoltes blanches à la révolte des mulâtres

Comme l'a montré C. Frostin, le sentiment anticolonial s'éveille aux Antilles, particulièrement à Saint-Domingue, dès les années 1720, au sein d'un « parti colon » dirigé par les « Grands Blancs », impatients de s'affranchir de la tutelle métropolitaine et habiles à utiliser tour à tour le mécontentement des « Petits

---

1. Les deux expressions sont nées aux Antilles, avant de s'exporter en Amérique du Nord.
2. L'expression « libres de couleur » est apparue dans les ordonnances royales et locales dans les années 1720 à Saint-Domingue pour désigner les mulâtres (métis nés de parents de couleur différente, ou de parents mulâtres) généralement libres, et marquer la distinction avec les « nègres affranchis ».
3. Cf. Charles Frostin, *Les révoltes blanches à Saint-Domingue aux XVII*e *et XVIII*e *siècles*, 1975.

Blancs » et celui des « libres ». L'agitation se trouve relancée par la contestation antifrançaise qui se développe à la faveur de la guerre de Sept Ans. La Guadeloupe est prise par les Anglais en mai 1759, la Martinique se rend en janvier 1762, où beaucoup de planteurs ont rechigné à se battre ; seule Saint-Domingue résiste à la capture, mais les colons y ont pris très mal les mesures de défense décidées par les autorités françaises. En mars 1769, le « parti colon » arme les « libres » qui se joignent aux « Petits Blancs » pour investir Port-au-Prince : « pré-révolution » (C. Frostin) à l'américaine, matée en juin au demeurant. Choiseul entreprend alors de calmer les Blancs en renforçant la ségrégation contre les « *libres de couleur* » - passés à Saint-Domingue, entre 1700 et 1770, de 500 à 6 000 (pour respectivement 4 000 et 18 000 Blancs) : les mulâtres ne peuvent accéder aux postes à responsabilité dans la justice, la médecine, ou la milice, ni accéder aux offices royaux ; des places spéciales leur sont affectées dans les lieux publics ; et outre, les actes d'état-civil porteront la mention « *sang-mêlé* ». Par ailleurs, à partir de 1775, l'affranchissement d'esclaves est assorti de taxes..de l'ordre du prix de l'esclave lui-même. La guerre d'Amérique a pu alors paraître aux « *libres* » comme une chance à saisir : ils se firent corsaires ou soldats pour avoir vocation à obtenir des droits nouveaux, d'autant que leur nombre augmente, atteignant un chiffre de 27 500 pour 30 800 Blancs à la fin des années 1780. Le refus des Blancs amènera les « *sang-mêlés* » — qui ne condamnent pas l'esclavage[1]... pas plus d'ailleurs que les « *nègres affranchis* » — à utiliser les esclaves comme masse de manœuvre.

C'est la Révolution française, dont l'effervescence se propage aux colonies, qui précipite la crise entre Blancs et mulâtres. Les évènements de Paris font en effet croire à ceux-là que l'heure est venue d'établir le pouvoir colon, sans partage aucun : les « libres » sont écartés des corps électoraux, les affranchissements sont supprimés ; et le 27 février 1790, Saint-Domingue élisait une Assemblée coloniale exclusivement composée de Blancs. Or à Paris, le mois suivant, l'Assemblée nationale proclamait l'égalité en droits des mulâtres libres ; et le 28 mars, ouvrait la représentation nationale à tout propriétaire de plus de 25 ans, sans distinction de couleur ! Le 23 octobre, le mulâtre libre Jacques Vincent Ogé débarquait à Cap-Français avec quelques partisans et force munitions de guerre, et entreprenait d'équiper 300 hommes pour exiger l'application du décret du 28 mars. Finalement livrés par les Espagnols chez qui ceux-ci s'étaient réfugiés, Ogé et ses partisans sont mis à mort en février 1791 : les Constituants à Paris s'émeuvent. Le 15 mai 1791, ils accordaient la citoyenneté pleine et entière aux mulâtres libres de la deuxième génération.

1. Comme Toussaint Louverture (1743 ou 46-1803), petit-fils d'un chef noir de Guinée, fils de déporté, instruit puis affranchi, enfin propriétaire d'un « atelier » de 40 esclaves... Cf. Pierre Pluchon, *Toussaint Louverture, un révolutionnaire noir d'Ancien Régime*, 1989.

De la révolte des mulâtres à la révolution noire

Le décret du 15 mai 1790 aussitôt contesté par les « Grands Blancs », les esclaves du Nord-Est de Saint-Domingue prirent, dans la nuit du 22 août, l'initiative d'une révolte qui se propagea à l'ensemble du territoire. Bilan : 1 000 Blancs tués. Le 24 septembre, les Constituants révoquaient le décret du 15 mai et remettaient le sort des Noirs aux bons soins de l'Assemblée coloniale — où les « Grands Blancs » du Nord refusent tout compromis : l'insurrection se rallume. En novembre 1791, Toussaint Louverture rejoignait les esclaves insurgés : en mars de l'année suivante, avec son appui, les Espagnols envahissaient la colonie par l'est.

Entre-temps, l'Assemblée Législative avait par le décret du 4 avril 1792 reconnu la citoyenneté pleine et entière aux « *libres de couleur* » ; et dépêché à Saint-Domingue en septembre le commissaire de la République Santhonax investi de pouvoirs discrétionnaires pour faire appliquer ce décret, ainsi que 4 000 gardes nationaux et 2 000 soldats de ligne. Celui-ci après avoir dissous l'Assemblée coloniale, vînt à bout de l'insurrection noire en février 1793, dont les chefs se réfugièrent dans la partie espagnole de l'île. Mais ce succès fut remis en cause par deux tentatives royalistes, contre-révolutionnaires : d'une part, par la révolte des Blancs à Port-au-Prince, réduite par les troupes régulières renforcées par des mulâtres et des contingents noirs ; d'autre part, par la sédition à Cap-Français, d'une partie de la flotte de guerre, des Blancs et de la municipalité, orchestrée par le gouverneur-planteur, le général Galbaud, en juin 1793. Pour parvenir à reprendre la ville, et mettre l'île en défense contre les Espagnols et les Anglais, Santhonax libéra les prisonniers noirs ; puis proclama de son propre chef, le 29 août 1793, l'affranchissement général de tous les esclaves. Devant ce défi, les « Grands Blancs » firent appel à l'Angleterre et à l'Espagne... sous condition de maintien de l'esclavage ! À l'hiver 1793-94, la situation paraissait désespérée pour la République française, sa colonie, et son peuple noir : le 4 février 1794 (16 pluviose an II), la Convention décidait de la suppression de l'esclavage — sans pour autant certes, malgré les discussions de l'été précédent, abolir la Traite. C'était là, à l'évidence, une mesure de circonstance, mais à la portée néanmoins éminemment symbolique.

Mesure qui provoqua le ralliement aux Français de Toussaint Louverture (avec 4 000 hommes) : nommé général de brigade dès l'été 1794, puis commandant des troupes du Nord et de l'Ouest en octobre 1796, il refoule les Espagnols dès 1795, puis finit par décourager les Anglais qui finirent par comprendre en août 1798 qu'ils ne pourraient se rendre maîtres de l'île. Restait pour ce « révolutionnaire noir d'Ancien Régime » (P. Pluchon), adepte d'un pouvoir « caporaliste », à installer au profit des militaires noirs un nouvel ordre inspiré du modèle colonial français. C'est ainsi qu'il commença par éliminer le général mulâtre Rigaud qui contrôlait le sud de l'île, au terme d'une lutte pour le pouvoir qui fit 10 à 15 000 morts parmi les mulâtres ; six mois plus tard, il envahissait la partie orientale de l'île : Bonaparte en fit le dépositaire du pouvoir exécutif sur tout le territoire, avec le titre de capitaine général (février 1801). Mais Toussaint Louverture n'avait pas travaillé pour les Français : le 8 juillet 1801, il faisait promulguer sa constitution, qui le faisait gouverneur à vie avec faculté de désigner son successeur ! La riposte militaire française ne se fit guère attendre. Mais si l'apprenti dictateur est acculé à la capitulation en mai 1802, sa « révolution » (au sens américain) lui survit : en effet, la résistance dominicaine s'étant réveillée à la nouvelle du rétablissement de l'esclavage en Guadeloupe, et l'envoi de renforts ayant été empêché par les Anglais, les chefs noirs proclamèrent le 30 novembre 1803 l'indépendance de l'île désormais dénommée Haïti…

Ainsi sont-ce les Noirs, que les Blancs et même les mulâtres n'attendaient pourtant guère dans « leur » processus d'émancipation, qui ont tiré de celui-ci le plus grand profit : l'impact de la Révolution Française, et des résistances (intérieures et extérieures) qu'elle a suscitées, expliquent ici bien des choses..

Ainsi le monde atlantique construit par les Européens et devenu (sur ses deux rives) révolutionnaire, connaissait-il avec cette seconde « révolution », une nouvelle fracture, sur la base là encore de concepts venus d'Europe que résume l'idée d'égalité des droits (à la liberté, d'abord) pour tous les hommes. Mais le processus dominicain constitue une fracture bien plus radicale que l'indépendance des Treize en ce que la « décolonisation » d'un territoire s'accompagnait ici de sa « dés-esclavisation», du fait que les *« biens meubles »* (*Code Noir*) qu'étaient les esclaves l'avaient emporté sur des… hommes ! La « révolution » à Saint-Domingue n'avait pas mis au pouvoir d'autres Blancs, les colons, comme en Amérique du Nord, mais des Noirs, leurs esclaves…

Conclusion

Les Européens ont-ils construit, entre la fin du XVIIe siècle et la fin du XVIIIe, un/le monde atlantique ?

Ils ont certes, progressivement pris le contrôle de l'espace atlantique du sud au nord, en le quadrillant de flux commerciaux multiples ; lesquels ont appelé la constitution de communautés maritimes diverses sur les rives orientales, et sur les rives occidentales de communautés immigrées (de gré ou de force) multiethniques et maintenues dans un rapport de subordination coloniale par les métropoles dont elles dépendaient.

L'Atlantique européen se présente donc, au début du processus, comme un monde de métropoles dominantes et de colonies dominées. Cette inégalité Est-Ouest, « horizontale », se doublant d'une autre sur la rive occidentale, « verticale » en quelque sorte, entre les migrants volontaires blancs (colons libres, voire engagés) et les populations déportées noires réduites en esclavage.

La prise de contrôle de l'espace atlantique par les Européens aurait ainsi abouti à la constitution de monde<u>s</u> atlantique<u>s</u> hétérogènes et pluri-hiérarchisés… dont les inter-connexions viennent peu ou prou à se rompre à partir de la fin du XVIIIe siècle.

L'ordre atlantique européen semble craquer de partout : accident ou fatalité ? Il apparait vite que la logique même de la construction européenne des mondes atlantiques a été un facteur essentiel de déstabilisation de ceux-ci. Le développement du système atlantique s'est en effet réalisé dans le cadre juridique de l'Exclusif et des compagnies à monopole d'une part, et d'autre part dans le cadre économique, social et politique de colonies d'exploitation et de peuplement ; sous l'égide de puissances européennes devenues ainsi impériales, et par là foncièrement rivales.

La lutte entre la France et la Grande-Bretagne, dont l'enjeu essentiel passe par la maîtrise des mers, a entraîné celles-ci, sur l'Atlantique et sur sa rive coloniale, dans des guerres récurrentes, qui brisent l'Exclusif, qui interrompent les flux Est-Ouest de marchandises, qui favorisent ainsi la montée en puissance du commerce inter-américain. Et qui affaiblissent le souci des métropoles d'affirmer leur autorité sur des colonies… dont les élites blanches prennent peu à peu conscience de leur situation coloniale.

L'échiquier atlantique, sur lequel les colonies n'ont jamais été que des pions stratégiques, n'a cependant jamais cessé d'être par ailleurs un pont entre la pensée lockienne à l'honneur dans la métropole anglaise depuis la *Glorious Revolution* de 1688 et les milieux intellectuels bostoniens par exemple. Pas plus qu'en ce temps de Lumières, il n'a cessé de l'être pour ceux des métropoles européennes que le développement de la Traite et la réduction en esclavage de masses de populations noires conduisent à se poser un certain nombre de questions sur la civilisation, la colonisation, les droits humains…voire à développer une pensée abolitionniste, qu'ils peineront néanmoins à imposer aux colons blancs d'Amérique !

Et si *le* monde atlantique avait seulement quelque peu pris forme, universelle, dans l'orbe de la pensée… d'une pensée notamment génératrice de révolutions en chaîne de part et d'autre de l'Atlantique ? Ce serait retrouver par là la vision « atlantiste » de l'historien Jacques Godechot (1907-1989), quelque peu malmenée par la nouvelle histoire atlantique née aux États-Unis dans les années 1990-2000.

Quoi qu'il en soit, le XIXe siècle verra se poursuivre le mouvement d'émancipation coloniale en Amérique du Sud ; comme il verra les Français et les Anglais se détourner de l'Atlantique Nord, pour redécouvrir une Méditerranée bordière de l'Afrique (blanche et noire) et du Proche-Orient, et voie d'accès à l'océan Indien. Les appétits impérialistes européens se réveillent en effet derrière la France et l'Angleterre, et avec force : les échecs passés dans l'Atlantique leur ayant appris des leçons, ils veillent désormais à se doter des moyens de contrôle politiques, culturels et financiers nécessaires à assujettir efficacement la partie de la planète qu'ils auront acquise en partage.

Bibliographie indicative

Bibliographie volontairement limitée aux textes en français

Ouvrages généraux

BERENGER Jean et MEYER Jean, *La France dans le monde au XVIIIe siècle*, SEDES, 1993

BRAUDEL Fernand, *Civilisation matérielle, économie et capitalisme, XVe-XVIIIe siècle*, tome 2, Les jeux de l'échange, Colin, 1979

BUCHET Christian, MEYER Jean, POUSSOU Jean-Pierre (dir) : *La Puissance maritime*, Presses de la Sorbonne, 2004

BUTEL Paul, *Européens et espaces maritimes (vers 1690-vers 1790)*, Presses Universitaires de Bordeaux, 1997

Histoire de l'Atlantique de l'Antiquité à nos jours, Perrin, 1997, (rééd. 2012)

L'économie française au XVIIIe siècle, SEDES, 1993

CORBIN Alain, *Le territoire du vide. L'Occident et le désir de rivage (1750-1840)*, Flammarion, 1990

DORIGNY Marcel (dir.), « L'Atlantique », *Revue Dix-huitième siècle*, n° 33, PUF, 2002

DORIGNY Marcel et GAINOT Bernard, *Atlas des esclavages : Traites, sociétés coloniales, abolitions, de l'Antiquité à nos jours*, Autrement, 2006.

HILAIRE-PEREZ Liliane, *L'expérience de la mer : les Européens et les espaces maritimes au XVIIIe siècle*, Séli-Arslan, 1997

LE BOUEDEC Gérard, *Activités maritimes et sociétés littorales de l'Europe atlantique, 1690-1790*, Colin, 1997

LEBRUN François, *L'Europe et le monde (XVIe-XVIIIe siècles)*, Colin, 1987, rééd. 2002

MAURO Frédéric, *L'expansion européenne (1600-1870)*, PUF, 1967, rééd. 1996

MEYER Jean, *Les Européens à la conquête du monde*, Colin, 1990, rééd 2009

POUSSOU Jean-Pierre (*et alii*), *Espaces coloniaux et espaces maritimes au XVIIIe siècle*, SEDES, 1998

VIDAL Cécile, « La nouvelle histoire atlantique en France : ignorance, réticence et reconnaissance tardive », http://nuvomondo.revues.org/42513.

Articles de revues

L'Information Historique, mars 1997, n° 1, vol. 59

BERENGER Jean, « Stratégies et guerres navales dans le conflit franco-britannique du XVIIIe siècle »

VERGÉ-FRANCESCHI Michel, « Les Marines de guerre européennes »

POUSSOU Jean-Pierre, « L'âge atlantique de l'économie française (vers 1680-vers 1780) »

ACERRA Martine, « Construction navale et arsenaux »

Revue historique

FROSTIN Christian, « Les Ponchartrain et la pénétration commerciale en Amérique espagnole (1690-1715) » - 498, avril-juin 1971

VILLIERS Patrick, « Convois et corsaires dans l'Atlantique pendant la guerre d'Amérique » -1976

Annales ESC

BAIROCH Paul, « Commerce international et genèse de la révolution industrielle anglaise » - 2, mars-avril 1973

MEYER Jean et LE GOFF Timothy J. A., « Les constructions navales en France dans la seconde moitié du XVIIIe siècle » - 1, 1971

Bulletin de la Société d'Histoire moderne et contemporaine, 1-2, 1997

LESPAGNOL André, « Mondialisation des trafics inter-océaniques et structures commerciales nationales au XVIIIe siècle : contradictions et compromis »

ZYLBERBERG Michel, « La place de l'Espagne dans le commerce atlantique, 1690-1790 »

Revue du Nord, n° 1 spécial hors-série 1986

LE GOFF Timothy J. A., « Les gens de mer devant le système des classes : résistance ou passivité ? ».

MEYER Jean, « Les problèmes de personnel dans la Marine de guerre française aux XVIIe et XVIIIe siècles »

RODGER Nicholas A. M., « Le scorbut dans la *Navy* pendant la guerre de Sept ans ».

Revue d'histoire moderne et contemporaine

MOISAND Jeanne, « Lumières sur l'Atlantique hispanique (XVIIIe-XIXe siècles) », Revue d'histoire moderne et contemporaine, n°57-2, 2010

Outre-Mers. Revue d'Histoire

VIDAL Cécile, « Le(s) monde(s) atlantique(s), l'Atlantique français, l'empire atlantique français », vol 97, n° 362-363, 2009

Activités maritimes et portuaires de l'Europe atlantique

ACERRA Martine (dir.), *État, marines et sociétés*, Presses de la Sorbonne, 1995

CROUZET François (dir.), *Le négoce international : XVIIe-XXe siècle,* Economica, 1989

HAUDRERE Philippe, *Le grand commerce maritime au XVIIIe siècle,* SEDES, 1998

MOLLAT Michel, *Histoire des pêches maritimes,* Privat, 1987

Modalités nationales

France

BARDET Jean-Pierre, *Rouen aux XVIIe et XVIIIe siècles. Les mutations d'un espace social,* SEDES, 1983

BUTEL Paul, *Les négociants bordelais, L'Europe et les îles au XVIIIe siècle*, Aubier, 1974, rééd. 1996

CARRIERE Charles, *Négociants marseillais au XVIIIe siècle*, Institut historique de Provence, 1973

LE BOUEDEC Gérard, *Négociants, capitaines et voituriers au XVIIIe siècle dans les ports de l'Atlantique*, Rennes, Ouest-France, 1987

LESPAGNOL André, *Messieurs de Saint-Malo, une élite négociante au temps de Louis XIV*, Saint-Malo, 1991

MEYER Jean, *L'armement nantais dans la seconde moitié du XVIIIe siècle*, SEVPEN, 1965

POUSSOU Jean-Pierre, *Bordeaux et le Sud-Ouest au XVIIIe siècle, croissance économique et attraction urbaine,* EHESS, 1983

Angleterre

COTTRET Bernard, *Histoire d'Angleterre, XVIe-XVIIIe siècles*, PUF Nouvelle Clio, 1996

CROUZET Maurice, *De la supériorité de l'Angleterre sur la France*, Perrin, 1985

Provinces-Unies, Pays germaniques et scandinaves

EMMER Pieter, POTON Didier et SOUTY François, *Les Pays-Bas et l'Atlantique 1500-1800,* Rennes, 2009

JEANNIN Pierre, *Marchands du Nord, espaces et trafics à l'époque moderne,* Presses de l'ENS, 1996

Espagne

BERTRAND Michel et PRIOTTI Jean-Philippe, *Circulations maritimes, l'Espagne et son empire,* Presses Universitaires de Rennes, 2011

GARCIA-BAQUERO GONZALES A, *La carrera de Indias.* Traduit par B. Bennassar : *Histoire du commerce hispano-américain,* Desjonquères, 1997

Cadiz y el Atlantico (1717-1778). Traduit en français chez Desjonquères

MOISAND Jeanne : « Lumières sur l'Atlantique hispanique (XVIIIe-XIXe) », *Revue d'histoire moderne et contemporaine,* n° 57-2, 2010 - *op. cit.*

ZYLBERBERG Michel, « La place de l'Espagne dans le commerce atlantique, 1690-1790 », *Bulletin de la Société d'Histoire moderne et contemporaine,* 1-2, 1997 - *op. cit.*

Économie de plantation, Traite négrière et esclavage, commerce colonial… et premières indépendances :

BOURDIN Philippe et CHAPPEY Jean-Luc (dir.), *Révoltes et révolutions en Europe et aux Amériques, 1773-1802,* SEDES, 2004

LEMESLE Raymond-Marin, *Le commerce colonial triangulaire (XVIIIe-XIXe siècles),* QSJ n° 3393, 1998

MEYER Jean (*et alii*) : *Histoire de la France coloniale,* tome 1 « La conquête. Des origines à 1870 » , Colin, « Agora », 1991

PLUCHON Pierre, *Histoire de la colonisation française,* tome 1 « Le premier empire colonial, des origines à 1815 », Fayard, 1991

POUSSOU Jean-Pierre (*et alii*), *Révoltes et révolutions en Europe et en Amériques,* Colin, 2004.

REDIKER Marcus et LINEBAUGH Peter, *L'Hydre aux mille têtes : L'histoire cachée de l'Atlantique révolutionnaire,* Pris, Amsterdam, 2008

VERGÊS Françoise, *Abolir l'esclavage, une utopie coloniale. Les ambiguités d'une politique humanitaire,* Albin Michel, 2001

Modalités régionales

La Traite négrière entre Afrique et Amérique

Actes du colloque international sur la Traite des Noirs, Nantes 1985, SFHOM 1989

BUTEL Paul : *Les négociants bordelais…* (*op. cit.*)

« L'essor de l'économie de plantation à Saint-Domingue dans la seconde moitié du XVIIIe siècle », in État, marines et sociétés (*op. cit.*)

DAGET Serge, *La Traite des Noirs,* Rennes, Ouest-France Université, 1990

DORIGNY Marcel et GAINOT Bernard, *Atlas des esclavages : Traites, sociétés coloniales, abolitions. De l'Antiquité à nos jours,* Autrement, 2006 – *op. cit.*

MAURO Frédéric, *Histoire du café,* Desjonquères, 1991

MEYER Jean, *Esclaves et négriers,* Gallimard, collection « Découvertes », 1986

Histoire du sucre, Desjonquères, 1989

PÊTRÉ-GRENOUILLEAU Olivier, L'argent de la Traite. Milieu négrier, capitalisme et développement : un modèle, Aubier, 1996

Les négoces maritimes français. Emergence, essor et mutations d'un capitalisme, Belin Sup, 1997 (quand la France se fit sensible aux sirènes coloniales)

Nantes au temps de la Traite des Noirs, Hachette, 1998

La Traite des Noirs, QSJ n° 3248, 1998

Les traites négrières. Essai d'histoire globale, Gallimard, 2004

VILLIERS Patrick, *Traite des Noirs et navires négriers au XVIIIe siècle,* Edition des quatre seigneurs, 1982

Antilles

BENOT Yves, *La Révolution française et la fin des colonies,* La Découverte, 1988

BUTEL Paul : ouvrages cités…

DUBOIS Laurent, *Les Vengeurs du Nouveau Monde : Histoire de la révolution haïtienne,* Bécherel, Les Perséides, 2006

FROSTIN Charles, *Les révoltes blanches à Saint-Domingue, XVII*e*-XVIII*e *siècles,* l'Ecole, 1975

GISLER Antoine, *L'esclavage aux Antilles françaises, XVIII*e*-XIX*e *siècles,* Karthala, 1990

MEYER Jean, *Histoire du sucre – op. cit.*

MINTZ Sidney Wilfred, *Sucre blanc, misère noire : le goût et le pouvoir,* Nathan, 1991

PLUCHON Pierre (dir.), *Histoire des Antilles-Guyane,* Privat, 1982

REGENT Frédéric, *La France et ses esclaves, De la colonisation aux abolitions,* Hachette, 2009 – *op. cit.*

Amérique Latine

LAVALLÉ Bernard, L'Amérique espagnole de Colomb à Bolivar, Belin, 1993

MAURO Frédéric, Le Brésil du XVIe à la fin du XVIIIe siècle, SEDES, 1972

Amérique du Nord française

JACQUIN Philippe, Les Indiens blancs, Français et Indiens en Amérique du Nord, Payot, 1987

HAVARD Gilles et VIDAL Cécile, *Histoire de l'Amérique française*, Flammarion, 2006, rééd. 2008

MATHIEU Jacques, *La Nouvelle-France. Les Français en Amérique du Nord XVI*e*-XVIII*e *siècles,* Presses de l'Université Laval, 2003

POUSSOU Jean-Pierre, *La présence française en Amérique du Nord*, Presses de la Sorbonne, 2006

France/Nouvelle-France, catalogue d'exposition, musée du château des ducs de Bretagne (Nantes) et Somogy, 2005

Amérique du Nord anglaise

BERENGER Jean (*et alii*) : *Pionniers et colons en Amérique du Nord*, Colin, 1974

KASPI André, *Les Américains, naissance et essor des États-Unis*, Seuil, 1986

L'indépendance américaine, Gallimard « Archives », 1976

VINCENT Bernard, *La Révolution américaine*, Presses Universitaires de Nancy, 1985

Afrique noire

M'BOKOLO Elikia, Afrique noire. Histoire et civilisation, Hatier, 1992

L'Europe et le « *Sea-power* » : marines européennes, guerres navales, opérations de course

ACERRA Martine, MEYER Jean (*et alii*), *Les Marines de guerre européennes, XVII*e*e-XVIII*e *siècles*, Presses de la Sorbonne, 1985.

ACERRA Martine et MEYER Jean, *Marines et Révolutions*, Rennes, Ouest-France, 1988

ACERRA Martine, POUSSOU Jean-Pierre, VERGÉ-FRANCESCHI Michel, ZYSBERG André, *État, Marine et Société*, Presses de la Sorbonne, 1995

ACERRA Martine et ZYSBERG André, *L'essor des Marines européennes (1680-1790)*, SEDES, 1998

BÉLY Lucien, *Les relations internationales en Europe, XVII*e*-XVIII*e *siècles*, PUF, 1992

BUCHET Christian, *La lutte pour l'espace caraïbe et la façade atlantique de l'Amérique centrale et du Sud*, 1672-1763, Librairie de l'Inde, 1991, rééd. 2000

BUTEL Paul, *Les Caraïbes au temps des flibustiers*, Aubier, 1982

CABANTOUS Alain, *La Vergue et les fers. Mutins et déserteurs dans la Marine d'Ancien Régime, XVII*e*-XVIII*e *siècles*, Taillandier, 1984

DESSERT Daniel, *La Royale, vaisseaux et marins du Roi Soleil*, Fayard, 1996

DULL Jonathan R., *La guerre de Sept Ans. Histoire navale, politique et diplomatique*, Bécherel, Les Perséides, 2009

HUGON Alain : *Rivalités européennes et hégémonie mondiale, XVIe-XVIIIe siècles*, Colin, 2002

JACQUIN Pierre : « L'âge d'or de la grande piraterie », in A. JAEGER (dir.), *Vues sur la piraterie*, Taillandier, 1992

LESPAGNOL André : *Messieurs de Saint-Malo - op. cit.*

MARZAGALLI Sylvia, MARNOT Bruno (*et alii*) : *Guerre et économie dans l'espace atlantique du XVIe au XXe siècle*, Presses Universitaires de Bordeaux, 2006

VERGÉ-FRANCESCHI Michel, *La marine française au XVIIIe siècle*, SEDES, 1996

VILLIERS Patrick, « La guerre de course en France de Louis XIV à Napoléon I° » in *Marines et techniques au XIXe siècle*, SHM, 1988

Marine royale, corsaires et trafics dans l'Atlantique de Louis XIV à Louis XVI, Dunkerque, SDHA, 1991

Les hommes dans l'espace atlantique : sociétés portuaires, sociétés coloniales, gens de mer et marchands/négociants

BARDET Jean-Pierre, *Rouen aux XVIIe et XVIIIe siècles - op. cit.*

BERTHET Thierry, *Seigneurs et colons en Nouvelle-France*, ENS Cachan, 1992

BUSTOS-RODRIGUEZ Manuel, « Urbanisme et négoce à Cadix aux XVIIe et XVIIIe siècles », *Bulletin du Centre d'histoire des espaces atlantiques*, 1988

BUTEL Paul, ouvrages cités...

BUTEL Paul et POUSSOU Jean-Pierre, *La vie quotidienne à Bordeaux au XVIIIe siècle*, Hachette, 1988

CABANTOUS Alain, *Le Ciel dans la mer : christianisme et civilisation maritime, XVe-XIXe siècles*, Fayard, 1990

Les Côtes barbares, pilleurs d'épaves et sociétés littorales en France, 1680-1830, Aubier, 1993

Citoyens du large. Les identités maritimes en France, XVIIe-XVIIIe siècles, Aubier, 1995

CARRIERE C : *Négociants marseillais... -op. cit.*

FONTENEAU Jean-Marie, *Les Acadiens. Citoyens de l'Atlantique*, Rennes, Ouest-France, 1996, rééd. 2003

FROSTIN Charles, *Les révoltes blanches à Saint-Domingue - op. cit.*

JACQUIN Philippe, *Les Indiens blancs - op. cit.*

KASPI André, *Les Américains... - op. cit.*

LE GOFF Timothy, « Les origines sociales des gens de mer français au XVIIIe siècle », in *La France d'Ancien Régime. Mélanges offerts à P. Goubert*, Toulouse, 1984

LESPAGNOL André, *Messieurs de Saint-Malo... - op. cit.*

MEYER Jean, « Les élites portuaires à l'époque moderne », in *Mélanges Chaunu*, 1993

L'armement nantais... - .op. cit.

Esclaves et négriers... - op. cit.

PÉTRÉ-GRENOUILLEAU Olivier, *L'argent de la Traite... - op. cit.*

ROCHE Daniel et ANGIOLINI Franco (dir.), *Cultures et formations négociantes dans l'Europe moderne*, EHESS, 1995

RUGGIU François-Joseph, VIDAL Cécile *et alii* : *Sociétés, colonisations et esclavages dans le monde atlantique : Historiographie des sociétés américaines des XVIe-XIXe siècles*, Bécherel, Les Perséides, 2009.

Table des matières

Cet ouvrage a été achevé d'imprimer en janvier 2013
dans les ateliers de Normandie Roto Impression s.a.s.
61250 Lonrai
N° d'impression : 125065
Dépôt légal : janvier 2013

Imprimé en France